JN060089

| 10 | 11 | 12 | 13 | 14 | 15 | 16 | 17 | 18 | 最外殻 |

典型元素

| | | | 13 | 14 | 15 | 16 | 17 | 18 | 最外殻 |

| | | | | | | | | ₂He
ヘリウム
4.003 | K |

液体　　　気体

| | | | ₅B
ホウ素
10.81 | ₆C
炭素
12.01 | ₇N
窒素
14.01 | ₈O
酸素
16.00 | ₉F
フッ素
19.00 | ₁₀Ne
ネオン
20.18 | L |

非金属　　金属

| | | | ₁₃Al
アルミニウム
26.98 | ₁₄Si
ケイ素
28.09 | ₁₅P
リン
30.97 | ₁₆S
硫黄
32.07 | ₁₇Cl
塩素
35.45 | ₁₈Ar
アルゴン
39.95 | M |

| ₈Ni
ッケル
8.69 | ₂₉Cu
銅
63.55 | ₃₀Zn
亜鉛
65.38 | ₃₁Ga
ガリウム
69.72 | ₃₂Ge
ゲルマニウム
72.63 | ₃₃As
ヒ素
74.92 | ₃₄Se
セレン
78.97 | ₃₅Br
臭素
79.90 | ₃₆Kr
クリプトン
83.80 | N |

| Pd
ジウム
06.4 | ₄₇Ag
銀
107.9 | ₄₈Cd
カドミウム
112.4 | ₄₉In
インジウム
114.8 | ₅₀Sn
スズ
118.7 | ₅₁Sb
アンチモン
121.8 | ₅₂Te
テルル
127.6 | ₅₃I
ヨウ素
126.9 | ₅₄Xe
キセノン
131.3 | O |

| Pt
金
95.1 | ₇₉Au
金
197.0 | ₈₀Hg
水銀
200.6 | ₈₁Tl
タリウム
204.4 | ₈₂Pb
鉛
207.2 | ₈₃Bi
ビスマス
209.0 | ₈₄Po
ポロニウム
(210) | ₈₅At
アスタチン
(210) | ₈₆Rn
ラドン
(222) | P |

| Ds
スタチウム
281) | ₁₁₁Rg
レントゲニウム
(280) | ₁₁₂Cn
コペルニシウム
(285) | ₁₁₃Nh
ニホニウム
(278) | ₁₁₄Fl
フレロビウム
(289) | ₁₁₅Mc
モスコビウム
(289) | ₁₁₆Lv
リバモリウム
(293) | ₁₁₇Ts
テネシン
(293) | ₁₁₈Og
オガネソン
(294) | Q |

| | | | 3 | 4 | 5 | 6 | 7 | 0 | |

| | | | | | | | ハロゲン | 貴ガス
(希ガス) | |

遷移元素

| Eu
コピウム
52.0 | ₆₄Gd
ガドリニウム
157.3 | ₆₅Tb
テルビウム
158.9 | ₆₆Dy
ジスプロシウム
162.5 | ₆₇Ho
ホルミウム
164.9 | ₆₈Er
エルビウム
167.3 | ₆₉Tm
ツリウム
168.9 | ₇₀Yb
イッテルビウム
173.0 | ₇₁Lu
ルテチウム
175.0 |

| Am
リシウム
243) | ₉₆Cm
キュリウム
(247) | ₉₇Bk
バークリウム
(247) | ₉₈Cf
カリホルニウム
(252) | ₉₉Es
アインスタイニウム
(252) | ₁₀₀Fm
フェルミウム
(257) | ₁₀₁Md
メンデレビウム
(258) | ₁₀₂No
ノーベリウム
(259) | ₁₀₃Lr
ローレンシウム
(262) |

本書の構成と使い方

　本書は，教科書の内容の理解と復習を目的に編集した問題集です。

　各項目は，まとめ→ポイントチェック→（ドリル）→EXERCISEで構成されています。「章末（節末）問題」までこなせれば，化学基礎の重要事項や基本的な問題パターンを定着させることができます。

　なお，^{発展}マークがついた箇所は発展的事項となります。適宜学習して下さい。

まとめ	図解を中心としたまとめです。その項目の重要事項や覚えるべきポイントが一目でわかります。❤印のついた箇所は，中学理科で学習した内容が含まれています。「中学理科の復習」（p.2～5）の該当箇所を示していますので，学習に入る前に確認しておくとよいでしょう。
ポイントチェック	一問一答形式の確認問題です。□のチェック欄を利用して，くり返し解けば，基本事項を完全に身につけられます。
E X E R C I S E	基本的な問題から定期テストレベルの問題までを収録しています。重要事項を定着させることができます。計算問題には例題を入れ，**ここがポイント**と◆解法◆を丁寧に記述しました。
❓	思考力・判断力・表現力等が必要な問題であることを示しています。
ドリル	基本的な計算問題や知識問題など，くり返して定着させたい項目に掲載しました。
章末問題	各章末（節末）にはセンター試験や大学入学共通テストの過去問題を収録しました。学習の仕上げとして，また力試しとして利用することができます。まとめやEXERCISEと関連する問題には➲マークをつけています。つまずいたらリンク先に戻って確認しましょう。また，巻末（p.96～101）に「実験問題」を設け，実験操作に関する問題を中心に収録しました。
原子量・基本定数	問題で使用する原子量・基本定数は，各ページの上部（EXERCISEやドリルのタイトル横）に記載していますので，適宜使用して下さい。ただし，問題文中で原子量や基本定数が示されている場合は，それに従って下さい。

アクセスノート化学基礎　　もくじ

中学理科の復習

中学理科の復習1　　　　　　　　　2
中学理科の復習2　　　　　　　　　4

1章　物質の構成

1　物質の種類と性質　　　　　　　6
2　物質と元素　　　　　　　　　　8
　●ドリル　元素記号　　　　　　9
3　物質の三態と熱運動　　　　　　10
4　原子の構造　　　　　　　　　　12
5　電子殻と電子配置　　　　　　　14
6　イオンの生成　　　　　　　　　16
　●ドリル　イオン　　　　　　　17
7　周期表　　　　　　　　　　　　18
◆ 章末問題　　　　　　　　　　　20

2章　物質と化学結合

8　イオン結合　　　　　　　　　　24
　●ドリル　イオンからなる物質　25
9　共有結合と分子間力　　　　　　26
　●ドリル　電子式・分子式・構造式　27
10　共有結合からなる物質　　　　30
11　金属結合／結晶の分類　　　　32
◆ 章末問題　　　　　　　　　　　34

3章　物質の変化

　化学計算の基礎　　　　　　　　38
　●ドリル　化学に必要なさまざまな計算　39
12　原子量と分子量・式量　　　　42
13　物質量　　　　　　　　　　　44
　●ドリル　物質量　　　　　　　45
14　溶液の濃度　　　　　　　　　50
　●ドリル　モル濃度　　　　　　51
15　化学反応式　　　　　　　　　54
16　化学反応式の量的関係　　　　56
◆ 節末問題　　　　　　　　　　　60
17　酸と塩基　　　　　　　　　　64
18　水素イオン濃度と pH　　　　　66
　●ドリル　水素イオン濃度とpH　67
19　中和反応と塩　　　　　　　　70
◆ 節末問題　　　　　　　　　　　74
20　酸化と還元　　　　　　　　　76
21　酸化剤・還元剤　　　　　　　78
22　金属の酸化還元　　　　　　　82
23　電池　　　　　　　　　　　　84
24　（発展）電気分解　　　　　　88
25　金属の製錬　　　　　　　　　92
◆ 節末問題　　　　　　　　　　　94

実験問題　　　　　　96

計算問題のこたえ　　　102

1 身のまわりの物質(→p.30, 32)

(1) 金属の性質

① みがくと特有の光沢がでる性質(**金属光沢**)を示す。

② 引っぱると延びる性質(**延性**)、たたくと広がる性質(**展性**)がある。

③ 電気をよく通す性質(**電気伝導性**)、熱をよく伝える性質(**熱伝導性**)が大きい。

(2) 有機物と無機物

有機物※は、炭素を含む物質で、燃やすと二酸化炭素や水が発生する。砂糖(ショ糖)、デンプン、プラスチックは、有機物である。

※高校化学では、有機化合物という。

無機物は、有機物以外の物質で、食塩(塩化ナトリウム)や金属、二酸化炭素は無機物である。

(3) 密度

1cm³ などの一定体積あたりの質量を**密度**といい、物質によって決まっている。

$$物質の密度〔g/cm^3〕 = \frac{物質の質量〔g〕}{物質の体積〔cm^3〕}$$

電子てんびん
0.00 gとセットしてからはかる。

同じ体積
↓
質量の大小が密度の大小を表す。

(4) いろいろな気体の捕集法

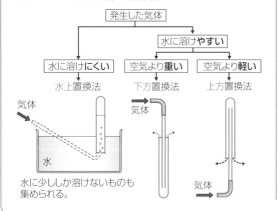

水に少ししか溶けないものも集められる。

2 水溶液(→p.50)

物質が溶けている液体全体を**溶液**といい、溶けている物質を**溶質**、溶かしている液体を**溶媒**という。とくに、溶媒が水のときの溶液を**水溶液**という。

3 状態変化(→p.10)

物質を加熱したり、冷却したりすることにより、物質の状態(固体、液体、気体)が変化することを**状態変化**という。

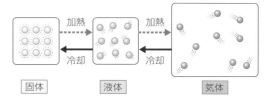

固体　　液体　　　気体

4 原子と分子

物質を構成する基本の粒子を**原子**といい、物質を構成する原子の種類を**元素**という。

① それ以上分割できない。

銀原子　　　　　金原子

② ほかの元素の原子に変わったり、なくなったり、新しくできたりしない。

銀原子　金原子　銀原子　　　　　　銀原子

③ 元素によって、質量や大きさが決まっている。

銀原子　　　金原子

・**分子**…物質の性質を示す単位となる粒子。いくつかの原子が結びついてできている。

・**化学式**…物質を元素記号と数字を用いて表したもの。

化学式の表すこと

2 H₂O

水分子の数を表す。

水分子は、水素原子2個と、酸素原子1個からできている。(1は省略する)

確 認 問 題

☑ **ポイントチェック**

- □(1) 金属を引っぱるとちぎれることなく，延びる性質を何というか。　　（　　　　　　　）
- □(2) デンプンや砂糖(ショ糖)は，有機物と無機物のどちらか。　　　　　（　　　　　　　）
- □(3) 物質 $1\,cm^3$ あたりの質量を何というか。　　　　　　　　　　　　（　　　　　　　）
- □(4) 気体を水の中で集める方法を何というか。　　　　　　　　　　　　（　　　　　　　）
- □(5) 溶液に溶けている物質を何というか。　　　　　　　　　　　　　　（　　　　　　　）
- □(6) 物質を加熱したり冷却したりすると，固体や液体，気体に変化する。これを何というか。

  （　　　　　　　）
- □(7) 物質の構成を考えるときに基本となる粒子を何というか。　　　　　（　　　　　　　）
- □(8) 物質を元素記号と数字を使って表したものを何というか。　　　　　（　　　　　　　）

---

1 次の(1)～(3)の文章で述べている金属の性質を，下の(ア)～(オ)から 1 つずつ選べ。

(1) 金属の表面をみがくと，ぴかぴかした金属特有のかがやきが観察できた。　　（　　　）

(2) 金属をハンマーでたたくと，こなごなにならずにうすく広がった。　　　　　（　　　）

(3) 金属に電気が通るかを調べたところ，よく電気を通すことがわかった。　　　（　　　）

　　(ア) 金属光沢　　(イ) 電気伝導性　　(ウ) 熱伝導性　　(エ) 延性　　(オ) 展性

---

2 次の(ア)～(オ)の物質を有機物，無機物に分類せよ。

　　(ア) デンプン　　(イ) ポリエチレン　　(ウ) 亜鉛　　(エ) 二酸化炭素　　(オ) エタノール

　　　　　　　　　　　有機物（　　　　　　　）　　無機物（　　　　　　　）

---

3 質量が $40.6\,g$，体積が $5.16\,cm^3$ の固体 A がある。次の問いに答えよ。

(1) 固体 A の密度を単位とともに求めよ。ただし，小数第 3 位を四捨五入し，小数第 2 位まで求めよ。

（　　　　　　　）

(2) 次の(ア)～(エ)のうち，固体 A の物質を 1 つ選べ。

　　(ア) アルミニウム(密度 $2.70\,g/cm^3$)　　(イ) 鉄(密度 $7.87\,g/cm^3$)

　　(ウ) 銅(密度 $8.96\,g/cm^3$)　　　　　　　(エ) 金(密度 $19.32\,g/cm^3$)　　（　　　）

---

4 次の問いに答えよ。

(1) アンモニアを捕集する方法を答えよ。　　　　　　　　　　　　　　（　　　　　　　）

(2) 二酸化炭素を水に溶かすと炭酸水が得られる。炭酸水の溶質は何か。　（　　　　　　　）

(3) 次の(ア)～(ウ)の分子をモデルで示せ(水素原子を○，酸素原子を◎，窒素原子を◉，炭素原子を●で示すものとする)。また，化学式でも示せ。

　　(ア) 水　　　　　　　　　　(イ) アンモニア　　　　　　(ウ) 二酸化炭素

（モデル）	（モデル）	（モデル）
（化学式）	（化学式）	（化学式）

中学理科の復習2

① 化学式からわかること (→p.8, 54)

　物質を化学式で書くと，単体と化合物を区別することができる。

・**単体**… 1種類の元素からできている物質
・**化合物**… 2種類以上の元素からできている物質
・**化学反応式**…化学変化を化学式で表したもの

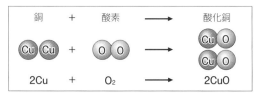

② 原子とイオン (→p.12, 16)

(1) **原子**…**原子核**と**電子**からなる。原子核は，＋の電気を帯びた**陽子**と電気を帯びていない**中性子**からなり，原子核のまわりには，－の電気を帯びた電子が存在している。

(2) **イオン**…原子などが電気を帯びたもの。電子を失って＋の電気を帯びたものが**陽イオン**，電子を受け取って－の電気を帯びたものが**陰イオン**。

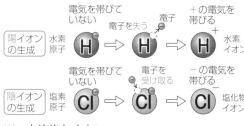

(3) 水溶液とイオン

・**電離**………水溶液中で陽イオンと陰イオンに分かれること
・**電解質**……水に溶かしたときに電離して，生じたイオンにより電流が流れる物質
・**非電解質**…水に溶かしても電離せず，電流が流れない物質

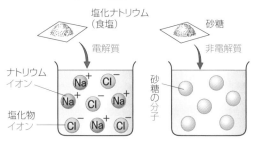

③ 電池 (→p.84)

・**電池**…物質がもつ化学エネルギーを電気エネルギーに変換する装置
・**－極**…電子を放出する反応が起こる。
・**＋極**…電子を受け取る反応が起こる。

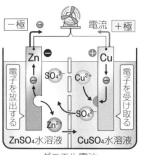

ダニエル電池

④ 電気分解 (→p.88)

◇**塩化銅(CuCl₂)の電気分解**◇

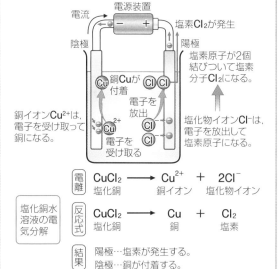

電離	$CuCl_2 \longrightarrow Cu^{2+} + 2Cl^-$
	塩化銅　　　銅イオン　塩化物イオン

塩化銅水溶液の電気分解	反応式	$CuCl_2 \longrightarrow Cu + Cl_2$
		塩化銅　　　銅　　塩素

結果	陽極…塩素が発生する。
	陰極…銅が付着する。

⑤ 酸とアルカリ (→p.64)

・**酸**…………水溶液中で電離してH^+を生じる物質。
・**アルカリ**…水溶液中で電離してOH^-を生じる物質。
・**pH**………水溶液の酸性・アルカリ性の強さを表す数値。

　pH<7：酸性　　pH＝7：中性　　pH>7：アルカリ性

・**中和**………酸とアルカリがたがいの性質を打ち消し合う化学反応。このとき，水と**塩**ができる。

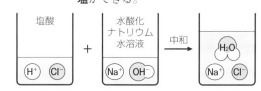

確 認 問 題

✓ ポイントチェック

- □(1) 3種類の元素からなる物質は，単体と化合物のどちらか。 （　　　　　　）
- □(2) 炭素が酸素と化合して二酸化炭素ができるときの化学反応式を示せ。
  （　　　　　　　　　　　　　　）
- □(3) 原子が電子を失い，＋の電気を帯びた粒子を何というか。 （　　　　　　）
- □(4) 物質が水の中で，陽イオン，陰イオンに分かれる現象を何というか。 （　　　　　　）
- □(5) 塩化銅水溶液を電気分解するとき，銅が付着するのは陰極と陽極のどちらか。
  （　　　　　　）
- □(6) 化学エネルギーを電気エネルギーに変換する装置を何というか。 （　　　　　　）

1 次の問いに答えよ。

(1) 次の6つの物質を単体と化合物に分け，化学式で示せ。

塩素　　二酸化炭素　　塩化ナトリウム　　亜鉛　　アンモニア　　水素

単体　（　　　　　　　　　　　　　　）

化合物（　　　　　　　　　　　　　　）

(2) 次の①～③の化学反応を化学反応式で示せ。

① マグネシウム＋酸素 ⟶ 酸化マグネシウム （　　　　　　　　　）

② 水 ⟶ 水素＋酸素（水の電気分解） （　　　　　　　　　）

③ 酸化銅＋炭素 ⟶ 銅＋二酸化炭素 （　　　　　　　　　）

(3) 次の①～③の物質が，水溶液の中で電離するときの式を示せ。

① 塩化ナトリウム （　　　　　　　　　）

② 塩化水素 （　　　　　　　　　）

③ 水酸化ナトリウム （　　　　　　　　　）

2 右図のように，ダニエル電池を作製してモーターにつないだ
ところ，モーターが回った。次の問いに答えよ。

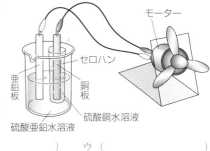

(1) 一極になっているのは，銅板と亜鉛板のどちらか。

（　　　　　　　　　）

(2) 次の文章中の（　　）にあてはまる語句を答えよ。

硫酸銅水溶液中の（　ア　）が銅板から（　イ　）を受け取
り，（　ウ　）となって付着する。

ア（　　　　　　）　イ（　　　　　　）　ウ（　　　　　　）

3 右図のような装置で塩化銅（$CuCl_2$）水溶液を電気分解したところ，
電極Aには赤色の物質が付着し，電極Bからは気体が発生した。
次の問いに答えよ。

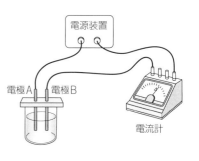

(1) 塩化銅は水に溶かしたときに電離する。そのときのようすを
電離式で示せ。

（　　　　　　　　　　　　　　）

(2) 電極Aに付着した物質は何か。 （　　　　　　）

(3) 電極Bから発生した気体は何か。 （　　　　　　）

(4) 陰極は電極Aと電極Bのどちらか。（　　　　　　）

1 物質の種類と性質

1 物質の分類
● **純物質**…ほかの物質が混じっていない単一の物質
　　　　融点・沸点・密度が一定である。
　　例 酸素，水，二酸化炭素 など
● **混合物**…いくつかの純物質が混じりあった物質
　　　　融点・沸点・密度は一定ではない。
　　例 空気，海水，石油 など

2 混合物の分離・精製方法
　混合物から目的の物質を取り出す操作を**分離**，不純物を含む物質から不純物を取り除き，その物質の純度を高める操作を**精製**という。
● **ろ過**…液体とその液体に溶けない固体との混合物を，ろ紙などを使って分離する操作

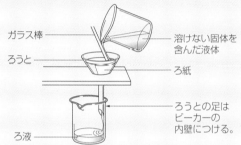

ガラス棒
ろうと
ろ液
溶けない固体を含んだ液体
ろ紙
ろうとの足はビーカーの内壁につける。

● **蒸留**…溶液を加熱し，発生した蒸気を冷却して蒸発しやすい物質を取り出す操作

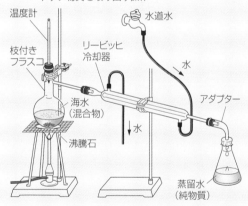

温度計
水道水
枝付きフラスコ
リービッヒ冷却器
水
海水（混合物）
アダプター
水
沸騰石
蒸留水（純物質）

※注意点
① 急激な沸騰（突沸）を防ぐため，沸騰石を入れる。
② 温度計の球部は，フラスコの枝付近の高さにあわせる。
③ 冷却水は，冷却器の下部から上部に向かって流す。
④ 蒸留した液体を集める容器は，ゴム栓などで密栓しない。

● **再結晶**…温度による溶解度の違いを利用して，純度の高い結晶を得る操作
● **抽出**…物質の溶媒への溶けやすさの性質を利用して，混合物から目的の物質を溶媒に溶かし出す操作
● **昇華**…固体の混合物から昇華性物質を分離する操作
● **クロマトグラフィー**…ろ紙などの吸着剤に対する物質の吸着されやすさの違いを利用して，混合物を分離・精製する操作

ポイントチェック

☐(1) ほかの物質が混じっていない単一の物質を何というか。　　　　　　　　（　　　　　　）

☐(2) いくつかの純物質が混じりあった物質を何というか。　　　　　　　　（　　　　　　）

☐(3) 固体が融解して液体になる温度を何というか。
　　　　　　　　　　　　　　　　（　　　　　　）

☐(4) 液体が沸騰する温度を何というか。
　　　　　　　　　　　　　　　　（　　　　　　）

☐(5) 一定体積あたりの物質の質量のことを何というか。　　　　　　　　　（　　　　　　）

☐(6) 融点・沸点および密度が一定の値を示すのは，純物質と混合物のどちらか。（　　　　　　）

☐(7) 不純物を含む物質から不純物を取り除き，純度を高める操作を何というか。（　　　　　　）

☐(8) 液体とその液体に溶けない固体との混合物を分離する操作を何というか。（　　　　　　）

☐(9) 溶液を加熱し，生じた蒸気を冷却して液体として分離する操作を何というか。（　　　　　　）

☐(10) 不純物が混じった固体を熱水などに溶かし，冷却して純粋な結晶を取り出す操作を何というか。
　　　　　　　　　　　　　　　（　　　　　　）

☐(11) ある溶媒に対して，溶けやすい性質と溶けにくい性質を利用して分離する操作を何というか。
　　　　　　　　　　　　　　　（　　　　　　）

☐(12) 固体が直接気体になる変化を（　　　　　　）といい，この変化を利用して，固体の混合物から純物質を分離できる。

☐(13) 混合物に含まれる物質により，溶媒への溶けやすさと，ろ紙などへの吸着のされやすさが異なる。この性質を利用して，混合物を分離・精製する操作を何というか。
　　　　　　（　　　　　　）

☐(14) 海水にはさまざまな純物質が溶けている。海水から純物質の水を取り出し分離する操作を何というか。　　　　　　　（　　　　　　）

☐(15) ろ過後の溶液のことを何というか。
　　　　　　　　　　　　　　　（　　　　　　）

☐(16) 液体どうしの混合物を蒸留し，その成分を別々に取り出す操作を何というか。（　　　　　　）

EXERCISE

▶1 〈物質の分類〉 次の(1)～(10)の物質を A 純物質，B 混合物に分類せよ。

(1) 塩化ナトリウム （　　　） (2) 鉄 （　　　）

(3) 石油 （　　　） (4) 水 （　　　）

(5) 空気 （　　　） (6) アルミニウム （　　　）

(7) 二酸化炭素 （　　　） (8) 海水 （　　　）

(9) 塩酸 （　　　） (10) ダイヤモンド （　　　）

▶2 〈蒸留〉 次の図の操作について，下の問いに答えよ。

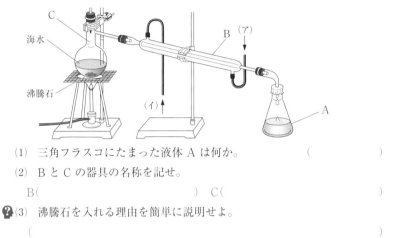

(1) 三角フラスコにたまった液体 A は何か。 （　　　　　　）

(2) B と C の器具の名称を記せ。

B（　　　　　　　　　） C（　　　　　　　　　）

(3) 沸騰石を入れる理由を簡単に説明せよ。

（　　　　　　　　　　　　　　　　　　　　　　）

(4) 冷却水を流す向きとして正しいのは，(ア)と(イ)のどちらか。 （　　　）

▶3 〈混合物の分離・精製〉 次の(ア)～(オ)のうち，下の(1)～(5)の操作を行うのに，最も適当な方法を 1 つずつ選べ。

(ア) 蒸留　　(イ) 再結晶　　(ウ) 昇華　　(エ) ろ過　　(オ) 分留

(1) 砂とヨウ素の混合物から，ヨウ素を得る。 （　　　）

(2) 少量の塩化ナトリウム(食塩)を含む硝酸カリウムから，硝酸カリウムを得る。 （　　　）

(3) 原油からガソリンや灯油を得る。 （　　　）

(4) 食塩水から水を得る。 （　　　）

(5) 石灰水に二酸化炭素を吹き込んで，炭酸カルシウムを得る。 （　　　）

▶4 〈ヨウ素の昇華〉 次の(ア)～(エ)の図のうち，砂の混じったヨウ素からヨウ素だけを取り出す方法として，最も適当なものを選べ。 （　　　）

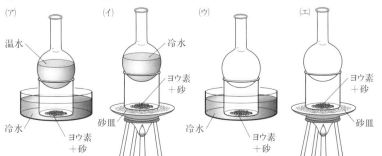

アドバイス

▶1
1 種類の物質からできているかどうかを考える。

▶2
(2) B は蒸気を冷却し，液体にする器具である。

▶3
(3) 原油は，沸点の異なるさまざまな炭化水素(炭素と水素の化合物)の混合物である。

(5) 石灰水に二酸化炭素を吹き込むと，水に溶けない炭酸カルシウムが沈殿する。

▶4
昇華で固体から気体になる物質は，逆に気体から固体にもなる。

1 章

物質の構成

2 物質と元素

1 元素 📖 p.2 ❹

物質を構成する基本的な成分を**元素**という。約120種類の元素が知られており、元素はラテン語名などからとったアルファベット1文字または2文字の**元素記号**で表される。

おもな元素の元素名と元素記号					
水素	H	酸素	O	鉄	Fe
炭素	C	ナトリウム	Na	銅	Cu
窒素	N	塩素	Cl	金	Au

2 単体と化合物 📖 p.4 ❶

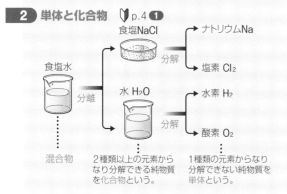

混合物　　2種類以上の元素からなり分解できる純物質を化合物という。　　1種類の元素からなり分解できない純物質を単体という。

3 同素体

同じ元素からなる単体で、性質が異なるものを互いに**同素体**という。

例 硫黄 S：斜方硫黄、単斜硫黄、ゴム状硫黄
　　炭素 C：黒鉛、ダイヤモンド、フラーレン
　　酸素 O：酸素、オゾン
　　リン P：赤リン、黄リン

「同素体はSCOP（スコップ）で掘る」と覚えよう!

4 炎色反応

化合物を炎に入れると、元素の種類により、特有の炎の色を示す。

金属元素が示す炎色の色				
元素		色	元素	色
リチウム	Li	赤	ストロンチウム Sr	深赤
ナトリウム	Na	黄	バリウム Ba	黄緑
カリウム	K	赤紫	銅 Cu	青緑
カルシウム	Ca	橙赤		

5 沈殿による検出

沈殿が生じるかどうかを調べることにより、物質に含まれる成分元素を検出できることがある。

検出元素		方法
塩素	Cl	硝酸銀水溶液を加えると白色沈殿が生じる。
炭素	C	炭素を二酸化炭素に変えた後、石灰水に通じると白濁する。

ポイントチェック

- □(1) 物質を構成する基本的な成分を何というか。
（　　　　　　　）

- □(2) 水素や酸素のように、1種類の元素からできており、それ以上ほかの純物質に分解できない純物質を何というか。（　　　　　　　）

- □(3) 水のように2種類以上の元素からできており、分解できる純物質を何というか。
（　　　　　　　）

- □(4) 次の物質は、単体、化合物、混合物のどれか。
　水 ア（　　　　　）　　空気 イ（　　　　　　）
　酸素 ウ（　　　　　）　　塩酸 エ（　　　　　）
　アンモニア水 オ（　　　　　）
　塩化ナトリウム カ（　　　　　）

- □(5) 同じ元素からなる単体で、性質が異なるものを互いに何というか。（　　　　　　　）

- □(6) 炭素の同素体には ア（　　　　　）と
　イ（　　　　　　）とフラーレンなどがある。

- □(7) 酸素の同素体には酸素（単体として）のほかに
（　　　　　　　）がある。

- □(8) リンの同素体には ア（　　　　　）と
　イ（　　　　　　）がある。

- □(9) 硫黄の同素体には ア（　　　　　）と
　イ（　　　　　）と ウ（　　　　　）がある。

- □(10) ナトリウムなどの元素を含む化合物を炎の中に入れると、元素の種類により特有の色を示す。この反応を何というか。（　　　　　　　）

- □(11) ナトリウムの炎色反応は（　　　　）色である。

- □(12) リチウムの炎色反応は（　　　　）色である。

- □(13) 銅の炎色反応は（　　　　）色である。

- □(14) カリウムの炎色反応は（　　　　）色である。

- □(15) カルシウムの炎色反応は（　　　　）色である。

- □(16) 硝酸銀水溶液を加えると白色沈殿が生じるのはどんな元素が存在するからか。（　　　　　）

- □(17) ある物質を塩酸と反応させ、発生した気体を石灰水に通じると白濁した。このときに検出される元素は何か。
（　　　　　　　）

1 次の元素の元素記号を記せ。

(1) 水素 (　　　) (2) カリウム (　　　) (3) 酸素 (　　　) (4) アルゴン (　　　)

(5) フッ素 (　　　) (6) 銀 (　　　) (7) 硫黄 (　　　) (8) リン (　　　)

(9) ネオン (　　　) (10) 窒素 (　　　) (11) ナトリウム(　　　) (12) 炭素 (　　　)

(13) カルシウム(　　　) (14) 塩素 (　　　) (15) 鉄 (　　　) (16) アルミニウム(　　　)

2 次の元素記号の元素名を記せ。

(1) He(　　　) (2) Li (　　　) (3) Hg(　　　) (4) Au (　　　)

(5) Si (　　　) (6) Br (　　　) (7) Sn(　　　) (8) B (　　　)

(9) I (　　　) (10) Cu(　　　) (11) Pt (　　　) (12) Mg(　　　)

(13) Ba(　　　) (14) Ni (　　　) (15) Pb(　　　) (16) Zn (　　　)

E X E R C I S E

5〈元素と単体〉 次の(1)～(5)の記述の下線部は,「元素」と「単体」のどちらの意味に用いられているか。

(1) 競技の優勝者には,<u>金</u>のメダルが与えられた。 (　　　)

(2) 発育期には,<u>カルシウム</u>の多い食品を摂取したい。 (　　　)

(3) 地殻全体の質量の約8.1％は<u>アルミニウム</u>である。 (　　　)

(4) <u>酸素</u>は無色・無臭の気体である。 (　　　)

(5) 水は水素と<u>酸素</u>からできている。 (　　　)

6〈同素体〉 次の(ア)～(エ)のうち,互いに同素体の**関係にないもの**を1つ選べ。

(ア) ダイヤモンド・黒鉛　　(イ) 酸素・オゾン

(ウ) 赤リン・黄リン　　　　(エ) 一酸化炭素・二酸化炭素 (　　　)

7〈単体・化合物・同素体〉 次の(ア)～(カ)の記述のうち,正しいものをすべて選べ。

(ア) 純物質には,単体と化合物の2種類がある。

(イ) 化合物は,その成分元素の単体の性質を示さない。

(ウ) 化合物は,蒸留や再結晶などの物理的方法で単体に分離できる。

(エ) すべての元素には,互いに同素体の関係にある単体が存在する。

(オ) 酸素とオゾンは同素体なので,沸点は同じである。

(カ) 黒鉛やダイヤモンドは燃焼すると,同じ二酸化炭素になる。

(　　　)

8〈元素の検出〉 次の(1),(2)の実験で食塩水中に検出される元素名を記せ。

(1) 食塩水を白金線につけてガスバーナーの外炎に入れると,炎が黄色に着色した。 (　　　)

(2) 食塩水に硝酸銀水溶液を加えると,白く濁った。(　　　)

アドバイス

▶**5**
単体は,具体的な物質を表す。
元素は,物質を構成する成分を表す。

▶**6**
同素体とは,同じ元素からなり,性質が異なる単体のことである。

▶**7**
混合物は,物理的な方法で純物質に分離することができる。

▶**8**
(1) 炎色反応
(2) 白色沈殿は塩化銀
　AgCl

3 物質の三態と熱運動

1 拡散と熱運動

　物質が空間中を自然に広がる現象を，**拡散**という。
　拡散は，物質を構成する粒子が熱エネルギーによってつねに不規則な運動をしているために起こる。このような粒子の運動を**熱運動**という。

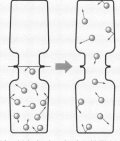

　温度が高いほど熱エネルギーが大きく，多くの粒子が激しく熱運動をする。

低温

高温

2 物質の三態と状態変化 ▶p.2 ③

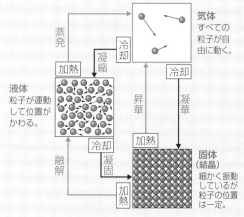

3 物質の三態と温度変化

　物質を構成する粒子はつねに熱運動をしており，温度が高くなると，粒子の熱運動は激しくなる。物質の状態変化は，粒子の熱運動の激しさによって，粒子の集合状態が変化するために起こる。

例 水（$1.013×10^5$ Pa）

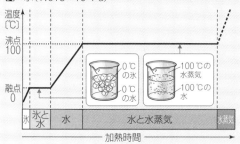

- □(1) 物質がゆっくりと全体に広がっていく現象を何というか。　（　　　　　）

- □(2) 物質を構成する粒子は熱エネルギーによってつねに不規則な運動をしている。この運動を何というか。　（　　　　　）

- □(3) 熱運動は，物質の温度が（高い・低い）ほど激しくなる。

- □(4) 物質の種類は変化せず，その状態だけが変化する現象を何というか。　（　　　　　）

- □(5) 物質を構成する原子が組み変わり，もとの物質が別の物質に変わる現象を何というか。
　　　　　　　　　　　　（　　　　　）

- □(6) 物質の三態とは，ア（　　　　　），
イ（　　　　　），ウ（　　　　　）の3つの状態をいう。

- □(7) 三態の中で，一定の形と体積をもち，変形しにくい状態は（　　　　　）である。

- □(8) 三態の中で，一定の体積をもつが，決まった形をもたない状態は（　　　　　）である。

- □(9) 三態の中で，一定の形をもたず，体積も変化しやすい状態は（　　　　　）である。

- □(10) 固体から液体への状態変化を何というか。
　　　　　　　　　　　　（　　　　　）

- □(11) 液体から気体への状態変化を何というか。
　　　　　　　　　　　　（　　　　　）

- □(12) 気体から液体への状態変化を何というか。
　　　　　　　　　　　　（　　　　　）

- □(13) 液体から固体への状態変化を何というか。
　　　　　　　　　　　　（　　　　　）

- □(14) 固体から液体を経由しないで気体へ直接変化する状態変化を何というか。　（　　　　　）

- □(15) 気体から液体を経由しないで固体へ直接変化する状態変化を何というか。　（　　　　　）

- □(16) 一定の圧力のもとで，固体が融解する温度を何というか。　（　　　　　）

- □(17) 一定の圧力のもとで，沸騰が起こる温度を何というか。　（　　　　　）

E X E R C I S E

▶9〈拡散と熱運動〉次の文の文章中の(　　　)に適する語句を入れよ。

　容器に入れた水にインクを落とすと，時間とともに容器全体に広がって
いく。これを ァ(　　　　　)という。(ア)は，物質を構成する粒子が熱エネ
ルギーによってつねに不規則な運動をしていることによって起こる。この
ような粒子の運動を ィ(　　　　　)という。(ア)は物質の温度が ゥ(　　　)
いほど速く進む。

▶10〈状態変化〉次の(1)〜(5)の状態変化の名称を記せ。

(1)　水蒸気が大気上空で水滴になった。　　　　　　　(　　　　　)

(2)　真冬に湖面の水が凍った。　　　　　　　　　　　(　　　　　)

(3)　防虫剤のナフタレンが時間とともに小さくなった。(　　　　　)

(4)　皮膚に塗った消毒用のアルコールが乾いた。　　　(　　　　　)

(5)　コップの中の氷がしばらくすると水になった。　　(　　　　　)

▶11〈物理変化と化学変化〉次の現象が，化学変化(化学反応)であるとき
は A，物理変化(状態変化)であるときは B と記せ。

(ア)　水を電気分解すると，酸素と水素が発生した。　　(　　　　　)

(イ)　水を加熱すると水蒸気になった。　　　　　　　　(　　　　　)

(ウ)　鉄くぎを放置するとさびた。　　　　　　　　　　(　　　　　)

▶12〈熱と状態変化〉次の(ア)〜(オ)の記述のうち，正しいものをすべて選べ。

(ア)　物質の状態変化は，粒子の熱運動の激しさによって粒子の集合状態が
　　変化するために起こる。

(イ)　沸騰では，液体内部からも蒸発が起こる。

(ウ)　ドライアイスは，大気圧中で融解しやすい物質である。

(エ)　高温の分子の熱運動は，低温の分子の熱運動よりも小さい。

(オ)　水が水蒸気になるとき，水は熱を吸収する。

(　　　　　　　　　)

▶12
ドライアイスは，固体の二
酸化炭素である。

▶13〈気体分子の運動〉右図は，固体の物質
を一様に加熱したときの時間と温度の関係
を示したものである。これについて次の問
いに答えよ。

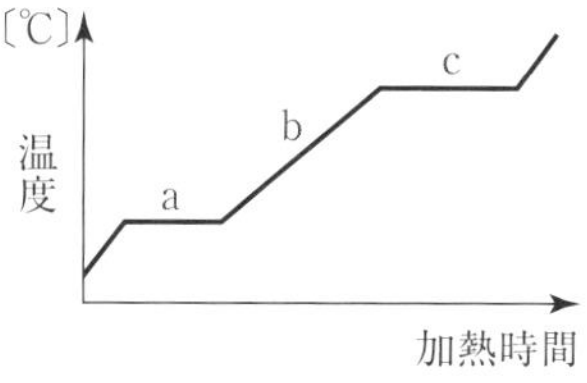

(1)　図のaでは温度が一定である。このと
　きの温度を何というか。　　　　　　(　　　　　)

(2)　図のbでは，物質はどのような状態であるか。(　　　　　)

(3)　図のcでは温度が一定である。このときの温度を何というか。

(　　　　　)

(4)　固体と液体が共存しているのは，aとcのどちらか。(　　　　)

(5)　沸騰が起こっているのは，a〜cのどれか。　　　(　　　　)

▶13
純物質が状態変化している
とき，温度は一定である。

4 原子の構造

1 原子の構造 ▶p.4 ❷

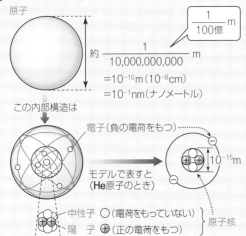

原子

約 $\dfrac{1}{10,000,000,000}$ m

$\dfrac{1}{100億}$ m

$=10^{-10}$m $(10^{-8}$cm$)$
$=10^{-1}$nm(ナノメートル)

この内部構造は

電子(負の電荷をもつ)

10^{-15}m

モデルで表すと
(He原子のとき)

中性子 ○(電荷をもっていない)
陽　子 ⊕(正の電荷をもつ)　}原子核

2 原子をつくる粒子

すべての原子に共通

1. 陽子の数=原子番号
2. 陽子の数+中性子の数=質量数
3. 陽子の数=電子の数
4. 陽子 1 個と電子 1 個のもつ電荷の絶対値は等しいから，原子全体では電気的に中性である。
5. 陽子もしくは中性子 1 個の質量を 1 とすると，電子 1 個の質量は約 1/1840 である。

3 原子番号と質量数の書き表し方

$$\left.\begin{array}{l}\text{中性子 2個}\\\text{陽　子 2個}\\\text{電　子 2個}\end{array}\right\} \begin{array}{l}\text{質量数4}\\\text{原子番号2}\end{array} \quad {}^{4}_{2}\text{He}$$

= 等しい

ヘリウム原子(He)

4 同位体

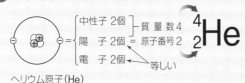

同位体	${}^{1}_{1}\text{H}$	${}^{2}_{1}\text{H}$	${}^{3}_{1}\text{H}$
陽子⊕の数	1	1	1
中性子○の数	0	1	2
質量数	1	2	3
電子●の数	1	1	1

互いに同位体という。 = 化学的性質はほぼ等しい。原子番号は同じで質量数が異なる。

　同位体には，原子核が不安定で，時間経過とともに放射線などを放出して別の原子に変わる**放射性同位体**(ラジオアイソトープ)がある。放射性同位体の量がもとの半分になるまでの時間を**半減期**という。

ポイントチェック

- □(1) 物質の基本的成分の元素を構成するきわめて小さな固有の粒子は何か。　(　　　　)
- □(2) ヘリウム原子の大きさ(直径)は，およそ $(10^{-5}\cdot10^{-10})$ m である。
- □(3) 原子の中心にある正の電荷をもつ部分は何か。　(　　　　)
- □(4) 原子核の中にある正の電荷をもつ粒子は何か。　(　　　　)
- □(5) 原子核の中にある電荷をもたない粒子は何か。　(　　　　)
- □(6) ヘリウム原子の大きさは，原子核のおよそ $(10^{2}\cdot10^{5})$ 倍である。
- □(7) 陽子と中性子の質量はほぼ等しく，陽子の質量は電子の質量のおよそ1840(倍・分の 1)である。
- □(8) 陽子 1 個がもつ電荷と電子 1 個がもつ電荷は大きさがア(等しく・異なり)，符号がイ(同じ・反対)である。
- □(9) 原子は全体として電荷をア(もち・もたず)，電気的にイ(正・中性・負)である。
- □(10) 原子核に含まれる陽子の数を何というか。　(　　　　)
- □(11) 原子核に含まれる陽子の数と中性子の数の和を何というか。　(　　　　)
- □(12) 原子番号が同じで，質量数が異なる原子を互いに何というか。　(　　　　)
- □(13) 一般に，同じ元素の同位体はその化学的性質が(ほぼ同じである・異なる)。
- □(14) 原子番号は元素記号のア(左上・左下)に書く。例：原子番号 6 の炭素原子はイ$({}_{6}\text{C}\cdot{}^{6}\text{C})$と表す。
- □(15) 質量数は元素記号のア(左上・左下)に書く。例：質量数 16 の酸素原子はイ$({}_{16}\text{O}\cdot{}^{16}\text{O})$と表す。
- □(16) 水素原子には，質量数 1 の水素のほかに質量数 2 の同位体$({}_{2}\text{H}\cdot{}^{2}\text{H})$がある。
- □(17) 炭素原子には，質量数 12 と質量数 13 の安定同位体のほかに，(　　　　)同位体とよばれる質量数 14 の同位体がごく微量存在する。
- □(18) 放射性同位体である ${}^{134}\text{Cs}$(半減期 2 年)は，8 年たつともとの量の何分の 1 になるか。　(　　　　)

EXERCISE

▶**14〈原子の構成要素〉**$^{23}_{11}$Na の原子について，次の(1)~(3)の数はいくらか。

(1) 陽子の数 （　　　　）

(2) 中性子の数 （　　　　）

(3) 電子の数 （　　　　）

▶**15〈種々の原子〉**次表の空欄に適する数値を入れよ。

元素名	原子	原子番号	陽子の数	電子の数	中性子の数	質量数
水素	$^{1}_{1}$H	ア	イ	ウ	エ	オ
酸素	$^{16}_{8}$O	カ	キ	ク	ケ	コ
塩素	$^{35}_{17}$Cl	サ	シ	ス	セ	ソ
鉄	$^{56}_{26}$Fe	タ	チ	ツ	テ	ト
鉛	$^{208}_{82}$Pb	ナ	ニ	ヌ	ネ	ノ
ウラン	$^{238}_{92}$U	ハ	ヒ	フ	ヘ	ホ

▶**16〈原子の構造〉**次の(ア)~(オ)の記述のうち，正しいものには○，誤りのあるものには×を記せ。

(ア) 原子核に含まれる陽子の数は元素ごとに決まっている。 （　　　）

(イ) 原子の質量は原子核の質量にほぼ等しい。 （　　　）

(ウ) すべての原子の原子核の中には陽子と中性子がある。 （　　　）

(エ) すべての原子で，陽子の数＝中性子の数である。 （　　　）

(オ) 自然界における同位体の存在比はほぼ一定である。 （　　　）

▶**17〈同位体〉**同位体に関する次の(ア)~(エ)の記述のうち，正しいものを1つ選べ。

(ア) 陽子の数が同じで，電子の数が異なる原子

(イ) 陽子の数が同じで，中性子の数が異なる原子

(ウ) 中性子の数が同じで，電子の数が異なる原子

(エ) 中性子の数が同じで，陽子の数が異なる原子

（　　　　）

▶**18〈同位体〉**次の(ア)~(ウ)の図は水素の同位体を表している。これについて，下の(1)~(3)にあてはまる水素原子を1つずつ選べ。

(ア) (イ) (ウ)

(1) 中性子を1個もつ水素原子 （　　　　）

(2) 自然界に最も多く存在する水素原子 （　　　　）

(3) 質量数が3の水素原子 （　　　　）

▶**14**

$^{b}_{a}$M において，a は原子番号，b は質量数で，必ず $a < b$ である。

（水素 ^{1}H は $a = b = 1$）

陽子の数＝原子番号

質量数＝陽子の数＋中性子の数

▶**15**

元素記号の左側の数字は，上が質量数，下が原子番号を表す。

▶**18**

水素原子には同位体が存在し，中性子の数が異なるものがある。

1 電子殻

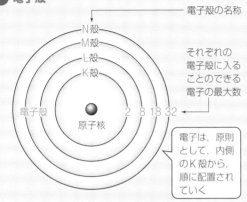

電子殻の名称

N殻
M殻
L殻
K殻

それぞれの
電子殻に入る
ことのできる
電子の最大数

電子殻 2 8 18 32

原子核

電子は，原則
として，内側
のK殻から，
順に配置され
ていく

最も外側の電子殻にある電子を**最外殻電子**といい，ヘリウム原子を除いて原子の最外殻電子が 1 ～ 7 個のとき，これらの電子を**価電子**という。

2 貴ガス（希ガス）原子の電子配置

元素	電子殻					
	K	L	M	N	O	P
₂He	②					
₁₀Ne	2	⑧				
₁₈Ar	2	8	⑧			
₃₆Kr	2	8	18	⑧		
₅₄Xe	2	8	18	18	⑧	

○の中の数字は，最外殻電子の数を表している。
貴ガス原子は，1 個の原子が分子としてふるまう（**単原子分子**）。価電子の数は 0 になる。

3 原子の電子配置と価電子の数

□(1) 原子の電子は，いくつかの層に分かれて原子核のまわりを回っている。この層のことを何というか。　　　　　　（　　　　　　　）

□(2) 電子殻は，原子核に近い内側から順にア（　　　　）殻，イ（　　　　）殻，ウ（　　　　）殻，エ（　　　　）殻という。

□(3) 電子殻に入ることができる電子の最大数は，K 殻ア（　　　　）個，L 殻イ（　　　　）個，M 殻ウ（　　　　）個，N 殻エ（　　　　）個である。

□(4) 原子番号 11 のナトリウム原子では，K 殻にア（　　　　）個，L 殻にイ（　　　　）個，M 殻にウ（　　　　）個の電子が収容される。

□(5) 原子の最外殻電子のうち，原子がほかの原子と結合するときなどに重要な役割をする 1 ～ 7 個の電子を（　　　　　　）電子とよぶ。

□(6) 原子番号 10 のネオン Ne の電子配置は，K 殻ア（　　　　）個，L 殻イ（　　　　）個である。

□(7) 原子番号 18 のアルゴン Ar の電子配置は，K 殻ア（　　　　）個，L 殻イ（　　　　）個，M 殻ウ（　　　　）個である。

□(8) 貴ガスの電子配置は，ほかの原子に比べて（安定・不安定）であり，ほかの原子と結合しにくい。

□(9) 貴ガスの最外殻電子の数は，He ではア（　　　　）個，そのほかの原子ではイ（　　　　）個である。

□(10) 貴ガスの価電子の数は（　　　　）とみなす。

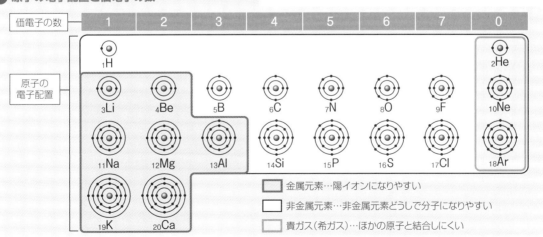

| 価電子の数 | 1 | 2 | 3 | 4 | 5 | 6 | 7 | 0 |

原子の電子配置

₁H

₃Li ₄Be ₅B ₆C ₇N ₈O ₉F ₁₀Ne

₁₁Na ₁₂Mg ₁₃Al ₁₄Si ₁₅P ₁₆S ₁₇Cl ₁₈Ar

₁₉K ₂₀Ca

₂He

□ 金属元素…陽イオンになりやすい

□ 非金属元素…非金属元素どうしで分子になりやすい

□ 貴ガス（希ガス）…ほかの原子と結合しにくい

E X E R C I S E

▶**19〈原子の電子配置〉** 次に示した(ア)～(エ)の電子配置の原子について，下の問いに答えよ。

(ア) 　(イ) 　(ウ) 　(エ)

(1) 電子配置が最も安定している原子を 1 つ選べ。 （　　　）
(2) 価電子を 1 個もつ原子を 1 つ選べ。 （　　　）
(3) 化学的性質の似ている原子を 2 つ選べ。 （　　，　　）
(4) 原子番号が最も大きい原子を 1 つ選べ。 （　　　）

▶**20〈電子配置〉** 次の原子の電子配置を，例にしたがって書け。

原子	K - L - M - N	原子	K - L - M - N
例 19K	2 - 8 - 8 - 1	11Na	ウ
6C	ア	13Al	エ
8O	イ	17Cl	オ

▶**21〈貴ガス〉** 次の(ア)～(オ)の記述のうち，**誤りを含むもの**を 1 つ選べ。

(ア) 貴ガスは空気中にわずかに気体として存在している。
(イ) 貴ガス原子の価電子の数は 8 個である。
(ウ) 貴ガスの単体は単原子分子である。
(エ) ヘリウムを除いた貴ガス原子の最外殻電子の数は 8 個である。
(オ) 貴ガスはほかの原子と結合しにくく，化合物をつくりにくい。

（　　　）

▶**22〈価電子〉** 原子番号 1～18 までの原子について，次の問いに答えよ。

(1) M 殻に 4 個の価電子をもつ原子の元素記号を記せ。 （　　　）
(2) フッ素 F と価電子の数が同じ原子の元素記号を記せ。 （　　　）
(3) 原子番号 5 の原子の価電子の数はいくつか。 （　　　）

▶**23〈原子の電子配置〉** 次の(1)～(4)の原子の電子配置を，例にしたがって書け。

例 3Li

(1) 6C 　(2) 10Ne 　(3) 12Mg 　(4) 19K

アドバイス

▶**19**
貴ガスの電子配置は，安定している。

▶**20**
原子番号＝陽子の数
　　　　　＝電子の数
電子は，内側の K 殻から入る。

▶**22**
電子殻に入る最大電子数は，K 殻 2 個，L 殻 8 個，M 殻18 個である。

▶**23**
原子中の電子の数は，原子番号(陽子の数)に等しい。

1章
物質の構成

6 イオンの生成

1 イオンの電子配置 📖 p.4 ❷

陽イオンの生成 例 Na^+

Na → Na$^+$ + e$^-$
ナトリウム原子 ナトリウムイオン 電子

陰イオンの生成 例 Cl^-

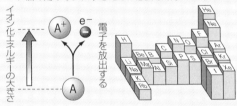

Cl + e$^-$ → Cl$^-$
塩素原子 電子 塩化物イオン

2 多原子イオン

複数の原子からなる原子団が電荷をもったもの

例 水酸化物イオン OH^-, 硫酸イオン SO_4^{2-},
アンモニウムイオン NH_4^+

3 イオン化エネルギー

1価の陽イオンにするために必要な最小のエネルギー

4 電子親和力

1価の陰イオンになるときに放出するエネルギー

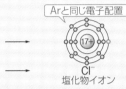

5 おもなイオンとその化学式 📖 p.4 ❷

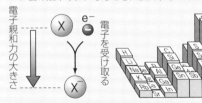

価数	陽イオン	化学式	陰イオン	化学式
1価	水素イオン	H$^+$	フッ化物イオン	F$^-$
	ナトリウムイオン	Na$^+$	塩化物イオン	Cl$^-$
	カリウムイオン	K$^+$	水酸化物イオン	OH$^-$
	アンモニウムイオン	NH$_4^+$	硝酸イオン	NO$_3^-$
2価	カルシウムイオン	Ca^{2+}	酸化物イオン	O^{2-}
	鉄(Ⅱ)イオン*	Fe^{2+}	硫酸イオン	SO$_4^{2-}$
	銅(Ⅱ)イオン*	Cu^{2+}	炭酸イオン	CO$_3^{2-}$
3価	アルミニウムイオン	Al^{3+}	リン酸イオン	PO$_4^{3-}$
	鉄(Ⅲ)イオン*	Fe^{3+}		

＊鉄イオンや銅イオンのように，同じ原子からできるイオンで価数の異なるものがある場合は，イオンの価数をローマ数字で示す。

ポイントチェック

□(1) 電子を放出して正の電荷をもった粒子を何というか。（　　　　　）

□(2) 電子を受け取って負の電荷をもった粒子を何というか。（　　　　　）

□(3) 価電子の数が1または2の原子は，電子をア（放出して・受け取って）貴ガスと同じ電子配置のイ（陽・陰）イオンになりやすい。

□(4) 価電子の数が6または7の原子は，電子をア（放出して・受け取って）貴ガスと同じ電子配置のイ（陽・陰）イオンになりやすい。

□(5) 1個の原子が電子をやりとりしてできるイオンを何というか。（　　　　　）

□(6) 複数の原子からなる原子団が電荷をもったイオンを何というか。（　　　　　）

□(7) イオンができるときにやりとりする電子の数のことを何というか。（　　　　　）

□(8) 気体状態の原子から電子1個を取り去って，1価の陽イオンにするために必要なエネルギーを何というか。（　　　　　）エネルギー

□(9) 原子が1個の電子を受け取って1価の陰イオンになるときに放出するエネルギーを何というか。（　　　　　）

□(10) 価電子を1個もつナトリウム原子は，何価の陽イオンになりやすいか。（　　　）価

□(11) 価電子を2個もつマグネシウム原子は，何価の陽イオンになりやすいか。（　　　）価

□(12) 価電子を3個もつアルミニウム原子は，何価の陽イオンになりやすいか。（　　　）価

□(13) 価電子を6個もつ酸素原子は，何価の陰イオンになりやすいか。（　　　）価

□(14) 価電子を7個もつ塩素原子は，何価の陰イオンになりやすいか。（　　　）価

□(15) ナトリウムが電子を1個放出すると，どの原子の電子配置と同じになるか。（　　　　　）

□(16) 塩素原子が電子を1個受け取ると，どの原子の電子配置と同じになるか。（　　　　　）

1 次のイオンの名称を記せ。

(1) Li^+ (　　　　　) (2) Fe^{2+} (　　　　　)

(3) K^+ (　　　　　) (4) Fe^{3+} (　　　　　)

(5) H^+ (　　　　　) (6) Ba^{2+} (　　　　　)

(7) F^- (　　　　　) (8) O^{2-} (　　　　　)

(9) CO_3^{2-} (　　　　　) (10) PO_4^{3-} (　　　　　)

2 次のイオンの化学式を示せ。

(1) ナトリウムイオン (　　　) (2) カルシウムイオン (　　　)

(3) マグネシウムイオン (　　　) (4) アルミニウムイオン (　　　)

(5) 銅(Ⅰ)イオン (　　　) (6) 銅(Ⅱ)イオン (　　　)

(7) 塩化物イオン (　　　) (8) 硫化物イオン (　　　)

(9) 硝酸イオン (　　　) (10) 硫酸イオン (　　　)

(11) 水酸化物イオン (　　　) (12) アンモニウムイオン (　　　)

E X E R C I S E

▶**24〈イオンの電子配置〉** 次の(ア)〜(オ)は原子の電子配置を示したものである。下の(1)〜(3)にあてはまる原子をそれぞれ1つずつ選べ。

(ア)　　(イ)　　(ウ)　　(エ)　　(オ)

(1) 1価の陽イオンになったとき、Ne と同じ電子配置をとるもの (　　　)

(2) (ア)〜(オ)の中で、電子親和力の最も大きいもの (　　　)

(3) 化合物をつくらないもの (　　　)

▶**25〈陽イオンと陰イオン〉** 次の(ア)〜(キ)の原子を、(1)陽イオンになりやすいもの、(2)陰イオンになりやすいもの、(3)単原子イオンになりにくいものに分類せよ。

(ア) He (イ) Li (ウ) C (エ) F (オ) Ne (カ) Cl (キ) Mg

(1)　　　　　　(2)　　　　　　(3)

▶**26〈イオンの生成〉** 次の(1)〜(6)の原子がイオンになるときの反応式を、例にしたがって電子 e^- を用いて示せ。

例　$H \longrightarrow H^+ + e^-$　　　$F + e^- \longrightarrow F^-$

(1) $Na \longrightarrow Na^+$ (　　　　　)

(2) $Ag \longrightarrow Ag^+$ (　　　　　)

(3) $Mg \longrightarrow Mg^{2+}$ (　　　　　)

(4) $Al \longrightarrow Al^{3+}$ (　　　　　)

(5) $Cl \longrightarrow Cl^-$ (　　　　　)

(6) $O \longrightarrow O^{2-}$ (　　　　　)

アドバイス

▶**24**

(1) 原子は、原子番号が最も近い貴ガスと同じ安定な電子配置をとろうとして、イオンになる。

▶**26**

原子が陽イオンになるとき、反応式の右側に、陰イオンになるとき、反応式の左側に、電子 e^- を授受する数とあわせて書く。

7 周期表

1 周期表

元素を原子番号の順に並べると，化学的性質の似た元素が周期的に現れる(**周期律**)。この周期律に基づく表を**周期表**という。

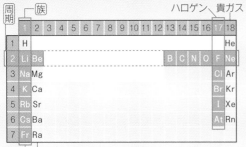

アルカリ土類金属(2 族の元素)
アルカリ金属(H を除く 1 族の元素)

2 典型元素と遷移元素

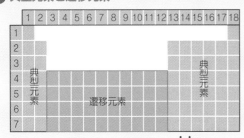

- **典型元素**…{ ①同じ族の元素の性質がよく似ている。
②価電子の数＝族の下 1 桁の数
(②は貴ガスを除く)

- **遷移元素**…となりどうしの元素の性質が似ている。

3 金属元素と非金属元素

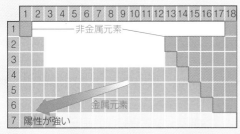

逆に右上の元素ほど陰性が強い。(貴ガスを除く)

4 同族元素

- **アルカリ金属**(Li, Na, K など)
原子は 1 個の価電子をもち，1 価の陽イオンになりやすい。
- **アルカリ土類金属**(Be, Mg, Ca, Sr, Ba など)
原子は 2 個の価電子をもち，2 価の陽イオンになりやすい。
- **ハロゲン**(F, Cl, Br, I など)
原子は 7 個の価電子をもち，1 価の陰イオンになりやすい。

ポイントチェック

□(1) 元素を原子番号の順に並べると，化学的性質のよく似た元素が周期的に現れる。元素のこのような性質を何というか。　　　(　　　　　　)

□(2) 周期律は電子配置と関係が深く，ある電子の数が周期的に変化するために現れる。そのある電子とは何か。　　　(　　　　　　)

□(3) 周期表の横の行を何というか。

(　　　　　　)

□(4) 周期は，第 1 周期から第何周期まであるか。

第(　　　)周期

□(5) 周期表の縦の列を何というか。(　　　　　　)

□(6) 族は 1 族から何族まであるか。　(　　　)族

□(7) 周期表の同じ族に属する元素を何というか。

(　　　　　　)

□(8) H を除く 1 族の元素を何というか。

(　　　　　　)

□(9) 2 族の元素を何というか。

(　　　　　　)

□(10) 17 族の元素を何というか。(　　　　　　)

□(11) 18 族の元素を何というか。(　　　　　　)

□(12) 1 族，2 族および 13 族～18 族までの，周期律をはっきり示す元素を何というか。

(　　　　　　)

□(13) 3 族～12 族までの，周期律をはっきり示さない元素を何というか。　　(　　　　　　)

□(14) 非金属元素はおもに周期表のどこに位置しているか。　　　　　　(左下・右上)

□(15) 周期表の左下の元素ほどア(陽性・陰性)が強く，イ(陽・陰)イオンになりやすい。

□(16) 18 族を除き，周期表の右上の元素ほどア(陽性・陰性)が強く，イ(陽・陰)イオンになりやすい。

□(17) アルカリ金属の原子は，ア(　　　　)価のイ(陽・陰)イオンになりやすい。

□(18) アルカリ土類金属の原子は，ア(　　　　)価のイ(陽・陰)イオンになりやすい。

□(19) ハロゲン原子は，ア(　　　　)価のイ(陽・陰)イオンになりやすい。

EXERCISE

▶**27〈周期表〉** 次の図は，周期表の概略図である。下の(1)〜(8)は，図の a 〜h のどの領域にあるか。あてはまる記号をすべて選べ。

(1) 典型元素 　　(2) 遷移元素 　　(3) 非金属元素 　　(4) アルカリ金属

(5) 金属元素 　　(6) ハロゲン 　　(7) 貴ガス 　　(8) アルカリ土類金属

(1) _____ (2) ____ (3) ____ (4) ____

(5) _____ (6) ____ (7) ____ (8) ____

▶**28〈周期表〉** 次表は，周期表の一部である。これについて下の問いに答えよ。

周期＼族	1	2		13	14	15	16	17	18
1	H								He
2	Li	Be		B	C	N	O	F	Ne
3	Na	Mg		Al	Si	P	S	Cl	Ar

(1) 1 価の陽イオンになりやすい元素を 3 つ選べ。(　, 　, 　)

(2) 1 価の陰イオンになりやすい元素を 2 つ選べ。　　(　, 　)

(3) 2 価の陰イオンになりやすい元素を 2 つ選べ。　　(　, 　)

(4) 電子配置が最も安定している元素を 3 つ選べ。(　, 　, 　)

▶**29〈典型元素と遷移元素〉** 次の(1)〜(5)の記述のうち，典型元素に関するものには A，遷移元素に関するものには B を記せ。

(1) すべて金属元素である。 (　　)

(2) 同じ族の元素の性質がよく似ている。 (　　)

(3) となりどうしの元素の性質が比較的似ている。 (　　)

(4) 貴ガス以外は，価電子の数が族番号の下 1 桁の数字と一致している。

(　　)

(5) 周期表で 3 族〜12 族に属する。 (　　)

▶**30〈元素の周期律〉** 次の(ア)〜(オ)の記述のうち，**誤りを含むもの**を 2 つ選べ。

(ア) 元素の周期表では，元素が原子量の順に並べられている。

(イ) 元素の周期表を同一周期内で左から右に進むと，原子中の電子の数が増加する。

(ウ) 原子のイオン化エネルギーは，原子番号の増加とともに周期的に変化する。

(エ) 陽子の数が等しい原子は，質量数が異なっても周期表上の同じ位置を占める。

(オ) 遷移元素の価電子の数は，族の番号に一致する。 (　, 　)

❶ 物質を分離する操作に関する記述として下線部が正しいものを，次の①〜⑤のうちから一つ選べ。

① 溶媒に対する溶けやすさの差を利用して，混合物から特定の物質を溶媒に溶かして分離する操作を抽出という。

② 沸点の差を利用して，液体の混合物から成分を分離する操作を昇華法(昇華)という。

③ 固体と液体の混合物から，ろ紙などを用いて固体を分離する操作を再結晶という。

④ 不純物を含む固体を溶媒に溶かし，温度によって溶解度が異なることを利用して，より純粋な物質を析出させ分離する操作をろ過という。

⑤ 固体の混合物を加熱して，固体から直接気体になる成分を冷却して分離する操作を蒸留という。

[2016年センター試験] ⊃ p.6 **2**．▶ **2**．**3**．**4**

(　　　)

❷ 次の記述 a 〜 c に関連する現象または操作の組合せとして最も適当なものを，右の①〜⑧のうちから一つ選べ。

　　a ナフタレンからできている防虫剤を洋服ダンスの中に入れておくと，徐々に小さくなる。

　　b ティーバッグに湯を注いで，紅茶をいれる。

　　c ぶどう酒から，アルコール濃度のより高いブランデーがつくられている。

[2018年大学入学共通テスト試行調査] ⊃ p.6 **2**

(　　　)

	a	b	c
①	蒸発	抽出	蒸留
②	蒸発	蒸留	ろ過
③	蒸発	蒸留	抽出
④	蒸発	中和	蒸留
⑤	昇華	抽出	ろ過
⑥	昇華	蒸留	抽出
⑦	昇華	抽出	蒸留
⑧	昇華	中和	ろ過

❸ 次の(1)〜(4)に当てはまるものを，それぞれの解答群の①〜⑤または①〜⑥のうちから一つずつ選べ。

(1) 純物質であるもの

① 空気　② 塩酸　③ 海水　④ 牛乳　⑤ 石油　⑥ 尿素

[2013年センター試験・追試] ⊃ p.6 **1**．▶ **1**

(2) **単体でないもの**

① 黒鉛　② 単斜硫黄　③ 水銀　④ 赤リン　⑤ オゾン　⑥ 水晶

[2015年センター試験] ⊃ ▶ **7**

(3) 次の(a ・ b)に当てはまる二つの物質の組合せとして最も適当なもの

　　a 単体と化合物　　　b 純物質と混合物

① ダイヤモンドと黒鉛　　② 塩素と塩化ナトリウム　　③ 塩化水素と塩酸

④ メタン CH_4 とエタン C_2H_6　　⑤ 希硫酸とアンモニア水

[2018年センター試験・追試] ⊃ p.8 **2**．▶ **7**

(4) 同素体である組合せ

① ヘリウムとネオン　　　　　　　② ^{35}Cl と ^{37}Cl

③ メタノール CH_3OH とエタノール C_2H_5OH　　④ 一酸化窒素と二酸化窒素

⑤ 塩化鉄(Ⅱ)と塩化鉄(Ⅲ)　　　　⑥ 黄リンと赤リン

[2013年センター試験] ⊃ p.8 **3**．▶ **6**

(1)　　　　　(2)　　　　　(3) a　　　b　　　(4)

4 下線を付した語が，元素ではなく単体を指しているものを，次の①～⑤のうちから一つ選べ。

① ^1H と ^2H は，水素の同位体である。

② 水を電気分解すると，水素と酸素が物質量の比 2：1 で生じる。

③ 塩素の原子量は 35.5 である。

④ カルシウムは，重要な栄養素である。

⑤ 炭化水素は，炭素と水素だけを含む化合物である。

[2001年センター試験・追試] ⤵▶5

(　　)

5 ある純物質の固体をビーカーに入れ，次の実験Ⅰ～Ⅱを行った。実験結果より，この純物質として最も適当なものを，下の①～⑥のうちから一つ選べ。

実験Ⅰ：この物質の固体に水を加えてかき混ぜると，すべて溶けた。

実験Ⅱ：実験Ⅰで得られた水溶液の炎色反応を観察したところ，黄色を示した。また，この水溶液に硝酸銀水溶液を加えると，白色沈殿が生じた。

① 硝酸カリウム　　② 硝酸ナトリウム　　③ 炭酸カルシウム　　④ 硫酸バリウム

⑤ 塩化カリウム　　⑥ 塩化ナトリウム

[2018年センター試験 改] ⤵p.8 **4**，**5**，▶8

(　　)

6 図は物質の三態の間の状態変化を示したものである。　a 　～　c 　に当てはまる用語の組合せとして最も適当なものを，右の①～⑥のうちから一つ選べ。

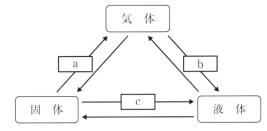

	a	b	c
①	凝縮	昇華	融解
②	凝縮	融解	昇華
③	昇華	凝縮	融解
④	昇華	融解	凝縮
⑤	融解	昇華	凝縮
⑥	融解	凝縮	昇華

[2015年センター試験] ⤵p.10 **2**

(　　)

7 互いに同位体である原子どうしで**異なるもの**を，次の①～⑤のうちから一つ選べ。

① 原子番号　　② 陽子の数　　③ 中性子の数　　④ 電子の数　　⑤ 価電子の数

[2012年センター試験] ⤵p.12 **4**，▶17，18

(　　)

❽ 次の(1)～(4)に当てはまるものを，それぞれの解答群の①～⑤または①～⑥のうちから一つずつ選べ。

(1) 放射性同位体 ^{14}C 中の陽子の数と中性子の数の比（陽子の数：中性子の数）

① 1:1　② 2:3　③ 3:2　④ 3:4　⑤ 4:3　⑥ 6:7

[2014年センター試験] ➲ p.12 **2**. ▶**14**

(2) 中性子の数が最も多い原子

① ^{38}Ar　② ^{40}Ar　③ ^{40}Ca　④ ^{37}Cl　⑤ ^{39}K　⑥ ^{40}K

[2017年センター試験] ➲ p.12 **2**. **3**. ▶**15, 17**

(3) 陽子の数と中性子の数が同じ原子

① $^{3}_{1}H$　② $^{14}_{6}C$　③ $^{32}_{16}S$　④ $^{37}_{17}Cl$　⑤ $^{39}_{19}K$

[2004年センター試験・追試] ➲ p.12 **3**. ▶**15**

(4) 中性子の数と電子の数の差が最も大きい原子またはイオン

① $^{1}_{1}H$　② $^{4}_{2}He$　③ $^{23}_{11}Na^{+}$　④ $^{25}_{12}Mg^{2+}$　⑤ $^{32}_{16}S^{2-}$

[2014年センター試験・追試] ➲ p.12 **3**. ▶**15**

(1)	(2)	(3)	(4)

❾ ホウ素原子の電子配置の模式図として最も適当なものを，次の①～⑥のうちから一つ選べ。

① 　② 　③ 　④ 　⑤ 　⑥

⬤ 原子核（数字は陽子の数）

◦ 電子

[2018年センター試験 改] ➲ p.14 **3**. ▶**20, 23**

(　　)

❿ 原子のイオン化エネルギー（第一イオン化エネルギー）が原子番号とともに変化する様子を示す図として最も適当なものを，次の①～⑥のうちから一つ選べ。

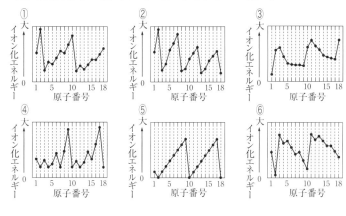

[2010年センター試験] ➲ p.16 **3**

(　　)

⁇❶❶ 水分子1個に含まれる陽子の数a，電子の数b，および中性子の数cの大小関係を正しく表しているものを，次の①～⑦のうちから一つ選べ。ただし，この水分子は ^{1}H と ^{16}O からなるものとする。

① $a = b = c$　② $a = b > c$　③ $c > a = b$　④ $b = c > a$　⑤ $a > b = c$

⑥ $c = a > b$　⑦ $b > c = a$

[2010年センター試験] ➲ p.12 **2**. ▶**14, 15**

(　　)

⓬ 次の(1)～(3)に当てはまるものを，それぞれの解答群のうちから一つずつ選べ。

(1) 電子が入っている最も外側の電子殻の電子数が**2でないもの**

① He　② Li⁺　③ Be　④ Na　⑤ Mg　⑥ Ca

[2014年センター試験・追試] ⊃p.14 **3**, p.16 **1**

(2) 1価の陽イオンになりやすい原子

① Be　② F　③ Li　④ Ne　⑤ O

[2018年センター試験] ⊃p.16 **3**, ▶ **25**

(3) 原子およびイオンの電子配置に関する記述として**誤りを含むもの**

① 炭素原子 C の K 殻には，2 個の電子が入っている。

② 硫黄原子 S は，6 個の価電子をもつ。

③ ナトリウムイオン Na⁺ の電子配置は，フッ化物イオン F⁻ の電子配置と同じである。

④ 窒素原子 N の最外殻電子の数は，リン原子 P の最外殻電子の数と異なる。

[2020年センター試験] ⊃p.14 **3**, p.16 **1**

(1)　　　　(2)　　　　(3)

⓭ ヘリウム原子に関する記述として正しいものを，次の①～⑤のうちから一つ選べ。

① ヘリウム原子核の質量は，ヘリウム原子の質量の $\frac{1}{2}$ である。

② ヘリウム原子核の構成は，水素原子($^1_1$H)の原子核 2 個分と同じである。

③ ヘリウム原子の電子は M 殻に入っている。

④ ヘリウム原子の電子が入っている電子殻は，電子 2 個で満たされている。

⑤ ヘリウム原子の大きさは，ネオン原子に比べて大きい。

[2005年センター試験・追試] ⊃p.14 **2**, ▶ **21**

(　　　)

⓮ 周期表の 1～18 族・第 1 ～第 5 周期までの概略を下の図に示した。図中の太枠で囲んだ領域のア～クに関する記述として**誤りを含むもの**を，下の①～⑤のうちから一つ選べ。

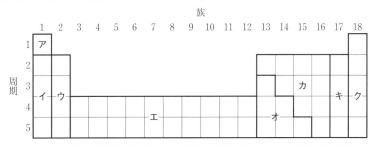

① アとイとウは，すべて典型元素である。　② エは，すべて遷移元素である。

③ オは，すべて遷移元素である。　④ カは，すべて典型元素である。

⑤ キとクは，すべて典型元素である。

[2020年センター試験 改] ⊃p.18 **2**, ▶ **27, 29**

(　　　)

8 イオン結合

1 イオン結合

陽イオンと陰イオンは，それぞれがもつ正の電荷と負の電荷から生じる静電気的な力（**クーロン力**）で互いに引きあい，結合を生じる。**例** NaCl

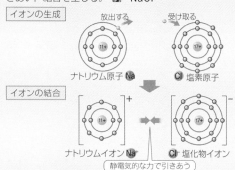

イオンの生成

放出する　　　受け取る

ナトリウム原子 Na　　　Cl 塩素原子

イオンの結合

ナトリウムイオン Na⁺　　　Cl⁻ 塩化物イオン

静電気的な力で引きあう

2 イオン結晶

原子や分子，イオンなどが規則正しく並んでできた固体を**結晶**といい，イオン結合でできた結晶を**イオン結晶**という。

多数の陽イオン●と陰イオン○が集まって，規則正しく配列する。

イオン結晶
NaClの結晶

Na⁺ + Cl⁻ →

3 組成式（イオンの種類と割合を元素記号で示した式）

(1) イオン結晶全体で，陽イオンと陰イオンは，正負の電荷を打ち消しあう割合で結合している。
(2) 書くときは，基本的に陽イオンを先に，陰イオンをあとにする。
(3) 読むときは，陰イオンを先に，陽イオンをあとにする。
(4) 多原子イオンが 2 個以上結合している場合は，（　　）をつけてその数を示す。
例 Ca^{2+} と OH^- では，組成式 $Ca(OH)_2$
読み方は，水酸化カルシウム

4 イオン結晶の性質

・静電気的な力が強いため，融点が高いものが多い
・かたいがもろく，特定の方向に簡単に割れる（劈開）
・固体のままでは電気を通さないが，融解したり，水に溶かしたりすると電気を通す

5 身のまわりのイオンからなる物質

●塩化ナトリウム NaCl
・食塩の主成分
・水酸化ナトリウムや炭酸ナトリウムの原料

●炭酸水素ナトリウム NaHCO₃
・重曹ともよばれる
・ベーキングパウダーや入浴剤に使われる

●炭酸カルシウム CaCO₃
・石灰石や大理石として自然界に広く存在する

大理石

●塩化カルシウム CaCl₂
・乾燥剤や凍結防止剤などに利用される

乾燥剤

ポイントチェック

☐(1) 陽イオンは（正・負）の電荷をもつ粒子である。

☐(2) 陽イオンと陰イオンによる静電気的な力を何というか。（　　　　　）

☐(3) 陽イオンと陰イオンによる静電気的な力によってできる結合を何というか。
（　　　　　）

☐(4) 一般に金属元素と（金属元素・非金属元素）が結びつくとき，イオン結合になる。

☐(5) 原子，分子，イオンなどの粒子が規則正しく並んでできた固体を何というか。
（　　　　　）

☐(6) イオン結合でできている結晶を何結晶というか。（　　　　　）

☐(7) イオン結晶は（組成式・分子式）で表す。

☐(8) イオン結晶は，一般に融点が（高・低）いものが多い。

☐(9) イオン結晶は（やわらかく・かたく），もろい性質があり，特定の方向に簡単に割れる。

☐(10) イオン結晶は，固体では電気を
ア（通す・通さない）が，融解したり水に溶かしたりすると電気を イ（通す・通さない）。

☐(11) 組成式 NaOH の名称を記せ。
（　　　　　）

☐(12) 組成式 CaCl₂ の名称を記せ。
（　　　　　）

☐(13) K^+ と Cl^- からなる物質の組成式と名称を記せ。（組成式　　　：名称　　　）

☐(14) Ba^{2+} と $SO_4{}^{2-}$ からなる物質の組成式と名称を記せ。（組成式　　　：名称　　　）

☐(15) Al^{3+} と Cl^- からなる物質の組成式と名称を記せ。
（組成式　　　：名称　　　）

☐(16) 食塩の主成分である塩化ナトリウムの組成式を示せ。（　　　　　）

☐(17) 胃薬などの医薬品のほか，ベーキングパウダーなどにも使われている炭酸水素ナトリウムの組成式を示せ。（　　　　　）

☐(18) 石灰石や貝殻の主成分である炭酸カルシウムの組成式を示せ。（　　　　　）

1 次のイオンからなる物質の組成式とその名称を記せ。

(1) Na^+ と Cl^-
(組成式　　　　　: 名称　　　　　　)

(2) K^+ と Br^-
(組成式　　　　　: 名称　　　　　　)

(3) NH_4^+ と Cl^-
(組成式　　　　　: 名称　　　　　　)

(4) Ag^+ と NO_3^-
(組成式　　　　　: 名称　　　　　　)

(5) Ca^{2+} と O^{2-}
(組成式　　　　　: 名称　　　　　　)

(6) Mg^{2+} と Cl^-
(組成式　　　　　: 名称　　　　　　)

(7) Ca^{2+} と Cl^-
(組成式　　　　　: 名称　　　　　　)

(8) Fe^{2+} と SO_4^{2-}
(組成式　　　　　: 名称　　　　　　)

(9) Cu^{2+} と OH^-
(組成式　　　　　: 名称　　　　　　)

(10) Fe^{3+} と Cl^-
(組成式　　　　　: 名称　　　　　　)

(11) Al^{3+} と SO_4^{2-}
(組成式　　　　　: 名称　　　　　　)

(12) Na^+ と CO_3^{2-}
(組成式　　　　　: 名称　　　　　　)

2 次の物質の組成式を記せ。

(1) 塩化ナトリウム（　　　）
(2) 塩化カルシウム（　　　）
(3) 水酸化ナトリウム（　　　）
(4) 水酸化アルミニウム（　　　）
(5) 水酸化銅（Ⅱ）（　　　）
(6) 塩化鉄（Ⅱ）（　　　）
(7) 塩化鉄（Ⅲ）（　　　）
(8) 酸化マグネシウム（　　　）
(9) 酸化銀（　　　）
(10) 硫酸カリウム（　　　）
(11) 硫酸アンモニウム（　　　）
(12) 炭酸ナトリウム（　　　）
(13) 炭酸水素ナトリウム（　　　）
(14) 炭酸アンモニウム（　　　）
(15) リン酸カリウム（　　　）
(16) リン酸カルシウム（　　　）

E X E R C I S E

▶**31**〈組成式〉例にしたがって，次表の空欄に適する組成式を記せ。

陽イオン ＼ 陰イオン	Cl^-	OH^-	CO_3^{2-}
K^+	例 KCl	(1)	(2)
Mg^{2+}	(3)	(4)	(5)

アドバイス

▶**31**
組成式は，陽イオン，陰イオンの順で書く。

▶**32**〈イオン結晶の性質と組成式〉次の文章を読み，下の問いに答えよ。

　固体 A は電気を通さないが，ある操作をすると電気を通す。固体 A の陽イオンは1価でネオンと同じ電子配置になっている。また，陰イオンは2価で，この陰イオンに含まれている電子の総数は 18 個である。

(1) 固体 A にあてはまる物質は(ア)〜(ウ)のどれか。また，その組成式を示せ。

　(ア) 塩化ナトリウム　(イ) 硫化ナトリウム　(ウ) 硫化マグネシウム

物質(　　)　組成式(　　)

(2) 下線部の「ある操作」とはどのような操作か，2つ答えよ。

・(　　　　　　　)
・(　　　　　　　)

▶**32**
原子は，
・電子を放出して陽イオンに
・電子を受け取って陰イオンになる。

9 共有結合と分子間力

1 共有結合
となり合う 2 つの原子が，いくつかの価電子を共有することによってできる結合

価電子の数	1	2	3	4	5	6	7	0
最外殻電子の数	1	2	3	4	5	6	7	8*1
原子価*2	1価	2価	3価	4価	3価	2価	1価	——

電子式	周期							
	1	H·						He:
	2	Li·	Be· ·B·	·C·	·N:	:O:	:F:	:Ne:
	3	Na·	Mg· ·Al·	·Si·	·P:	:S:	:Cl:	:Ar:

: 電子対
· 不対電子

*1 Heの最外殻電子の数は2個である。
*2 原子価は，それぞれの原子から出る価標の数。その原子がもつ不対電子の数に相当する。

分子式	水素 H_2	二酸化炭素 CO_2	窒素 N_2
電子配置	1個ずつ電子を出しあって共有	2個ずつ電子を出しあって共有	3個ずつ電子を出しあって共有
電子式 価電子（最外殻電子）を点で表す	H:H	:O::C::O:	:N⋮⋮N:
構造式 価標を用いて表す	H—H 単結合	O=C=O 二重結合	N≡N 三重結合

: 共有電子対　そのほかは，非共有電子対

2 分子の形

直線形　折れ線形　三角錐形　正四面体形　直線形

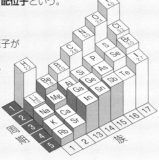

水素 H_2　水 H_2O　アンモニア NH_3　メタン CH_4　二酸化炭素 CO_2

3 配位結合
一方の原子の非共有電子対が，他方の原子に提供されてできる結合

例　H_3O^+（オキソニウムイオン），
　　NH_4^+（アンモニウムイオン）

金属イオンに，非共有電子対をもつ分子または陰イオンが配位結合してできたイオンを**錯イオン**といい，金属イオンに配位結合した分子または陰イオンを**配位子**という。

4 電気陰性度
共有結合で，原子が共有電子対を引きよせる程度を示す数値（右図）

5 極性
結合に電荷のかたよりがあること

◉**無極性分子**

電子対がどちらかのHにもかたよらない。

OC間とCO間で電子対がかたよるが，その向きが正反対で互いに打ち消しあう。

◉**極性分子**

電子対がCl側にかたより，Hがわずかに正（δ＋）の，Clがわずかに負（δ−）の電気を帯びる。

6 分子間にはたらく力
◉**分子間力**…分子間にはたらく弱い力
イオン結合・共有結合の結合力に比べるとはるかに弱い。
極性分子は，無極性分子よりも分子間力が強い。
◉**分子結晶**…分子間力により，分子が規則正しく配列してできた結晶
・やわらかく，融点の低いものが多い
・昇華性をもつものもある
・電気伝導性は示さない

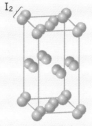

ドライアイス（CO_2）　　ヨウ素（I_2）

□(1) 分子中の原子は互いに価電子を出しあって結合している。このような結合を何というか。

( )

□(2) 元素記号のまわりに，原子の最外殻電子を記号・で示した化学式を何式というか。

( )

□(3) 2個の原子が1個ずつ電子を出しあって共有結合したものを何結合というか。( )

□(4) 2個の原子が2個ずつ電子を出しあって共有結合したものを何結合というか。( )

□(5) 分子中の単結合を1本の線（二重結合は2本，三重結合は3本の線）で示した化学式を何式というか。 ( )

□(6) 一方の原子が非共有電子対を提供して結合したものを何結合というか。 ( )

□(7) 結合している原子が共有電子対を引きよせる度合いを数値で表したものを何というか。

( )

□(8) 電気陰性度の違いにより電荷のかたよりが生じるが，これを結合の（ ）という。

□(9) 結合に極性があるために，分子全体として電荷のかたよりをもつ分子を何というか。

( )

□(10) 結合に極性がない，あるいはあっても分子の形から結合の極性が打ち消された分子を何というか。 ( )

□(11) 分子間力により，分子が規則正しく配列してできた結晶を何というか。 ( )

□(12) 分子結晶は電気を（通さない・通す）。

ドリル 電子式・分子式・構造式

1 例にしたがって，各原子の電子式を記せ。

価電子の数	1	2	3	4	5	6	7	0
最外殻電子の数	1	2	3	4	5	6	7	8 (Heは2)
電子式 周期1	例 H·							He
電子式 2	Li	Be	B	C	N	O	F	Ne
電子式 3	Na	Mg	Al	Si	P	S	Cl	Ar

2 次の分子の化学式を示せ。

(1) 水素　　(2) 酸素　　(3) 窒素　　(4) 塩素　　(5) フッ素

(6) 水　　(7) 二酸化炭素　　(8) 塩化水素　　(9) 硫化水素　　(10) アンモニア

(11) メタン　　(12) エチレン　　(13) エタノール　　(14) 酢酸

(1)	(2)	(3)	(4)	(5)
(6)	(7)	(8)	(9)	(10)
(11)	(12)	(13)	(14)	

3 例にしたがって，次の物質の電子式，構造式，共有電子対の数，非共有電子対の数，分子の形，分子全体の極性の有無を書け。なお，電子式は共有電子対と非共有電子対をそれぞれ○と□を使って示すこと。

物質名	例 水素	水	アンモニア	メタン	二酸化炭素
分子式	H_2	H_2O	NH_3	CH_4	CO_2
電子式	H ○ H				
構造式	H−H				
共有電子対の数	1				
非共有電子対の数	0				
分子の形	直線 形	形	形	形	形
極性の有無	有 無	有 無	有 無	有 無	有 無

物質名	窒素	エチレン	アセチレン	塩化水素	塩素
分子式	N_2	C_2H_4	C_2H_2	HCl	Cl_2
電子式					
構造式					
共有電子対の数					
非共有電子対の数					
分子の形	形	形	形	形	形
極性の有無	有 無	有 無	有 無	有 無	有 無

EXERCISE

▶33 〈電子式と電子対〉 次の(ア)～(オ)の分子のうち，下の(1)～(3)にあてはまるものをすべて選べ。

   (ア) 二酸化炭素　(イ) 硫化水素　(ウ) 窒素　(エ) 水　(オ) メタン

(1) 共有電子対と非共有電子対の数が等しい分子　　　(　　　　　)

(2) 非共有電子対をもたない分子　　　　　　　　　　(　　　　　)

(3) 二重結合をもつ分子　　　　　　　　　　　　　　(　　　　　)

▶34 〈配位結合・錯イオン〉 次の文章中の(　　)に適する語句を入れよ。

  共有結合は通常，不対電子を原子間で共有して形成される。この共有された電子対を^{ア}(　　　　　　　　)という。しかし，一方の原子の^{イ}(　　　　　　　　)がもう一方の原子に電子対のまま共有される場合がある。この結合をとくに^{ウ}(　　　　　　　　)という。たとえば，アンモニウムイオンでは，アンモニア分子中の窒素の(イ)が水素イオンに提供され，結合を形成している。

  金属イオンに非共有電子対をもつ分子，または陰イオンが配位結合してできたイオンを^{エ}(　　　　　　　)という。金属イオンに配位結合をした分子や陰イオンを^{オ}(　　　　　)という。亜鉛イオン Zn^{2+} にアンモニア分子が 4 個配位結合したイオンの化学式は^{カ}(　　　　　　　　)となる。

▶35 〈極性〉 次の(ア)～(オ)のうち，極性分子を 1 つ選べ。

(ア) フッ素 F_2　(イ) エチレン C_2H_4　(ウ) アルゴン Ar

(エ) 水 H_2O　(オ) ベンゼン C_6H_6　　　　　　(　　　　　)

▶36 〈分子とその性質〉 次の(ア)～(オ)の記述のうち，**誤りを含むもの**をすべて選べ。

(ア) 無極性分子はベンゼンなどと混ざりやすく，極性分子は水と混ざりやすい性質がある。

(イ) 分子間力は，イオン結合や共有結合の結合力より強い。

(ウ) 極性分子では，分子間力が無極性分子よりも強くなる。

(エ) 分子結晶はやわらかく，融点の高いものが多い。

(オ) 分子結晶は，電気伝導性を示さない。

                                 (　　　　　)

▶37 〈電気陰性度〉 次の文章中の(　　)に適する語句を入れ，下の(1)～(3)の原子の組み合わせのうち，電気陰性度が大きいものをそれぞれ選べ。

  原子が，共有電子対を引き寄せる程度を数値で表したものを電気陰性度という。電気陰性度の数値が^{ア}(　　　　　)原子ほど，共有電子対を引き寄せやすく，電気的に^{イ}(　　　　　　)が強い。電気陰性度は一般的に^{ウ}(　　　　　)を除き，周期表の右上にいくほど大きくなる性質がある。

  (1) F と Cl　(2) N と O　(3) Li と K

      (1)(　　　　)　　(2)(　　　　)　　(3)(　　　　)

アドバイス

▶33
電子式を書いて，共有電子対と非共有電子対の数を比較する。

▶35
極性分子は，分子全体として電荷のかたよりをもつ分子である。

▶36
ベンゼンは無極性分子，水は極性分子である。
極性分子どうしや無極性分子どうしは混じりやすく，極性分子と無極性分子はたがいに混じりにくい。

2章　物質と化学結合

10 共有結合からなる物質

1 分子からなる物質 📖p.2 ❶

(1) **無機物質** 常温で気体のものが多い。

例 物質名	性質，発生方法	捕集方法
水素 H_2	・最も軽い気体 ・亜鉛や鉄に希硫酸などの酸を加える	水上置換
酸素 O_2	・多くの元素と反応 （可燃物の燃焼） ・過酸化水素水の分解	水上置換
窒素 N_2	・空気の体積の約78％ （常温では不活性） ・液体空気の分留	水上置換
塩化水素 HCl	・水溶液は塩酸 ・塩化ナトリウムに濃硫酸を加えて加熱	下方置換
アンモニア NH_3	・水に溶けやすい ・空気より軽い気体 ・塩化アンモニウムと水酸化カルシウムの混合物を加熱	上方置換
二酸化炭素 CO_2	・石灰水を白濁させる ・石灰石に希塩酸を加える	下方置換

(2) **有機化合物** おもに炭素・水素・酸素からなる分子。

例 物質名	性質
メタン CH_4 （気体）	・無色，無臭 ・水に溶けにくい ・空気より軽い
エチレン C_2H_4 （気体）	・無色，甘いにおい ・水に溶けにくい ・二重結合をもつ
ベンゼン C_6H_6 （液体）	・無色，特有のにおい ・水に溶けにくい
エタノール C_2H_5OH （液体） (C_2H_6O)	・無色，特有のにおい ・水に溶けやすい
酢酸 CH_3COOH （液体） $(C_2H_4O_2)$	・無色，特有の刺激臭 ・水に溶けやすい

(3) **高分子化合物**

特定の構造が共有結合でくり返しつながる反応（重合）によって，大きな分子となっている化合物

例 プラスチック

原料となる小さな分子を**単量体（モノマー）**，重合してできた高分子化合物を**重合体（ポリマー）**という。

●**縮合重合**…分子の一部が取り除かれ，分子どうしが共有結合する。

例 ポリエチレンテレフタラート（PET）

ポイントチェック

- □(1) おもに炭素・水素・酸素からなる分子を何というか。　（　　　　　）
- □(2) 食酢に含まれる物質で，CH_3COOHで表される物質を何というか。　（　　　　　）
- □(3) 有機化合物以外の物質を何というか。　（　　　　　）
- □(4) すべての気体の中で，最も軽い気体は何か。　（　　　　　）
- □(5) 空気の体積の約78％を占める気体は何か。　（　　　　　）
- □(6) プラスチックのような大きな分子となっている化合物を何というか。（　　　　　）
- □(7) 高分子化合物の原料となる，小さな分子を何というか。　（　　　　　）
- □(8) ポリエチレンは（縮合重合・付加重合）によって合成される。
- □(9) ポリエチレンテレフタラート（PET）は，（縮合重合・付加重合）によって合成される。
- □(10) 共有結合の結晶は一般に非常にかたく，融点がきわめて（低・高）い。
- □(11) 共有結合の結晶である黒鉛は電気を（通す・通さない）。

●**付加重合**…二重結合や三重結合が切れて，分子どうしが共有結合する。

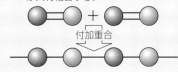

例 ポリエチレン

2 共有結合の結晶

多数の原子が共有結合した巨大分子。
融点がきわめて高く，非常にかたい（黒鉛は例外）。

例 ダイヤモンド（C）：無色透明でかたい。電気伝導性なし。
黒鉛（C）：黒色不透明でやわらかい。電気伝導性あり。
ケイ素（Si）：半導体として太陽電池パネルなどに利用される。
二酸化ケイ素（SiO_2）：石英・水晶などとして存在する。

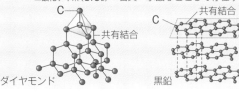

ダイヤモンド　　黒鉛

EXERCISE

▶ **38〈分子からなる物質の性質〉** 次の(ア)～(カ)の物質のうち，下の(1)～(3)に
あてはまるものをすべて選べ。

  (ア) 水　　(イ) 二酸化炭素　　(ウ) エチレン　　(エ) ヨウ素

  (オ) ポリエチレン　　(カ) ポリエチレンテレフタラート

(1) 常温・常圧で固体であるが，加熱するとすぐに気体になる昇華性のある物質 （　　　　）

(2) 常温・常圧で気体である物質 （　　　　）

(3) 通称「PET」とよばれる高分子化合物 （　　　　）

▶ **39〈身のまわりの分子〉** 次の(ア)～(オ)の記述のうち，**誤りを含むもの**を1
つ選べ。

(ア) 常温・常圧で気体である物質は，ほとんどが分子からできている。

(イ) 分子結晶はやわらかく，融点の低いものが多い。

(ウ) 有機化合物は，炭素と水素のみで構成されている分子である。

(エ) 高分子化合物は決まった融点を示さず，加熱によって軟化あるいは分解する。

(オ) 共有結合の結晶は，結晶全体を1つの巨大な分子とみなすことができる。

（　　　　）

▶ **40〈有機化合物〉** 次の物質(ア)～(オ)のうち，下の(1)～(5)にあてはまるものを1つずつ選べ。

  (ア) メタン　　(イ) エチレン　　(ウ) エタノール

  (エ) 酢酸　　(オ) ポリエチレン

(1) 水によく溶け，水溶液が酸性になる。 （　　　）

(2) 水によく溶け，水溶液が消毒剤にも利用される。 （　　　）

(3) 空気より軽い気体で，都市ガスの主成分として利用される。 （　　　）

(4) 空気より軽く甘い匂いのする気体で，果物の成熟を早める。 （　　　）

(5) 袋・ラップなどの包装材に利用される高分子化合物。 （　　　）

▶ **41〈ダイヤモンドと黒鉛〉** 次表の空欄に適する語句を入れよ。

	ダイヤモンド	黒鉛
成分元素	ア	イ
色と透明	無色・透明	ウ
かたさ	エ	オ
電気伝導性	カ	キ
価電子の結合	4つの価電子がすべて共有結合	ク

11 金属結合／結晶の分類

1 金属結合

自由電子…原子間を自由に移動できる価電子

金属結合…金属原子が自由電子によって結びついてできる結合

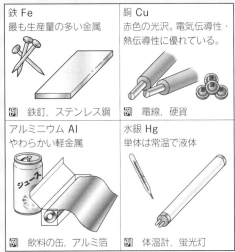

⊖ は自由電子を表し，金属全体を移動する。

2 金属の性質　p.2 ❶

・表面が光をよく反射して**金属光沢**を示す
・熱伝導性や電気伝導性が大きい
・うすく広げたり（**展性**），線状に延ばしたり（**延性**）できる
・融点は，高いものから低いもの（Hg）まである

3 身のまわりの金属

鉄 Fe	銅 Cu
最も生産量の多い金属	赤色の光沢。電気伝導性・熱伝導性に優れている。
例 鉄釘，ステンレス鋼	例 電線，硬貨
アルミニウム Al	水銀 Hg
やわらかい軽金属	単体は常温で液体
例 飲料の缶，アルミ箔	例 体温計，蛍光灯

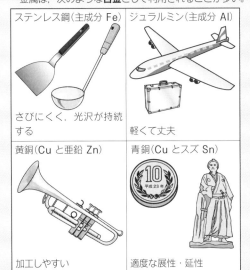

金属は，次のような**合金**として利用されることが多い。

ステンレス鋼（主成分 Fe）	ジュラルミン（主成分 Al）
さびにくく，光沢が持続する	軽くて丈夫
黄銅（Cu と亜鉛 Zn）	青銅（Cu とスズ Sn）
加工しやすい	適度な展性・延性

□(1) 金属表面が光を反射し，光って見えることを何というか。　（　　　　　）

□(2) 金属は熱や電気をよく（通す・通さない）。

□(3) アルミ箔のように金属をうすく広げることのできる性質を何というか。　（　　　　　）

□(4) 針金のように金属を線状に延ばすことのできる性質を何というか。　（　　　　　）

□(5) 最も生産量の多い金属で，ステンレス鋼の主成分である金属は何か。　（　　　　　）

□(6) 赤い色の光沢をもつ金属で，硬貨や鍋などに利用されている金属は何か。　（　　　　　）

□(7) やわらかい軽金属で，飲料用の缶などに利用されている金属は何か。（　　　　　）

□(8) 融点が低く，単体は常温で唯一液体である金属は何か。　（　　　　　）

□(9) 2種類以上の金属を融かして混合し，新たな性質をもつようにした金属を何というか。
　（　　　　　）

□(10) ジュラルミンの主成分は何か。
　（　　　　　）

□(11) 銅と亜鉛を混合してつくられる合金は何か。
　（　　　　　）

□(12) 固体では電気伝導性を示さないが，液体の状態になると示す結晶は何か。（　　　　　）

4 化学結合と結晶の分類および性質

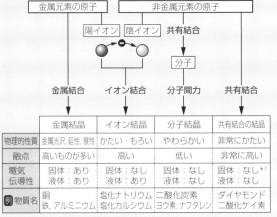

	金属結晶	イオン結晶	分子結晶	共有結合の結晶
物理的性質	金属光沢,延性,展性	かたい・もろい	やわらかい	非常にかたい
融点	高いものが多い	高い	低い	非常に高い
電気伝導性	固体：あり 液体：あり	固体：なし 液体：あり	固体：なし 液体：なし	固体：なし*¹ 液体：なし
例 物質名	銅 鉄,アルミニウム	塩化ナトリウム 塩化カルシウム	二酸化炭素 ヨウ素,ナフタレン	ダイヤモンド 二酸化ケイ素

*1 例外として黒鉛は電気伝導性を示す。

EXERCISE

▶**42 〈金属の性質〉** 金属の性質に関する次の(ア)～(エ)の記述のうち，**誤りを含むもの**を 1 つ選べ。

(ア) 表面が光をよく反射して，金属光沢を示す。

(イ) 固体でも液体でも，電気伝導性が大きい。

(ウ) うすく広げたり(展性)，線状に延ばしたり(延性)できる。

(エ) 融点は高く，常温で液体のものはない。

(　　　　)

▶**43 〈金属結合〉** 次の文章中の(　　)に適する語句を入れ，下の問いに答えよ。

　金属結晶中では，金属原子が規則正しく配列している。金属原子は自身のもつ ア(　　　　　　　) を失って，イ(　　　　　　　) になるが，失われた(ア)は結晶内を自由に動き回り，**(イ)** どうしを結びつけるはたらきをしている。

(1) 金属結晶におけるこのような結合を何というか。(　　　　　　)

(2) ド線部のようなはたらきをする電子を何というか。(　　　　　　)

▶**44 〈結晶の種類と性質〉** 次の(1)～(4)の物質について，下の A 群から結晶の種類，B 群から性質を 1 つずつ選べ。

(1) 銅　　　　　　　　(　,　)　　(2) 塩化ナトリウム　(　,　)

(3) ダイヤモンド　　(　,　)　　(4) ヨウ素　　　　　(　,　)

A 群(ア) 分子結晶　　(イ) イオン結晶　　(ウ) 金属結晶

　　(エ) 共有結合の結晶

B 群(オ) 電気伝導性がある。　(カ) 融点が低い。　(キ) 融点が非常に高い。

　　(ク) 結晶状態では電気伝導性を示さないが，加熱融解すると示す。

▶**45 〈化学結合と結晶の種類〉** 次の(1)～(4)の結晶について，下の各群からそれぞれあてはまるものを選べ。ただし，C 群からは 2 つずつ選べ。

(1) イオン結晶　　　(A 群　　　)(B 群　　　)(C 群　　,　　)

(2) 分子結晶　　　　(A 群　　　)(B 群　　　)(C 群　　,　　)

(3) 共有結合の結晶　(A 群　　　)(B 群　　　)(C 群　　,　　)

(4) 金属結晶　　　　(A 群　　　)(B 群　　　)(C 群　　,　　)

〔A 群：粒子間の結合〕

　(ア) 自由電子による結合　　　(イ) 共有電子対による結合

　(ウ) 静電気的な引力による結合　(エ) 分子間力による結合

〔B 群：一般的な性質〕

　(オ) きわめてかたく，融点も高い。　(カ) 電気伝導性は，液体状態で示す。

　(キ) やわらかく，融点が低い。　(ク) 展性・延性，電気伝導性がある。

〔C 群：物質の例〕

　(ケ) ナフタレン　　(コ) 銀　　(サ) 黒鉛　　(シ) 塩化カルシウム

　(ス) 二酸化ケイ素　(セ) 硝酸銀　(ソ) 鉄　　(タ) ドライアイス

アドバイス

アドバイス

▶**42**
水銀は，金属の単体の中で唯一の常温で液体の物質である。

▶**44**
一般に，イオン結晶は，金属元素と非金属元素からなり，液体状態で電気を通す。金属結晶は，金属元素のみからなり，電気伝導性がある。共有結合の結晶・分子結晶は，非金属元素のみからなり，電気を通さない。

▶**45**
一般に，粒子間の結合が強くなるほど，融点や沸点は高くなる。

2章　物質と化学結合

❶ 次の(1)～(9)に当てはまるものを，それぞれの解答群のうちからそれぞれ一つずつ((7)は二つ)選べ。

(1) 電子の総数が N_2 と同じもの

① H_2O　　② CO　　③ OH^-　　④ O_2　　⑤ Mg^{2+}

[2018年センター試験] ➡ p.12 **2**, p.16 **1**, p.26 **1**

(2) 共有結合の結晶であるものの組合せ

① ダイヤモンドとケイ素　　② ドライアイスとヨウ素　　③ 塩化アンモニウムと氷

④ 銅とアルミニウム　　⑤ 酸化カルシウムと硫酸カルシウム

[2018年センター試験] ➡ p.30 **2**, p.32 **4**, ▶ 45

(3) 非共有電子対が存在しない分子またはイオン

① H_2O　　② OH^-　　③ NH_3　　④ NH_4^+　　⑤ HCl　　⑥ Cl_2

[2016年センター試験 改] ➡ p.26 **1**, ▶ 33

(4) 非共有電子対の数が最も多い分子

① N_2　　② NH_3　　③ H_2O　　④ Cl_2　　⑤ C_2H_4

[2018年センター試験・追試] ➡ p.26 **1**, ▶ 33

(5) 単結合のみからなる分子

① N_2　　② O_2　　③ H_2O　　④ CO_2　　⑤ C_2H_2　　⑥ C_2H_4

[2017年センター試験] ➡ p.26 **1**, ▶ 33

(6) 三重結合をもつ分子

① N_2　　② I_2　　③ C_2H_4　　④ C_2H_6

[2019年センター試験・追試] ➡ p.26 **1**

(7) 分子全体として極性がない分子を二つ　（ただし，解答の順序は問わない）

① 水 H_2O　　② 二酸化炭素 CO_2　　③ アンモニア NH_3　　④ エタノール C_2H_5OH

⑤ メタン CH_4

[2020年センター試験] ➡ p.26 **2**, **4**, **5**, p.28ドリル **3**, ▶ 35

(8) イオン結合を含まないもの

① HCl　　② $NaCl$　　③ NH_4Cl　　④ KBr　　⑤ $Ca(OH)_2$　　⑥ $BaCl_2$

[2014年センター試験・追試] ➡ p.24 **1**, p.26 **1**, ▶ 32

(9) 固体が分子結晶であるもの

① カリウム　　② ナフタレン　　③ 硝酸ナトリウム　　④ 二酸化ケイ素

[2019年センター試験・追試] ➡ p.26 **6**, p.32 **4**, ▶ 45

(1)	(2)	(3)	(4)	(5)	(6)
(7)	・	(8)	(9)		

❷ 次の物質ア～オのうち，その結晶内に共有結合があるものはどれか。すべてを正しく選択しているものとして最も適当なものを，下の①～⑥のうちから一つ選べ。

ア．塩化ナトリウム　　　　イ．ケイ素　　　　　　　　ウ．カリウム

エ．ヨウ素　　　　　　　　オ．酢酸ナトリウム

　① ア，オ　　　　　② イ，ウ　　　　　③ イ，エ

　④ ア，エ，オ　　　⑤ イ，ウ，エ　　　⑥ イ，エ，オ

[2021年大学入学共通テスト・第2日程]➡p.26 ❶

（　　　）

❸ 分子およびイオンに含まれる電子対に関する記述として**誤りを含むもの**を，次の①～④のうちから一つ選べ。

　① アンモニア分子は，3組の共有電子対と1組の非共有電子対をもつ。

　② アンモニウムイオンは，4組の共有電子対をもつ。

　③ オキソニウムイオンは，2組の共有電子対と2組の非共有電子対をもつ。

　④ 二酸化炭素分子は，4組の共有電子対と4組の非共有電子対をもつ。

[2019年センター試験]➡p.26 ❶, ❸, ▶34

（　　　）

❹ 水，アンモニアおよびメタンの分子の形の組合せとして最も適当なものを，次の①～⑧のうちから一つ選べ。

	水	アンモニア	メタン
①	直線形	三角錐形	正方形
②	直線形	三角錐形	正四面体形
③	直線形	正三角形	正方形
④	直線形	正三角形	正四面体形
⑤	折れ線形	三角錐形	正方形
⑥	折れ線形	三角錐形	正四面体形
⑦	折れ線形	正三角形	正方形
⑧	折れ線形	正三角形	正四面体形

[2019年センター試験・追試]➡p.26 ❷, p.28ドリル ❸

（　　　）

❓**⑤** 次の図のア～オは，原子あるいはイオンの電子配置図（◯は原子核，•は電子）である。下の問い（a・b）に答えよ。

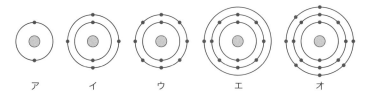

ア　　　イ　　　ウ　　　エ　　　オ

a．アの電子配置をもつ1価の陽イオンと，ウの電子配置をもつ1価の陰イオンからなる化合物として最も適当なものを，次の①～⑥のうちから一つ選べ。

① LiF　　② LiCl　　③ LiBr　　④ NaF　　⑤ NaCl　　⑥ NaBr

（　　　）

b．ア～オの電子配置をもつ原子の性質に関する記述として**誤りを含むもの**を，次の①～⑤のうちから一つ選べ。

① アの電子配置をもつ原子は，他の原子と結合をつくりにくい。

② イの電子配置をもつ原子は，他の原子と結合をつくる際，単結合だけでなく二重結合や三重結合もつくることができる。

③ ウの電子配置をもつ原子は，常温・常圧で気体として存在する。

④ エの電子配置をもつ原子は，オの電子配置をもつ原子と比べてイオン化エネルギーが大きい。

⑤ オの電子配置をもつ原子は，水素原子と共有結合をつくることができる。

[2021年大学入学共通テスト・第2日程]➡p.14 **3**，p.16 **1**，p.24 **3**，p.26 **1**，▶**31**

（　　　）

⑥ 化学結合に関する記述として**誤りを含むもの**を，次の①～⑤のうちから一つ選べ。

① 無極性分子を構成する化学結合の中には極性が存在するものもある。

② 塩化ナトリウムの結晶では，ナトリウムイオン Na^+ と塩化物イオン Cl^- が静電気的な力で結合している。

③ 金属が展性・延性を示すのは，原子どうしが自由電子によって結合しているからである。

④ 二つの原子が電子を出し合って生じる結合は，共有結合である。

⑤ オキソニウムイオン H_3O^+ の三つの O-H 結合のうち，一つは配位結合であり，他の二つの結合とは性質が異なる。

[2016年センター試験]➡p.26 **3**，p.32 **4**，▶**45**

（　　　）

❼ 日常の生活で使われる金属に関する記述として下線部に**誤りを含むもの**を，次の①〜⑤のうちから一つ選べ。

① スズは，青銅の原料として用いられる。
② アルミニウムは，ジュラルミンの原料として用いられる。
③ 鉄は，湿った空気中では赤さびを生じる。
④ 金は，空気中で化学的に変化しにくく，宝飾品に用いられる。
⑤ 銀は，電気伝導性や熱伝導性が小さい。

［2018年センター試験・追試］⊃p.32 **3**

(　　)

❽ 物質の用途に関する記述として**誤りを含むもの**を，次の①〜⑤のうちから一つ選べ。

① 塩化ナトリウムは，塩素系漂白剤の主成分として利用されている。
② アルミニウムは，1円硬貨や飲料用の缶の材料として用いられている。
③ 銅は，電線や合金の材料として用いられている。
④ ポリエチレンテレフタラートは，飲料用ボトルに用いられている。
⑤ メタンは，都市ガスに利用されている。

［2018年センター試験］⊃p.24 **5**，p.30 **1**，p.32 **3**

(　　)

❾ 結晶の電気伝導性に関する次の文章中の　ア　〜　ウ　に当てはまる語句の組合せとして最も適当なものを，下の①〜⑥のうちから一つ選べ。

　結晶の電気伝導性には，結晶内で自由に動くことのできる電子が重要な役割を果たす。たとえば，　ア　結晶は自由電子をもち電気をよく通すが，ナフタレンの結晶のような　イ　結晶は，一般に自由電子をもたず電気を通さない。また，　ウ　結晶は電気を通さないものが多いが，　ウ　結晶の一つである黒鉛は，炭素原子がつくる網目状の平面構造の中を自由に動く電子があるために電気をよく通す。

	ア	イ	ウ
①	共有結合の	金　属	分　子
②	共有結合の	分　子	金　属
③	分　子	金　属	共有結合の
④	分　子	共有結合の	金　属
⑤	金　属	分　子	共有結合の
⑥	金　属	共有結合の	分　子

［2021年大学入学共通テスト・第1日程］⊃p.32 **4**，▶**44**，**45**

(　　)

化学計算の基礎

1 分数の計算

分数の計算は，約分してから，最後に分子を分母で割り整数・小数の答えにする。

2 比例計算

X と Y が比例関係（X が 2 倍，3 倍，…となると，Y も 2 倍，3 倍，…となる）のとき，

$$X_1 : Y_1 = X_2 : Y_2 \quad \cdots ① \qquad \frac{X_1}{X_2} = \frac{Y_1}{Y_2} \quad \cdots ②$$

①または②の関係がなりたつ。
（①では，外項の積と内項の積は等しいので，$X_1 Y_2 = X_2 Y_1$）

3 指数計算

とくに大きな数値や小さな数値は，次のような指数で表す。

$$A \times 10^B \quad \left(\begin{array}{l} \text{ただし，} A \text{ は } 1 \leqq |A| < 10 \text{ の数値，} \\ B \text{ は整数（－もある）。} \end{array} \right)$$

$12000000 = 1.2 \times 10000000 = 1.2 \times 10^7$
　　　　　　　　　"0" が7個→10^7

$0.00000012 = 1.2 \times \dfrac{1}{10000000} = 1.2 \times 10^{-7}$
　　　　　　　　分母に "0" が7個→10^{-7}

例　$(3.0 \times 10^3) \times (4.0 \times 10^4) = 12 \times 10^7 = 1.2 \times 10^8$
　　　　　　　3.0×4.0↑　　↑10^{3+4}

指数法則

・$10^a \times 10^b = 10^{a+b}$　　・$10^a \div 10^b = 10^{a-b}$
・$(a \times 10^b) \times (c \times 10^d) = a \times c \times 10^{b+d}$　　・$10^0 = 1$

4 有効数字

(1) メスシリンダーの目盛りを読む

例　① 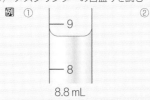　②

　　8.8 mL　　　　　　8.80 mL

上の①，②のように，目盛りを読みとって得た有意義な数字を**有効数字**という（有効数字は 8.8 mL では 2 桁，8.80 mL では 3 桁である）。

(2) 有効数字を考えて計算する

① 加法・減法の計算

位どりの高いものより 1 桁多く計算し，四捨五入して位どりの高いものにあわせる。

例　$1.5 + 2.37 - 1.24 = 2.63 ≒ 2.6$

② 乗法・除法の計算

最も桁数の少ないものよりも 1 桁多く計算し，答えの桁数を，桁数の最も小さいものに四捨五入してあわせる。

例　$\dfrac{2.5 \times 58.5}{6.0} = 24.3 \cdots ≒ 24$

ただし，途中の数値は有効数字より 1 桁多くとる。

例　1.2と3.45の積を0.67で割る場合
$\underbrace{1.2}_{\text{有効数字2桁}} \times 3.45 = \underbrace{4.14}_{\text{1桁多い3桁に}}$

$\underbrace{4.14}_{\text{有効数字2桁}} \div 0.67 = 6.1\overset{2}{7}9 \cdots ≒ \underbrace{6.2}_{\substack{\text{3桁目を四捨五入} \\ \text{して2桁に}}}$

---

(1) 2 個 100 円のりんごを 6 個買うと x 円になる。

□① これを比例式で表せ。

$$2 : ア(\qquad) = イ(\qquad) : x$$

□② ①の比例式で，外項の積と内項の積は等しいことを等式で示せ。

$$2 \times x = ア(\qquad) \times イ(\qquad)$$
$$x = ウ(\qquad) （円）　　となる。$$

□(2) 「炭素 12 g 中の炭素原子の数は，
　　　600000000000000000000000 個である」
を指数で表せ。

「炭素12g中の炭素原子の数は，
　　　ア(\qquad) × 10^{イ\qquad} 個である。」

□(3) 「水素原子の半径は，0.00000000003 m である」を指数で表せ。

「水素原子の半径は，
　　　ア(\qquad) × 10^{イ\qquad} m である。」

(4) 次の計算をせよ。

□① $10^2 \times 10^3 = 10^{ア(\quad + \quad)} = イ(\qquad)$

□② $2 \times 10^3 \times 4 \times 10^5$
$= ア(\quad \times \quad) \times 10^{イ(\quad + \quad)}$
$= ウ(\qquad)$

□③ $(6 \times 10^3) \div (3 \times 10^5)$
$= ア(\quad \div \quad) \times 10^{イ(\quad - \quad)}$
$= ウ(\qquad)$

□(5) 次のメスシリンダーの目盛りを読み，有効数字の桁数を答えよ。

ア(\qquad) mL　　ウ(\qquad) mL
イ(\qquad) 桁　　エ(\qquad) 桁

□(6) 次の数値の桁数を答えよ。

① 11.20　　　　　　　　　（　　　）

② 0.050　　　　　　　　　（　　　）

□(7) 次の数値の 3 桁目を四捨五入し，2 桁で表せ。

① 7.365　　　　　　　　　（　　　）

② 0.2349　　　　　　　　（　　　）

③ 6.02×10^{23}　　　　　　（　　　）

1 次の分数を約分してから計算し，整数または小数で答えよ。

> **例** $\dfrac{36 \times 27}{18 \times 6}$
>
> **解法** $\dfrac{\overset{2}{\cancel{36}} \times \overset{9}{\cancel{27}}}{\underset{1}{\cancel{18}} \times \underset{2}{\cancel{6}}} = \dfrac{2 \times 9}{2} = \mathbf{9}$

(1) $\dfrac{9 \times 6 \times 10}{3 \times 4 \times 100} = $ _____

（　　　　　　）

(2) $\dfrac{1.5 \times 10 \times 1000}{3 \times 100 \times 20} = $ _____

（　　　　　　）

(3) $\dfrac{1.6 \times 1.2 \times (0.2 + 1.6)}{2.4 \times 4.8} = $ _____

（　　　　　　）

(4) $\dfrac{16 \times 4 \times 5.6 \times 1000}{8 \times 22.4 \times 1000} = $ _____

（　　　　　　）

> **例** $\dfrac{\frac{3}{24}}{250} \times 1000$
>
> **解法** $\dfrac{\frac{a}{b}}{c} \times d = \dfrac{\frac{a \times b}{b}}{c \times b} \times d = \dfrac{a \times d}{c \times b}$
>
> $\dfrac{\overset{1}{\cancel{3}} \times \overset{4}{\cancel{1000}}}{\underset{1}{\cancel{250}} \times \underset{8}{\cancel{24}}} = \dfrac{4}{8} = \mathbf{0.5}$

(5) $\dfrac{\frac{5}{20}}{500} \times 1000$

（　　　　　　）

(6) $\dfrac{\frac{11.7}{58.5}}{200} \times 1000$

（　　　　　　）

2 次の x の値を求めよ。

> **例** $2 : 3 = 6 : x$
>
> **解法** $a : b = c : d$ のとき，$a \times d = b \times c$ なので，$2 \times x = 3 \times 6$
>
> よって，$x = \dfrac{3 \times \overset{3}{\cancel{6}}}{\underset{1}{\cancel{2}}} = \mathbf{9}$

(1) $6 : 24 = 9 : x$

（　　　　　　）

(2) $965 : 0.64 = 96500 : x$

（　　　　　　）

(3) $11.2 : 16 = 22.4 : x$

（　　　　　　）

3 次の x の値を求めよ。

> **例** $\dfrac{15}{100} = \dfrac{x}{250}$
>
> **解法** $\dfrac{a}{b} = \dfrac{c}{d}$ のとき，$a \times d = b \times c$ なので，
>
> $15 \times 250 = 100 \times x$
>
> よって，$x = \dfrac{15 \times \overset{5}{\cancel{250}}}{\underset{2}{\cancel{100}}} = \mathbf{37.5}$

(1) $\dfrac{11.7}{200} = \dfrac{x}{1000}$

（　　　　　　）

(2) $\dfrac{8}{5.6} = \dfrac{x}{22.4}$

（　　　　　　）

4 次の数値を $A \times 10^{B}$（A は $1 \leqq |A| < 10$ の数値）という指数で示せ。ただし，［　］内は有効数字の桁数を示す。

> **例** 123000 ［2］
> **解法** $123000 = 1.23 \times 100000 = 1.23 \times 10^{5}$
> $\fallingdotseq \boldsymbol{1.2 \times 10^{5}}$

⑴　1230 ［2］

（　　　　　　　　）

⑵　96490 ［3］

（　　　　　　　　）

⑶　-273.15 ［3］

（　　　　　　　　）

⑷　602200 ［2］

（　　　　　　　　）

> **例** 0.0123 ［2］
> **解法** $0.0123 = \dfrac{1.23}{100} = 1.23 \times 10^{-2}$
> $\fallingdotseq \boldsymbol{1.2 \times 10^{-2}}$

⑸　0.00123 ［2］

（　　　　　　　　）

⑹　0.01636 ［3］

（　　　　　　　　）

⑺　0.001602 ［3］

（　　　　　　　　）

5 次の計算をせよ。ただし，有効数字 2 桁で示すこと。

> **例** $3.0 \times 10^{3} \times (4.0 \times 10^{2})$
> **解法** $a \times 10^{b} \times (c \times 10^{d}) = a \times c \times 10^{b+d}$
> $3.0 \times 10^{3} \times 4.0 \times 10^{2} = 3.0 \times 4.0 \times 10^{3+2}$
> $= 12 \times 10^{5}$
> $= 1.2 \times 10^{1} \times 10^{5}$
> $= \boldsymbol{1.2 \times 10^{6}}$

⑴　$6.0 \times 10^{23} \times 5.0$

（　　　　　　　　）

⑵　$2.0 \times 10^{2} \times (9.65 \times 10^{4})$

（　　　　　　　　）

⑶　$6.0 \times 10^{23} \times (1.6 \times 10^{-19})$

（　　　　　　　　）

> **例** $1.8 \times 10^{6} \div (6.0 \times 10^{2})$
> **解法** $a \times 10^{b} \div (c \times 10^{d}) = a \div c \times 10^{b-d}$
> $1.8 \times 10^{6} \div (6.0 \times 10^{2}) = 1.8 \div 6.0 \times 10^{6-2}$
> $= 0.30 \times 10^{4}$
> $= 3.0 \times 10^{-1} \times 10^{4}$
> $= \boldsymbol{3.0 \times 10^{3}}$

⑷　$6.0 \times 10^{9} \div (4.0 \times 10^{4})$

（　　　　　　　　）

⑸　$1.8 \times 10^{2} \div (6.0 \times 10^{23})$

（　　　　　　　　）

⑹　$2.0 \times 10^{-2} \div (4.0 \times 10^{-6})$

（　　　　　　　　）

6 有効数字を考慮して，次の計算をせよ。

> **例** $12.0 + 3.46 - 1.35$
> **解法** 加減の計算は，位どりの高いものより1桁多く計算し，答えを位どりの高いものに四捨五入してあわせる。よって，小数第2位まで計算し，最後に四捨五入して答えを小数第1位にする。
>
> $12.0 + 3.46 - 1.35 = 14.1\underline{1} \fallingdotseq \mathbf{14.1}$
> 小数第1位　　　　　　小数第2位を四捨五入

(1) $1.01 + 12.0 + 14.05 - 4.03$

$$(\qquad\qquad)$$

(2) $1.66 + 2.0 + 7.36 - 4.54$

$$(\qquad\qquad)$$

> **例** $2.0 \times 1.522 \div 11.2$
> **解法** 乗除の計算は，桁数の少ないものより1桁多く計算し，答えを桁数の少ないものに四捨五入してあわせる。よって，3桁まで計算し，最後に四捨五入して答えを2桁にする。
>
> $\underset{2桁}{2.0} \times \underset{4桁}{1.522} = 3.0\underline{44}$
> 　　　　　　1桁多い3桁に
>
> $3.04 \div 11.2 = 0.27\underline{1}\cdots \fallingdotseq \mathbf{0.27}$
> 　　　　　　　3桁目を四捨五入

(3) $2.0 \times 22.4 \times 3.48 \div 5.6$

$$(\qquad\qquad)$$

(4) $2.0 \times 6.02 \times 10^{23} \div 9.6$

$$(\qquad\qquad)$$

(5) $(16 \times 60 + 5.0) \times 1.5 \div (9.65 \times 10^4) \times 63.5$

$$(\qquad\qquad)$$

7 次の数値を[　]内の単位で示せ。

> **例** $255\,\mathrm{g}$ 〔kg〕
> **解法** キロ(k)は $10^3 = 1000$ を表すので，$1\,\mathrm{kg}$ は $1000\,\mathrm{g}$ である。
>
> よって，$255\,\mathrm{g} = \dfrac{255}{1000}\,\mathrm{kg} = \mathbf{0.255\,(kg)}$

(1) $125\,\mathrm{g}$ 〔kg〕

$$(\qquad\qquad)\,\mathrm{kg}$$

(2) $15\,\mathrm{cm}$ 〔m〕

$$(\qquad\qquad)\,\mathrm{m}$$

(3) $560\,\mathrm{mL}$ 〔L〕

$$(\qquad\qquad)\,\mathrm{L}$$

8 次の問いに答えよ。ただし，有効数字に注意すること。

> **例** 15% NaCl 水溶液は，$100\,\mathrm{g}$ の水溶液に NaCl が $15\,\mathrm{g}$ 溶けている。この水溶液 $300\,\mathrm{g}$ に溶けている NaCl は何 g か。
> **解法**
> 比例式　水溶液　NaCl　水溶液　NaCl
> 　　　　$100\,\mathrm{g}$ ： $15\,\mathrm{g}$ ＝ $300\,\mathrm{g}$ ： x〔g〕
> 　　　　よって，$100x = 15 \times 300$
> $$x = \frac{15 \times \overset{3}{300}}{\underset{1}{100}} = 15 \times 3 = \mathbf{45\,(g)}$$

(1) $1.00\,\mathrm{cm}^3$ の質量が $1.17\,\mathrm{g}$(密度 $1.17\,\mathrm{g/cm}^3$)の水溶液 $100\,\mathrm{cm}^3$($= 100\,\mathrm{mL}$)の質量は何 g か。

$$(\qquad\qquad)\,\mathrm{g}$$

(2) 酸素 $22.4\,\mathrm{L}$ の質量は $32\,\mathrm{g}$ である。酸素 $2.8\,\mathrm{L}$ の質量は何 g か。

$$(\qquad\qquad)\,\mathrm{g}$$

(3) 炭素 $12\,\mathrm{g}$ が燃焼するときに必要な酸素は $32\,\mathrm{g}$ である。炭素が $3.0\,\mathrm{g}$ 燃焼するときに必要な酸素は何 g か。

$$(\qquad\qquad)\,\mathrm{g}$$

1 相対質量

原子 1 個の質量は $10^{-24} \sim 10^{-23}$ g と非常に小さく，g 単位では扱いづらいため，化学では，実際の質量ではなく，比較した質量（**相対質量**）を用いる。

^{1}H原子 ^{12}C原子   Al原子   Au原子
（最も軽い原子）

0.17×10^{-23}g 2.0×10^{-23}g 4.5×10^{-23}g 32.8×10^{-23}g ← 実際の質量（単位がある）

↓ ^{12}C 1個の質量を 12 として比べると

1.0   12   27   197 ← 相対質量（単位がない）

^{12}C原子1個 ^{1}H原子12個

$\dfrac{12}{^1\text{H原子12個}} = 1$から

^{1}H = 1.0

2 原子量

質量数 12 の炭素原子 ^{12}C 1 個の質量を 12 とし，これを基準に，同位体の存在比から求められる相対質量の平均値を**原子量**という。原子量は原子 1 個の平均の重さを表す。

例 2種類の同位体のある塩素の原子量

^{35}Cl ——— ○   ○

^{37}Cl ——— ●   ○

^{35}Cl：^{37}Cl がおよそ 3：1 で混ざっている

相対質量   37.0   35.0

平均相対質量は，$35.0 \times \dfrac{3}{4} + 37.0 \times \dfrac{1}{4} = 35.5$

これが塩素の原子量

3 分子量

分子式に含まれる原子の原子量の総和で，分子の相対質量が求められる。

$$\begin{pmatrix} \text{H}_2\text{O} \\ \text{水の} \\ \text{分子式} \end{pmatrix} = \boxed{\begin{array}{c} 1.0 + 1.0 + 16 \\ \text{原子量の合計} \end{array}} = \boxed{\begin{array}{c} 18 \\ \text{水の分子量} \end{array}}$$

H$_2$O

H$_2$O 1分子と ^{1}H 原子18個の質量は等しい

4 式量

組成式・イオン式に含まれる原子の原子量の総和

$$\begin{pmatrix} \text{NaCl} \\ \text{食塩の} \\ \text{組成式} \end{pmatrix} = \boxed{\begin{array}{c} 23 + 35.5 \\ \text{原子量の合計} \end{array}} = \boxed{\begin{array}{c} 58.5 \\ \text{食塩の式量} \end{array}}$$

Na$^+$ Cl$^-$

NaCl の 1 組と ^{1}H 原子58.5個の質量は等しい

□(1) 原子量の基準となる元素は何か。

（　　　　　）

□(2) ^{12}C 原子の質量数はいくつか。（　　　　　）

□(3) 原子量の基準となる ^{12}C 原子の相対質量はいくらか。 （　　　　　）

□(4) ^{12}C = 12 とすると，^{1}H 原子の相対質量はいくらになるか。 （　　　　　）

□(5) 多くの元素には，相対質量が異なる原子が存在する。これを何というか。（　　　　　）

□(6) 各元素の同位体の存在比に応じた相対質量の平均値を元素の何というか。（　　　　　）

□(7) 自然界に 99 % 存在する ^{12}C の質量数 = 12，自然界に 1 % 存在する ^{13}C の質量数 = 13 として，炭素の原子量を小数第 2 位まで求めよ。

$$12 \times \dfrac{\text{ア}(\quad\quad)}{100} + 13 \times \dfrac{\text{イ}(\quad\quad)}{100} = \text{ウ}(\quad\quad)$$

□(8) ^{12}C = 12 を基準として求めた分子の相対質量を何というか。 （　　　　　）

□(9) 分子量は，分子を構成する原子の原子量の（積・和）となる。

□(10) 水 H$_2$O の分子量を求めよ。

（原子量 H = 1.0，O = 16）

ア（　　　）× イ（　　　）＋ ウ（　　　）× 1 = エ（　　　）

□(11) 組成式やイオン式から原子量の総和を求めた値を何というか。 （　　　　　）

□(12) 塩化ナトリウム NaCl の式量を求めよ。

（原子量 Na = 23，Cl = 35.5）

ア（　　　）× イ（　　　）＋ ウ（　　　）× エ（　　　）
= オ（　　　）

□(13) イオン式の式量を求めるとき，原子・分子に比べ電子は非常に軽いので，電子の授受による質量の変化は無視（できる・できない）。

□(14) 水酸化物イオン OH$^-$ の式量を求めよ。

（原子量 H = 1.0，O = 16）

ア（　　　）× イ（　　　）＋ ウ（　　　）× エ（　　　）
= オ（　　　）

□(15) 分子量を用いるのが適当なものはどれか。

①金   ②アンモニア   ③水酸化ナトリウム

（　　　　　）

アドバイス

▶**46〈原子の質量と相対質量〉** ^{12}C 原子 1 個の質量は 2.0×10^{-23} g である。アルミニウム原子 1 個の質量は 4.5×10^{-23} g である。$^{12}C = 12$ を相対質量の基準としたとき，アルミニウムの相対質量はいくつか。

（　　　　　）

▶**47〈元素の原子量〉** 天然のホウ素は，^{10}B が 20.0 %，^{11}B が 80.0 % からなる。相対質量をそれぞれ 10.0，11.0 として，ホウ素の原子量を有効数字 3 桁で求めよ。

▶**47**
原子量は，同位体の存在比に応じた相対質量の平均値である。

（　　　　　）

▶**48〈分子量〉** 次の(1)～(5)の物質の分子量を求めよ。

(1) 窒素 N_2 （　　　　　）
(2) 水 H_2O （　　　　　）
(3) 二酸化炭素 CO_2 （　　　　　）
(4) 硫酸 H_2SO_4 （　　　　　）
(5) グルコース $C_6H_{12}O_6$ （　　　　　）

▶**48**
分子量は，分子式に含まれる原子の原子量の総和である。

▶**49〈式量〉** 次の(1)～(5)の物質の式量を求めよ。

(1) 水酸化ナトリウム $NaOH$ （　　　　　）
(2) 炭酸カルシウム $CaCO_3$ （　　　　　）
(3) カルシウムイオン Ca^{2+} （　　　　　）
(4) 硝酸イオン NO_3^- （　　　　　）
(5) リン酸マグネシウム $Mg_3(PO_4)_2$ （　　　　　）

▶**49**
式量は，組成式・イオン式に含まれる原子の原子量の総和である。

3章 物質の変化

例題 1 ◆ 式量と含有率 ▶**50**

酸化アルミニウム Al_2O_3 中のアルミニウム Al の含有率（重さの割合）を有効数字 3 桁で求めよ。

ここがポイント

Al の含有率は，$\dfrac{アルミニウムの質量}{酸化アルミニウムの質量} \times 100 = \dfrac{アルミニウム\ Al\ の原子量 \times 2}{酸化アルミニウム\ Al_2O_3\ の式量} \times 100$ で求める。

◆解法◆

$\dfrac{27 \times 2}{27 \times 2 + 16 \times 3} \times 100 = \dfrac{54}{102} \times 100$

$= 52.94\cdots ≒ 52.9 \,(\%)$

答 52.9 %

▶**50〈式量と含有率〉** 酸化鉄（Ⅲ）Fe_2O_3 について，次の(1), (2)を求めよ。

(1) Fe_2O_3 の式量 （　　　　　）
(2) Fe_2O_3 中の Fe の含有率（有効数字 3 桁）

（　　　　　）%

13 物質量

1 物質量と粒子の数・質量

6.0×10^{23} 個の粒子の集団を **1 mol(モル)** という。この mol を単位として表した物質の量を**物質量**という。また，1 mol あたりの粒子の数を**アボガドロ定数**という。

相対質量が 12 の炭素原子を 1 mol 集めると 12 g になる。原子量は元素を構成する同位体の相対質量の平均なので，原子 1 mol の質量は原子量に単位 g をつけた値になる。同様に，物質 1 mol あたりの質量は，原子量・分子量・式量に単位 g をつけた値になる。物質 1 mol あたりの質量を**モル質量**[g/mol]という。

炭素原子(原子量12)
1 mol

アルミニウム(原子量27)
1 mol

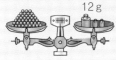

水分子(分子量18)
1 mol

塩化ナトリウム(式量58.5)
1 mol

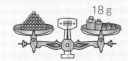

● 物質量[mol] = $\dfrac{粒子の数}{6.0 \times 10^{23}/mol}$

● 物質量[mol] = $\dfrac{物質の質量[g]}{モル質量[g/mol]}$

2 気体の物質量と体積

アボガドロの法則「気体の種類によらず，同温・同圧で，同体積の気体には，同数の分子が含まれる。」より，物質量が等しい気体は，同数の分子を含み，ほぼ同体積になる。1 mol の気体は，0℃，1.013×10^5 Pa の条件※において，その種類にかかわらずほぼ 22.4 L である。

※この条件を標準状態ということがある。本書で標準状態と記載したときには，この条件とする。

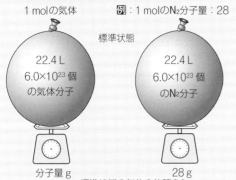

例：1 mol の N_2 分子量：28

1 mol の気体

標準状態

22.4 L
6.0×10^{23} 個
の気体分子

22.4 L
6.0×10^{23} 個
の N_2 分子

分子量 g

28 g

● 物質量[mol] = $\dfrac{標準状態の気体の体積[L]}{22.4 L/mol}$

ポイントチェック

□(1)　6.0×10^{23} 個の粒子の集団を何というか。
（　　　　　　　）

□(2)　mol を単位として表した粒子の量を何というか。
（　　　　　　　）

□(3)　質量数 12 の炭素原子 12 g 中には，炭素原子が何個含まれているか。（　　　　　　　）個

□(4)　(3)の数を（　　　　　　　）定数という。

□(5)　水分子 1 mol 中に含まれる水素原子は何 mol か。
（　　　　　　　）mol

□(6)　原子 6.0×10^{23} 個(1 mol)の質量は，何に g 単位をつけた値となるか。（　　　　　　　）

□(7)　アルミニウム(原子量 27)原子 6.0×10^{23} 個(1 mol)の質量は何 g か。（　　　　　　　）g

□(8)　分子 6.0×10^{23} 個(1 mol)の質量は，何に g 単位をつけた値となるか。（　　　　　　　）

□(9)　水分子 6.0×10^{23} 個(1 mol)の質量は何 g か。(原子量 H = 1.0, O = 16)（　　　　　　　）g

□(10)　イオン 6.0×10^{23} 個(1 mol)の質量は何に g 単位をつけた値となるか。（　　　　　　　）

□(11)　ナトリウムイオン 6.0×10^{23} 個(1 mol)の質量は何 g か。(原子量 Na = 23)（　　　　　　　）g

□(12)　イオンからなる物質 1 mol の質量は何に g 単位をつけた値になるか。（　　　　　　　）

□(13)　1 mol の塩化ナトリウム NaCl は何 g か。(原子量 Na = 23, Cl = 35.5)（　　　　　　　）g

□(14)　物質 1 mol あたりの質量を何というか。
（　　　　　　　）

□(15)　(14)の単位は何か。（　　　　　　　）

□(16)　同温・同圧において，同体積中には気体の種類にかかわらず同数の分子が含まれる。この法則を（　　　　　　　）の法則という。

□(17)　気体 1 mol は気体の種類によらず，標準状態でほぼ何 L を占めるか。（　　　　　　　）L

□(18)　酸素 O_2 1 mol の分子の数・質量・標準状態での体積をそれぞれ求めよ。(原子量 O = 16)
分子の数（　　　　　　　）個
質量（　　　　　）g　体積（　　　　　）L

□(19)　標準状態で窒素 N_2 11.2 L は何 g か。(原子量 N = 14)（　　　　　　　）g

原子量 と定数　H = 1.0, C = 12, N = 14, O = 16, Na = 23, Al = 27,
アボガドロ定数 6.0×10^{23}/mol

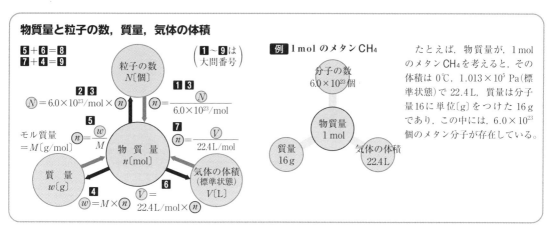

物質量と粒子の数，質量，気体の体積

$\boxed{5} + \boxed{6} = \boxed{8}$
$\boxed{7} + \boxed{4} = \boxed{9}$

$\left(\begin{array}{c} \boxed{1} \sim \boxed{9} \text{は} \\ \text{大問番号} \end{array} \right)$

粒子の数 N〔個〕

$\textcircled{N} = 6.0 \times 10^{23}/\text{mol} \times \textcircled{n}$ ② ③

$\textcircled{n} = \dfrac{\textcircled{N}}{6.0 \times 10^{23}/\text{mol}}$ ① ③

モル質量 $= M$〔g/mol〕

$\textcircled{n} = \dfrac{\textcircled{w}}{M}$ ⑤

物質量 n〔mol〕

$\textcircled{n} = \dfrac{\textcircled{V}}{22.4\text{L/mol}}$ ⑦

質量 w〔g〕

$\textcircled{w} = M \times \textcircled{n}$ ④

気体の体積（標準状態）V〔L〕

$\textcircled{V} = 22.4\text{L/mol} \times \textcircled{n}$ ⑥

例 1 mol のメタン CH_4

分子の数 6.0×10^{23}個

物質量 1 mol

質量 16 g

気体の体積 22.4 L

たとえば，物質量が，1 mol のメタン CH_4 を考えると，その体積は 0℃，1.013×10^5 Pa（標準状態）で 22.4 L，質量は分子量16に単位〔g〕をつけた 16 g であり，この中には，6.0×10^{23} 個のメタン分子が存在している。

例にしたがって，① ～ ⑨ の値を指示された有効数字の桁数で求めよ。ただし，⑥ ～ ⑨ の気体の体積は，0℃，1.013×10^5 Pa（標準状態）におけるものとする。

① 粒子の数から物質量（有効数字 2 桁）

> 例 水分子 3.0×10^{23} 個の物質量
>
> 解法 物質量〔mol〕$= \dfrac{\text{粒子の数}}{6.0 \times 10^{23}/\text{mol}}$　より，
>
> $\dfrac{\overset{1}{3.0 \times 10^{23}}}{\underset{2}{6.0 \times 10^{23}/\text{mol}}} = \mathbf{0.50}$（**mol**）

(1)　水分子 6.0×10^{23} 個の物質量

（　　　　　　　）mol

(2)　アルミニウム原子 9.0×10^{23} 個の物質量

（　　　　　　　）mol

(3)　二酸化炭素分子 6.0×10^{24} 個の物質量

（　　　　　　　）mol

(4)　アンモニア分子 1.5×10^{24} 個の物質量

（　　　　　　　）mol

(5)　水素分子 9.0×10^{22} 個の物質量

（　　　　　　　）mol

② 物質量から粒子の数（有効数字 2 桁）

> 例 水分子 0.60 mol 中に含まれる水分子の数
>
> 解法 粒子の数
>
> $= 6.0 \times 10^{23}/\text{mol} \times$ 物質量〔mol〕　より，
>
> $6.0 \times 10^{23}/\text{mol} \times 0.60$ mol
>
> $= \mathbf{3.6 \times 10^{23}}$（**個**）

(1)　水分子 1.0 mol 中に含まれる水分子の数

（　　　　　　　）個

(2)　炭素原子 0.30 mol 中に含まれる炭素原子の数

（　　　　　　　）個

(3)　ナトリウム原子 2.0 mol 中に含まれるナトリウム原子の数

（　　　　　　　）個

(4)　二酸化炭素分子 0.10 mol 中に含まれる二酸化炭素分子の数

（　　　　　　　）個

(5)　水素分子 1.0×10^{-2} mol 中に含まれる水素分子の数

（　　　　　　　）個

3 物質量と個数（有効数字 2 桁）

> **例** 水分子 H_2O 1.0 mol 中に含まれる水素原子の物質量
>
> **解法** 水 H_2O 1 分子中には 2 個の水素原子がある。よって，水分子 1.0 mol に含まれる水素原子の物質量は，次のようになる。
>
> $1.0 \, mol × 2 = \textbf{2.0 (mol)}$

(1) 水素分子 H_2 0.50 mol 中に含まれる水素原子の物質量

(　　　　　　　　) mol

(2) 硫酸分子 H_2SO_4 0.10 mol 中に含まれる水素原子の物質量

(　　　　　　　　) mol

(3) 塩化カルシウム $CaCl_2$ 2.0 mol 中に含まれる塩化物イオンの物質量

(　　　　　　　　) mol

> **例** 水分子 H_2O 0.50 mol 中に含まれる水素原子の数
>
> **解法** 水 H_2O 1 分子中には 2 個の水素原子があり，水分子 0.50 mol に含まれる水素原子の物質量は，$0.50 \, mol × 2 = 1.0 \, mol$ である。
>
> よって，水素原子の数は，
> 粒子の数
> $= 6.0×10^{23}/mol × $物質量〔mol〕 より，
> $6.0×10^{23}/mol × 1.0 \, mol$
> $= \textbf{6.0×10}^{\textbf{23}} \textbf{(個)}$

(4) アンモニア NH_3 0.50 mol 中に含まれる水素原子の数

(　　　　　　　　) 個

(5) 水酸化カルシウム $Ca(OH)_2$ 0.10 mol 中に含まれる水酸化物イオンの数

(　　　　　　　　) 個

4 物質量から質量（有効数字 2 桁）

> **例** 水分子 H_2O 2.0 mol の質量
>
> **解法** 水分子 H_2O のモル質量は，
>
> $1.0×2 + 16 = 18 \, g/mol$
>
> 質量〔g〕＝モル質量〔g/mol〕×物質量〔mol〕より，
>
> $18 \, g/mol × 2.0 \, mol = \textbf{36 (g)}$

(1) マグネシウム Mg 0.50 mol の質量

(　　　　　　　　) g

(2) アンモニア分子 NH_3 2.0 mol の質量

(　　　　　　　　) g

(3) 塩化ナトリウム $NaCl$ 0.10 mol の質量

(　　　　　　　　) g

5 質量から物質量（有効数字 2 桁）

> **例** 水分子 H_2O 27 g の物質量
>
> **解法** 水分子 H_2O のモル質量は，$18 \, g/mol$
>
> また，物質量〔mol〕$= \dfrac{質量〔g〕}{モル質量〔g/mol〕}$
>
> より，$\dfrac{27 \, g}{18 \, g/mol} = \textbf{1.5 (mol)}$

(1) 水分子 H_2O 9.0 g の物質量

(　　　　　　　　) mol

(2) アルミニウム Al 54 g の物質量

(　　　　　　　　) mol

(3) 塩化ナトリウム $NaCl$ 11.7 g の物質量

(　　　　　　　　) mol

(4) 硫酸イオン SO_4^{2-} 2.4 g の物質量

(　　　　　　　　) mol

6 物質量から気体の体積(有効数字 3 桁)

例 二酸化炭素 CO_2 0.500 mol の体積

解法 気体の体積〔L〕
$= 22.4\,\text{L/mol} \times$ 物質量〔mol〕 より,
$22.4\,\text{L/mol} \times 0.500\,\text{mol} = \mathbf{11.2}\ \textbf{(L)}$

(1) 水素 H_2 0.200 mol の体積

(   ) L

(2) アンモニア NH_3 1.50 mol の体積

(   ) L

(3) ヘリウム He 0.250 mol の体積

(   ) L

7 気体の体積から物質量(有効数字 3 桁)

例 アンモニア NH_3 5.60 L の物質量

解法 物質量〔mol〕$= \dfrac{\text{気体の体積〔L〕}}{22.4\,\text{L/mol}}$ より,

$\dfrac{5.60\,\text{L}}{22.4\,\text{L/mol}} = \mathbf{0.250}\ \textbf{(mol)}$

(1) 水素 H_2 11.2 L の物質量

(   ) mol

(2) アルゴン Ar 2.80 L の物質量

(   ) mol

(3) 二酸化炭素 CO_2 6.72 L の物質量

(   ) mol

(4) メタン CH_4 560 mL の物質量

(   ) mol

8 質量から気体の体積(有効数字 2 桁)

例 酸素 O_2 16 g の体積

解法 酸素のモル質量は, $16 \times 2 = 32\,\text{g/mol}$,

物質量〔mol〕$= \dfrac{\text{質量〔g〕}}{\text{モル質量〔g/mol〕}}$ より,

$\dfrac{16\,\text{g}}{32\,\text{g/mol}} = 0.50\,\text{mol}$

気体の体積〔L〕
$= 22.4\,\text{L/mol} \times$ 物質量〔mol〕 より,
$22.4\,\text{L/mol} \times 0.50\,\text{mol} = 11.2 \fallingdotseq \mathbf{11}\ \textbf{(L)}$

(1) 水素 H_2 4.0 g の体積

(   ) L

(2) アンモニア NH_3 1.7 g の体積

(   ) L

9 気体の体積から質量(有効数字 2 桁)

例 二酸化炭素 CO_2 5.60 L の質量

解法 物質量〔mol〕$= \dfrac{\text{気体の体積〔L〕}}{22.4\,\text{L/mol}}$ より,

$\dfrac{5.60\,\text{L}}{22.4\,\text{L/mol}} = 0.250\,\text{mol}$

二酸化炭素 CO_2 のモル質量は,
$12 + 16 \times 2 = 44\,\text{g/mol}$,
質量〔g〕$=$ モル質量〔g/mol〕$\times$ 物質量〔mol〕
より, $44\,\text{g/mol} \times 0.250\,\text{mol} = \mathbf{11}\ \textbf{(g)}$

(1) アンモニア NH_3 11.2 L の質量

(   ) g

(2) プロパン C_3H_8 2.80 L の質量

(   ) g

EXERCISE

原子量と定数 H＝1.0，C＝12，O＝16，S＝32，Ca＝40
アボガドロ定数 6.0×10²³/mol

例題 2 ◆ 物質量・粒子の数・質量の関係 ▶51，52

次の問いに答えよ。

⑴ 水分子 3.0 mol の質量は何 g か。また，水分子の数は何個か。

⑵ 水分子 4.5 g 中にある水素原子は何 mol か。また，酸素原子の数は何個か。

⑶ 水分子 1 個の質量は何 g か。

ここがポイント

1 mol＝6.0×10²³ 個の分子＝分子量 g の質量

水分子 H_2O 1 個の中には，水素原子 2 個，酸素原子 1 個を含むので，水分子 1 mol の中には，水素原子 2 mol，酸素原子 1 mol を含む。

◆解法◆

⑴ 水 H_2O の分子量は，1.0×2＋16＝18 なので，水のモル質量は 18 g/mol である。

質量〔g〕＝モル質量〔g/mol〕×物質量〔mol〕

より，水分子 3.0 mol の質量は，18×3.0＝54（g）

分子の数〔個〕＝6.0×10²³/mol×物質量〔mol〕

より，水分子 3.0 mol の分子の数は，

6.0×10²³×3.0＝18×10²³＝1.8×10²⁴（個）

⑵ 水分子 H_2O 1 mol＝18 g 中には，水素原子 2 mol，酸素原子 1 mol が含まれる。

物質量〔mol〕＝$\dfrac{質量〔g〕}{モル質量〔g/mol〕}$ より，

水分子 4.5 g の物質量は，$\dfrac{4.5 g}{18 g/mol}$＝0.25 mol

よって，水分子 4.5 g 中の水素原子の物質量は，

0.25×2＝0.50（mol）

また，水分子 4.5 g 中の酸素原子の数は，

6.0×10²³×0.25×1＝1.5×10²³（個）

⑶ 水分子 1 mol＝18 g 中には 6.0×10²³ 個の水分子が含まれるので，水分子 1 個の質量は，

$\dfrac{18}{6.0×10^{23}}$＝3.0×10⁻²³（g）

答 ⑴ **54 g，1.8×10²⁴個**
⑵ **0.50 mol，1.5×10²³個** ⑶ **3.0×10⁻²³ g**

▶**51** 〈化合物中の物質量・粒子の数〉次の問いに答えよ。

⑴ 硫酸 4.9 g 中の水素原子は何 mol か。

分子式ア（ ）→モル質量イ（ ）g/mol

硫酸の物質量ウ（ ）mol→水素原子の物質量エ（ ）mol

⑵ 水酸化カルシウム 7.4 g 中の水酸化物イオンの数は何個か。

組成式ア（ ）→モル質量イ（ ）g/mol

水酸化カルシウムの物質量ウ（ ）mol

水酸化物イオンの物質量エ（ ）mol

→水酸化物イオンの数オ（ ）個

▶**52** 〈原子・分子の1 mol の質量〉次の問いに答えよ。

⑴ 二酸化炭素分子 1 個の質量は何 g か。

（ ）g

⑵ アルミニウム原子 1 個の平均の質量は 4.5×10⁻²³g である。アルミニウムの原子量を求めよ。

（ ）

アドバイス

▶**51**

⑴ 硫酸 H_2SO_4 1 mol 中には水素原子 H が 2 mol 含まれる。

⑵ 水酸化カルシウム $Ca(OH)_2$ 1 mol 中には，水酸化物イオン OH^- が 2 mol 含まれる。

▶**52**

1 mol
＝原子量・分子量 g の質量
＝6.0×10²³ 個の原子・分子

48

例題 3◆気体の物質量・分子の数・質量・体積・分子量 ▶53, 54, 55

次の問いに答えよ。ただし，気体の体積は標準状態のものとする。

(1) 酸素 5.6 L は何 mol か。また，質量は何 g か。さらに，含まれる酸素分子の数は何個か。

(2) ある気体 11.2 L の質量は 16 g であった。この気体の分子量 M を求めよ。

ここがポイント

(1) 1 mol ＝ 6.0 × 10²³ 個の分子 ＝ 分子量 g の質量 ＝ 標準状態の気体で 22.4 L の体積

(2) 求める分子量を M とおいて，1 mol の量との間に比例式をたてる。

◆解法◆

(1) 物質量〔mol〕＝ $\dfrac{\text{標準状態の気体の体積〔L〕}}{22.4 \text{ L/mol}}$ より，

酸素 5.6 L の物質量は，$\dfrac{5.6 \text{ L}}{22.4 \text{ L/mol}} = 0.25$ (mol)

酸素 O_2 の分子量は，16 × 2 ＝ 32 なので，

質量〔g〕＝ モル質量〔g/mol〕× 物質量〔mol〕より，

酸素 5.6 L の質量は，32 × 0.25 ＝ 8.0 (g)

粒子の数 ＝ 6.0 × 10²³ /mol × 物質量〔mol〕より，

酸素 5.6 L に含まれる酸素分子の数は，

6.0 × 10²³ × 0.25 ＝ 1.5 × 10²³ (個)

(2) ある気体が 1 mol あれば，標準状態で 22.4 L の体積であり，分子量 g の質量となる。

この気体の分子量を M とすると，次の比例式がなりたつ。

22.4 L : M〔g〕＝ 11.2 L : 16 g

よって，$M = 32$ （分子量は単位なし）

答 (1) **0.25 mol，8.0 g，1.5 × 10²³ 個** (2) **32**

▶**53〈気体の体積と質量・分子量〉** 次の(1), (2)の気体の体積は，標準状態で測定したものである。それぞれの物質量と質量を有効数字 2 桁で求めよ。

(1) メタン CH_4　　　11.2 L

物質量（　　　　　） mol　質量（　　　　　） g

(2) プロパン C_3H_8　　5.6 L

物質量（　　　　　） mol　質量（　　　　　） g

▶**54〈気体の体積・質量と分子量〉** 分子量 M の気体があり，その質量は w〔g〕である。これについて次の問いに答えよ。

(1) この気体の物質量を M と w を使って表せ。（　　　　　） mol

(2) この気体の標準状態における体積を求めよ。（　　　　　） L

(3) この気体の分子の数を求めよ。

（　　　　　）個

▶**55〈気体の体積・質量と分子量〉** 次の(1), (2)の気体の分子量を求めよ。

(1) 標準状態で 2.8 L の質量が 2.0 g の気体

（　　　　　）

(2) 標準状態の密度が 1.25 g/L の気体

（　　　　　）

▶**55**

(2) 密度〔g/L〕は，1 L の気体の質量を表す。

14 溶液の濃度

1 溶液 📖 p.2 ❷

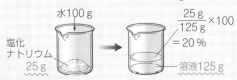

溶質 例：グルコース
溶媒 例：水
溶液 例：グルコース水溶液

溶かす／溶解

2 質量パーセント濃度

溶液の質量〔g〕に対する溶質の質量〔g〕の割合をパーセント(百分率)で表した濃度

● 質量パーセント濃度〔%〕＝ $\dfrac{溶質の質量〔g〕}{溶液の質量〔g〕} \times 100$

水100 g
塩化ナトリウム 25 g
$\dfrac{25\,g}{125\,g} \times 100 = 20\,\%$
溶液125 g

3 モル濃度

溶液 1 L あたりに溶けている溶質の量を物質量で表した濃度

● モル濃度〔mol/L〕＝ $\dfrac{溶質の物質量〔mol〕}{溶液の体積〔L〕}$

塩化ナトリウム 58.5 g (1 mol)
水を加えて
溶液を1 Lつくる
1 mol/L

4 飽和溶液と溶解度

一定温度で一定量の溶媒に溶ける物質の質量には限度があり，最大限溶けた溶液を**飽和溶液**という。

塩化ナトリウム40 g
20 ℃での塩化ナトリウムの溶解度＝36
NaCl の飽和溶液
溶け残った NaCl 4 g
水100 g — 20 ℃

● **溶解度**…一定温度で溶媒(水)100 g に溶かすことのできる溶質の最大質量〔g〕

5 溶解度曲線と析出量

多くの固体物質は，温度を高くすると，溶解度が大きくなる。

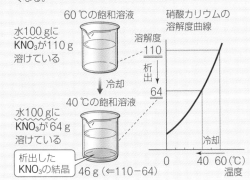

60 ℃の飽和溶液
水100 gにKNO₃が110 g溶けている
硝酸カリウムの溶解度曲線
溶解度 110
析出
64
冷却
40 ℃の飽和溶液
水100 gにKNO₃が64 g溶けている
冷却
析出したKNO₃の結晶 46 g (⇐110−64)
0 40 60(℃) 温度

ポイントチェック

☐(1) 液体にほかの物質が溶けて均一に混じりあい，透明になることを何というか。（　　　　　）

☐(2) 物質を溶かしている液体を何というか。（　　　　　）

☐(3) 溶け込んだ物質を何というか。（　　　　　）

☐(4) 溶解によってできた液体を何というか。（　　　　　）

☐(5) 水が溶媒の場合の溶液をとくに何というか。（　　　　　）

☐(6) 溶液の質量に対する溶質の割合をパーセントで表した濃度を何というか。（　　　　　）

☐(7) 質量パーセント濃度〔%〕は次のように求める。

$\dfrac{ア(\qquad)の質量〔g〕}{イ(\qquad)の質量〔g〕} \times 100$

☐(8) 水 90 g に塩化ナトリウム 10 g を溶かした水溶液の質量パーセント濃度は次のようになる。

$\dfrac{ア(\quad)\,g}{イ(\quad)\,g + ウ(\quad)\,g} \times 100 = エ(\quad)\,\%$

☐(9) 溶液 1 L あたりに含まれる溶質の量を物質量で表した濃度を何というか。（　　　）

☐(10) モル濃度〔mol/L〕は次のように求める。

$\dfrac{ア(\quad)の物質量〔mol〕}{イ(\quad)の体積〔L〕}$

☐(11) 溶液中に含まれる溶質の物質量は次のように求める。　モル濃度×溶液の（　　　）

☐(12) 溶解できる溶質の限度の量を（　　　）という。

☐(13) 溶解度は溶媒（　　）g に溶かすことができる溶質の g 単位の最大質量である。

☐(14) 温度と溶解度との関係を示す曲線を何というか。（　　　　　）

☐(15) 溶媒に溶質を溶かして溶解度に達し，それ以上溶けないとき，その溶液を何というか。（　　　　　）

☐(16) 多くの固体は，温度を高くすると溶解度が（大きく・小さく）なる。

原子量　H＝1.0，C＝12，O＝16，Na＝23，Cl＝35.5

例にしたがって，次の値を有効数字 2 桁で求めよ。

> **例** 塩化ナトリウム 0.10 mol を水に溶かし
> て 500 mL とした水溶液のモル濃度
> **解法**
> モル濃度〔mol/L〕＝$\dfrac{溶質の物質量〔mol〕}{溶液の体積〔L〕}$
>
> $\dfrac{0.10\,mol}{0.500\,L}$＝**0.20（mol/L）**

(1)　塩化ナトリウム 0.20 mol を水に溶かして
200 mL とした水溶液のモル濃度

（　　　　　　　）mol/L

(2)　塩化カルシウム 1.0 mol を水に溶かして
250 mL とした水溶液のモル濃度

（　　　　　　　）mol/L

> **例** 水酸化ナトリウム NaOH 2.0 g を水に溶
> かして 500 mL とした水溶液のモル濃度
> **解法** 水酸化ナトリウム NaOH の式量は 40
> より，溶質の物質量は，
>
> $\dfrac{2.0\,g}{40\,g/mol}$＝0.050 mol
>
> 求めるモル濃度は，
>
> $\dfrac{0.050\,mol}{0.500\,L}$＝**0.10（mol/L）**

(3)　水酸化ナトリウム NaOH 1.0 g を水に溶かし
て 100 mL とした水溶液のモル濃度

（　　　　　　　）mol/L

(4)　塩化ナトリウム NaCl 5.85 g を水に溶かして
500 mL とした水溶液のモル濃度

（　　　　　　　）mol/L

> **例** 6.0 mol/L の水酸化ナトリウム水溶液
> 100 mL 中の水酸化ナトリウムの物質量
> **解法** 溶質の物質量＝モル濃度×溶液の体積
> 　　　　〔mol〕　　　〔mol/L〕　　　〔L〕
> 　　6.0 mol/L×0.100 L＝**0.60（mol）**

(5)　2.0 mol/L の水酸化ナトリウム水溶液
500 mL 中の水酸化ナトリウムの物質量

（　　　　　　　）mol

(6)　2.0 mol/L の塩酸 200 mL 中の塩化水素の物
質量

（　　　　　　　）mol

> **例** 0.50 mol/L のグルコース $C_6H_{12}O_6$ 水溶
> 液 200 mL に溶けているグルコースの質量
> **解法** 溶質の物質量＝モル濃度×溶液の体積
> 　　　　〔mol〕　　　〔mol/L〕　　　〔L〕
> 　　0.50 mol/L×0.200 L＝0.10 mol
> グルコース $C_6H_{12}O_6$ のモル質量は
> 180 g/mol より，求める質量は，
> 　　180 g/mol×0.10 mol＝**18（g）**

(7)　1.0 mol/L のグルコース $C_6H_{12}O_6$ 水溶液
100 mL 中のグルコースの質量

（　　　　　　　）g

(8)　1.0 mol/L の水酸化ナトリウム NaOH 水溶
液を 200 mL つくるときに必要な水酸化ナトリ
ウムの質量

（　　　　　　　）g

EXERCISE

原子量　H = 1.0,　N = 14,　O = 16,　Na = 23,　S = 32,　Cl = 35.5,　K = 39

例題 4 ◆ 濃度の換算 ▶56, 57

質量パーセント濃度 30%，密度 1.2 g/cm³ の希硫酸 H_2SO_4 について，次の問いに答えよ。

(1) この希硫酸 1L の質量は何 g か。　　(2) この希硫酸 1L 中に溶けている硫酸は何 g か。

(3) この希硫酸のモル濃度は何 mol/L か。

ここがポイント

質量パーセント濃度をモル濃度に換算する問題である。濃硫酸を水でうすめたものを希硫酸という。
希硫酸における溶媒は水，溶質は硫酸 H_2SO_4 である。まず，溶液（希硫酸）1L について考える。
この希硫酸 1L 中に溶けている硫酸の物質量の値がモル濃度の値に相当する。

◆解法◆

(1) 密度から希硫酸 1L(1000 mL = 1000 cm³) の質量を求める。密度×体積＝質量より，

$1.2 \text{ g/cm}^3 \times 1000 \text{ cm}^3 = 1200 \text{ g} = 1.2 \times 10^3 \text{ (g)}$

(2) 質量パーセント濃度から硫酸（溶質）の質量を求める。

$$溶質の質量＝溶液の質量 \times \frac{質量パーセント濃度〔\%〕}{100}$$

より，$1.2 \times 10^3 \text{ g} \times \dfrac{30}{100} = 3.6 \times 10^2 \text{ (g)}$

よって，求める質量は 3.6×10^2 g となる。

(3) 希硫酸 1L 中に溶けている硫酸の物質量の値がモル濃度の値にあたるので，(2)で求めた硫酸の質量を物質量に換算する。硫酸のモル質量は $H_2SO_4 = 98$ g/mol であるから，

$$\frac{3.6 \times 10^2 \text{ g}}{98 \text{ g/mol}} = 3.67 \cdots \fallingdotseq 3.7 \text{ mol}$$

よって，求めるモル濃度は 3.7 mol/L となる。

答 (1) **1.2×10^3 g** (2) **3.6×10^2 g** (3) **3.7 mol/L**

▶**56 〈濃度の換算〉** 質量パーセント濃度 36%，密度 1.2 g/cm³ の濃塩酸 HCl について，次の問いに答えよ。

(1) この濃塩酸 1L の質量は何 g か。

(　　　　　　　) g

(2) この濃塩酸 1L 中に溶けている塩化水素 HCl は何 g か。

(　　　　　　　) g

(3) この濃塩酸のモル濃度は何 mol/L か。

(　　　　　　　) mol/L

▶**57 〈モル濃度〉** 次の(ア)〜(エ)のうち，濃度 0.10 mol/L の塩化ナトリウム水溶液をつくる方法として，正しいものを 1 つ選べ。

(ア) 水 1L に塩化ナトリウム 58.5 g を溶かす。

(イ) 水 1L に塩化ナトリウム 5.85 g を溶かす。

(ウ) 塩化ナトリウム 58.5 g を水に溶かして，最終的に 1L にする。

(エ) 塩化ナトリウム 5.85 g を水に溶かして，最終的に 1L にする。

(　　　　)

❓▶58 〈溶液の希釈〉 A さんは 10 mol/L の塩酸 100 g に水 900 g を加えて 10 倍に希釈された塩酸を調製したが，この塩酸は 1.0 mol/L の塩酸 1.0L にならなかった。A さんの間違いを指摘し，10 mol/L の塩酸を希釈して 1.0 mol/L の塩酸 1.0L とするときの正しい作り方を説明しなさい。

間違い(　　　　　　　　　　　　　　　　　)

作り方(　　　　　　　　　　　　　　　　　)

アドバイス

▶**57**

溶媒に溶質を溶かしてできた溶液の体積は，もとの溶媒の体積とは異なる。

例 題 5◆溶解度曲線 ▶59, 60

右図は，硝酸カリウムの溶解度の温度による変化を表したものである。
次の問いに答えよ。

(1) 20℃の硝酸カリウムの飽和水溶液 100 g に溶けている硝酸カリ
ウムの質量は何 g か。

(2) 水 250 g に硝酸カリウム 113 g を溶かすとき，すべてが溶解する
最低温度は次の(ア)〜(エ)のうちどれが最も近いか。

(ア) 25℃ (イ) 30℃ (ウ) 35℃ (エ) 40℃

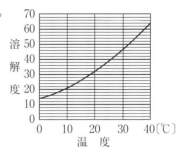

ここがポイント

溶解度は，溶媒 100 g に溶かすことができる溶質の質量〔g〕の値である。グラフから 20℃の溶解度を読み取り，
水 100 g の場合と濃度が等しいことから，飽和水溶液 100 g 中の溶質の質量を求める。

◆解法◆

(1) グラフから 20℃の溶解度は 32 である。求める
硝酸カリウムの質量を x〔g〕とすると，

$$\frac{(溶質の質量)}{(溶液の質量)} = \frac{32}{100+32} = \frac{x}{100}$$

よって，$x = 24.2 \cdots \fallingdotseq 24\,g$

(2) 水 250 g に硝酸カリウム 113 g が溶けているとき
の溶解度は，溶解度を y として，

$$\frac{(溶質の質量)}{(溶液の質量)} = \frac{113}{250} = \frac{y}{100}$$

よって，$y = 45.2 \fallingdotseq 45\,g$

溶解度が 45 になる温度は約 30℃である。

答 (1) **24 g** (2) **(イ)**

▶**59〈冷却による析出〉** 硝酸ナトリウムの溶解度は，20℃で 88，60℃で
124 である。次の(1)，(2)のとき，硝酸ナトリウムの析出量は何 g か。

(1) 60℃で水 400 g に硝酸ナトリウムを飽和させ，20℃まで冷却した。

(　　　　　　) g

(2) 60℃で水 200 g に硝酸ナトリウムを飽和させたあと，水 50 g を加え
てから 20℃まで冷却した。

(　　　　　　) g

▶**60〈溶解度〉** 硝酸カリウムは，水 100 g に対して 27℃で 40 g，80℃で 169 g
溶ける。これについて次の問いに答えよ。

(1) 27℃の硝酸カリウム飽和水溶液 200 g を 80℃まで上昇させると，さ
らに溶かすことのできる硝酸カリウムは何 g か。

(　　　　　　) g

(2) 27℃の硝酸カリウムの飽和水溶液のモル濃度は何 mol/L か。ただし，
27℃の硝酸カリウムの飽和水溶液の密度は 1.2 g/cm³ である。

(　　　　　　) mol/L

アドバイス

▶**59**

(1) 冷却による析出量は，
溶媒(水)の量に比例する。

(2) 60℃と 20℃で，溶け
ている溶質の質量を比較す
る。

▶**60**

(2) 密度から，溶液 1 L
の質量を求める。
↓
質量パーセントから，溶質
の質量を求める。
↓
溶質の式量から，溶質の物
質量を求める。

3章　物質の変化

15 化学反応式

1 化学変化 📖p.4 ❶
原子の結合する相手が変わり，もとの物質が別の物質に変化する現象。
物理変化…原子の結合する相手は変わらず，その状態だけが変化する現象。

生成物…反応後の物質

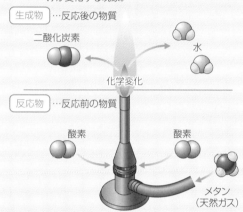

二酸化炭素
水
化学変化
反応物…反応前の物質
酸素
酸素
メタン
（天然ガス）

2 化学反応式の表し方 📖p.4 ❶
例 メタン CH_4 が燃焼して，二酸化炭素と水ができる。
(1) 左辺に反応物（反応前の物質）と右辺に生成物（反応後の物質）を化学式で表し，⟶で結ぶ。
$$CH_4 + O_2 \longrightarrow CO_2 + H_2O$$
(2) メタンの係数を仮に1として，C原子の数が両辺で等しくなる係数を決める。
$$1\underline{C}H_4 + (\quad)O_2 \longrightarrow (1)\underline{C}O_2 + (\quad)H_2O$$
C原子の数 $1×1＝1×1$
(3) H原子の数が両辺で等しくなる係数を決める。
$$1C\underline{H}_4 + (\quad)O_2 \longrightarrow 1CO_2 + (2)\underline{H}_2O$$
H原子の数 $1×4＝2×2$
(4) O原子の数が両辺で等しくなる係数を決める。
$$1CH_4 + (2)\underline{O}_2 \longrightarrow 1C\underline{O}_2 + 2H_2\underline{O}$$
O原子の数 $2×2＝1×2+2×1$
(5) 各係数を最も簡単な整数の比とし，1は省略する。
$$CH_4 + 2O_2 \longrightarrow CO_2 + 2H_2O$$

3 イオン反応式
化学反応式から反応にかかわらないイオンを除いた式
例 硝酸銀水溶液と塩化ナトリウム水溶液を混ぜると，塩化銀の沈殿が生じる。化学反応式は，
$$AgNO_3 + NaCl \longrightarrow NaNO_3 + AgCl\downarrow ※$$
反応しないイオン NO_3^- と Na^+ を除くと，

$$\boxed{Ag^+ + Cl^- \longrightarrow AgCl\downarrow}$$

電荷 $+1\quad -1\qquad 0$ （右辺と左辺で電荷の和が等しい）

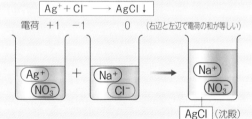

Ag^+ / NO_3^- ＋ Na^+ / Cl^- ⟶ Na^+ / NO_3^-

$AgCl$（沈殿）

※反応式で，気体や沈殿が生じる場合，化学式の右側に↑や↓を書くことがある。↑：気体，↓：沈殿

□(1) 物質が別の物質に変わる現象を何というか。（　　　　）

□(2) 物質の種類が変化せず，状態だけが変わる現象を何というか。（　　　　）

□(3) 水を電気分解すると，水素と酸素が発生したり，水素と酸素から水が生じたりする変化を何というか。（　　　　）

□(4) 氷が融けて液体の水になったり，水が蒸発して水蒸気になる変化を何というか。（　　　　）

□(5) 化学変化では，反応の前後で何の組み合わせが変化するか。（　　　　）

□(6) 化学変化において，反応前の物質を何というか。（　　　　）

□(7) 化学変化において，反応後の物質を何というか。（　　　　）

□(8) 化学変化を化学式を用いて表した式を何というか。（　　　　）

□(9) 化学反応式において，左辺に書く物質を何というか。（　　　　）

□(10) 化学反応式において，右辺に書く物質を何というか。（　　　　）

□(11) 化学反応式では，左辺と右辺で各元素の（原子・分子）の数が等しくなるように，化学式の前に係数をつける。

□(12) 係数は最も簡単な（整数の比・分数の比）になるようにする。

□(13) 係数が（　　　　）のときは省略する。

□(14) 化学反応式から，反応にかかわらないイオンを除いて表した式を何というか。（　　　　）

□(15) イオン反応式では，左辺と右辺で各元素の（原子・分子）の数が等しくなる。

□(16) イオン反応式では，左辺と右辺で（　　　　）の和が等しくなる。

□(17) 化学反応式やイオン反応式で気体が生じる場合，その化学式の右側に（　　）を書くことがある。

□(18) 化学反応式やイオン反応式で沈殿が生じる場合，その化学式の右側に（　　）を書くことがある。

EXERCISE

▶ **61 〈化学反応式の係数〉** 次の化学反応式の(a)〜(d)の係数を，下の(1)〜(3)の解法にしたがって求めよ。

$$(a)\ C_3H_8 + (b)\ O_2 \longrightarrow (c)\ CO_2 + (d)\ H_2O$$

(1) 化学反応式中の各物質の中で，最も複雑な物質（構成する原子の種類と総数が最も大きい物質）はプロパン C_3H_8 なので，係数(a)を 1 とする。

(2) 両辺の各元素の原子の数が等しくなるように係数をつける。

① 左辺の炭素原子の数は 3 なので，(c)にはア（　　　　）が入る。

② 左辺の水素原子の数は 8 なので，(d)にはイ（　　　　）が入る。

③ ①，②より右辺の酸素原子の総数は，

ア（　　　）×ウ（　　　）＋イ（　　　）×エ（　　　）＝オ（　　　）

となるので，(b)はカ（　　　）となる。

(3) 係数の比は，1：カ（　　　）：ア（　　　）：イ（　　　）となり，最も簡単な整数の比になっている。

▶ **62 〈反応式の係数〉** 次の(1)〜(10)の化学反応式またはイオン反応式中の（　　　）に適する係数を入れよ。ただし，係数 1 のときも 1 と記せ。

(1) （　　　）Mg ＋（　　　）$O_2 \longrightarrow$（　　　）MgO

(2) （　　　）Al ＋（　　　）$O_2 \longrightarrow$（　　　）Al_2O_3

(3) （　　　）C_2H_6 ＋（　　　）$O_2 \longrightarrow$（　　　）CO_2 ＋（　　　）H_2O

(4) （　　　）Al ＋（　　　）$HCl \longrightarrow$（　　　）$AlCl_3$ ＋（　　　）H_2

(5) （　　　）Ca ＋（　　　）$H_2O \longrightarrow$（　　　）$Ca(OH)_2$ ＋（　　　）H_2

(6) （　　　）Cu ＋（　　　）H_2SO_4

$\longrightarrow$（　　　）$CuSO_4$ ＋（　　　）H_2O ＋（　　　）SO_2

(7) （　　　）NH_4Cl ＋（　　　）$Ca(OH)_2$

$\longrightarrow$（　　　）$CaCl_2$ ＋（　　　）H_2O ＋（　　　）NH_3

(8) （　　　）Ba^{2+} ＋（　　　）$SO_4^{2-} \longrightarrow$（　　　）$BaSO_4\downarrow$

(9) （　　　）FeS ＋（　　　）$H^+ \longrightarrow$（　　　）Fe^{2+} ＋（　　　）$H_2S\uparrow$

(10) （　　　）Zn ＋（　　　）$H^+ \longrightarrow$（　　　）Zn^{2+} ＋（　　　）$H_2\uparrow$

🔧 ▶ **63 〈化学反応式〉** 次の(1)〜(4)の変化を化学反応式で示せ。

(1) メタノール CH_4O を完全燃焼させると，二酸化炭素と水ができる。

（　　　　　　　　　　　　　　　　　　　　　　　）

(2) 亜鉛に希硫酸 H_2SO_4 を加えると，水素が発生し，水溶液中に硫酸亜鉛ができる。

（　　　　　　　　　　　　　　　　　　　　　　　）

(3) 酸化鉄(Ⅲ)を一酸化炭素と反応させると，鉄と二酸化炭素ができる。

（　　　　　　　　　　　　　　　　　　　　　　　）

(4) 炭酸水素ナトリウムを加熱すると，炭酸ナトリウム，二酸化炭素，水ができる。

（　　　　　　　　　　　　　　　　　　　　　　　）

アドバイス

▶ **61**

原子の数
＝（係数）×（元素記号の右下の数字）
元素記号の右下に数字がないときは 1 とみなす。

例 $1C_3H_8$ では，
C 原子の数：$1×3=3$
H 原子の数：$1×8=8$
各物質の原子の種類と総数は次のようになる。
C_3H_8（C，H の 2 種類，11 個）
O_2（O の 1 種類，2 個）
CO_2（C，O の 2 種類，3 個）
H_2O（H，O の 2 種類，3 個）
より，最も複雑な物質は C_3H_8 となる。

▶ **62**

化学反応式中の最も複雑な物質の係数を仮に 1 として，ほかの係数を決めていく。係数が分数になったときは全体が最も簡単な整数の比になるように整理する。

▶ **63**

反応物を左側，生成物を右側に化学式ですべて書き，係数を入れて化学反応式にする。

(2) 亜鉛 Zn，硫酸亜鉛 $ZnSO_4$

(3) 酸化鉄(Ⅲ) Fe_2O_3，一酸化炭素 CO

(4) 炭酸水素ナトリウム $NaHCO_3$
炭酸ナトリウム Na_2CO_3

3章 物質の変化

1 化学反応式の量的関係

係数は，各物質の量的関係を表している。

粒子の数の比，物質量の比，気体の体積比は，それぞれ係数の比になる（質量の比は，係数の比とは異なる）。

例1 水素と酸素から水ができる反応

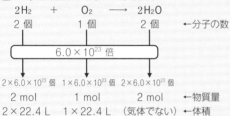

2H$_2$ + O$_2$ ⟶ 2H$_2$O
2 個　　　1 個　　　2 個　←分子の数

$6.0×10^{23}$ 倍

2×6.0×10^{23}個　1×6.0×10^{23}個　2×6.0×10^{23}個
2 mol　　　1 mol　　　2 mol　←物質量
2×22.4 L　1×22.4 L　（気体でない）←体積（標準状態）
2×2 g　　　1×32 g　　　2×18 g　←質量
　　　　36 g　　　　　　36 g

※反応の前後で質量の総和は等しい。（**質量保存の法則**）

H$_2$　　　O$_2$　　　H$_2$O

1 mol　1 mol　1 mol　　1 mol　1 mol

例2 マグネシウム Mg に塩酸 HCl を加えると，水素 H$_2$ が生成する反応

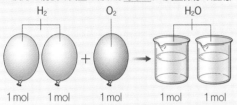

Mg + 2HCl ⟶ MgCl$_2$ + H$_2$↑
1 mol　2 mol　1 mol　1 mol　←物質量
24 g　　　　　　　　　22.4 L　←標準状態の体積
↑質量

2 mol/L の塩酸なら1L

気体の種類に関係なく，気体 1 mol の体積は 22.4 L

（係数×式量）

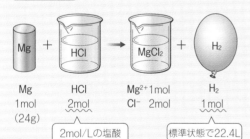

Mg　　　HCl　　　MgCl$_2$　　　H$_2$
1 mol　　2 mol　Mg^{2+}1 mol　1 mol
(24g)　　　　　Cl$^-$ 2 mol

2mol/Lの塩酸なら 1 L　　　標準状態で22.4L

2 原子・分子の探究の流れ

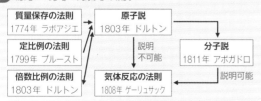

質量保存の法則　1774年 ラボアジエ
原子説　1803年 ドルトン
定比例の法則　1799年 プルースト
倍数比例の法則　1803年 ドルトン
気体反応の法則　1808年 ゲーリュサック
分子説　1811年 アボガドロ
説明不可能
説明可能

ポイントチェック

(1) 水素と酸素の反応について，①～⑧の問いに答えよ。（原子量 H = 1.0，O = 16）

2H$_2$ + O$_2$ ⟶ 2H$_2$O

□① 反応物は何か。ア(　　　　)とイ(　　　　)

□② 生成物は何か。　　　　　　(　　　　)

□③ 係数の比を求めよ。

(　　) : (　　) : (　　)

□④ 分子の数の比を求めよ。

(　　) : (　　) : (　　)

□⑤ 物質量の比を求めよ。

(　　) : (　　) : (　　)

□⑥ 係数×分子量の比を求めよ。

(　　) : (　　) : (　　)

□⑦ 係数×分子量の比は，何の比を表しているか。

(　　　　　　)の比

□⑧ 同温・同圧で反応するときの H$_2$ と O$_2$ の体積比を求めよ。　　(　　) : (　　)

(2) 次の反応について，⑨～⑫の問いに答えよ。

Mg + 2HCl ⟶ MgCl$_2$ + H$_2$↑

□⑨ 係数の比を求めよ。

(　　) : (　　) : (　　) : (　　)

□⑩ 物質量の比を求めよ。

(　　) : (　　) : (　　) : (　　)

□⑪ 1 mol（24 g）の Mg をすべて反応させるのに必要な2mol/L の塩酸は何 L か。(　　　　)L

□⑫ 1 mol（24 g）の Mg がすべて反応するとき，発生する H$_2$ の体積は標準状態で何 L か。

(　　　　)L

(3) 次の化学の基本法則について名称を記せ。

□⑬ 化学反応の前後で物質の総質量は変わらない。

(　　　　　　)

□⑭ 同じ化合物の成分元素の質量比は，常に一定である。　　(　　　　　　)

□⑮ 気体が関係する反応では，同温・同圧において，関係する気体の体積の間には，簡単な整数の比がなりたつ。(　　　　　　)

□⑯ 気体の種類によらず，同温・同圧で，同体積の気体には，同数の分子が含まれる。

(　　　　　　)

EXERCISE

原子量 H＝1.0, C＝12, O＝16, Al＝27

例題 6◆化学反応式と質量・気体の体積 ▶64, 65

プロパン C_3H_8 を完全燃焼させたときの化学反応式は，次のように表される。下の問いに答えよ。

$$C_3H_8 + 5O_2 \longrightarrow 3CO_2 + 4H_2O$$

(1) プロパン 22 g を完全燃焼させると，生成する水は何 g か。

(2) プロパン 22 g を完全燃焼させたとき，消費された酸素は標準状態で何 L か。

ここがポイント

まず，プロパン 22 g を物質量で表す。次に，化学反応式の係数の比は物質量の比を表しているので，反応物の酸素や生成物の水の物質量がわかる。最後にその物質量を質量や体積に換算する。

◆解法◆

(1) $C_3H_8 = 44$ なので，そのモル質量は 44 g/mol である。したがって，プロパン 22 g の物質量は，

$$\frac{22\,g}{44\,g/mol} = 0.50\,mol$$

係数の比より，プロパン 1.0 mol から 4.0 mol の水が生成するので，プロパン 0.50 mol では 2.0 mol の水が生成する。$H_2O = 18$ なので，水のモル質量は 18 g/mol である。したがって，生成する水の質量は，

$18\,g/mol \times 2.0\,mol = 36\,(g)$

(2) (1)より，プロパン 22 g は 0.50 mol である。

係数の比より，プロパン 1 mol が燃焼すると酸素 5 mol 消費されるので，プロパン 0.50 mol では 2.5 mol の酸素が消費される。

標準状態で酸素 1 mol の体積は 22.4 L なので，消費される酸素は，$22.4\,L/mol \times 2.5\,mol = 56\,(L)$

答 (1) **36 g** (2) **56 L**

▶**64 〈化学反応式の量的関係〉** メタン CH_4 を完全燃焼させたときの化学反応式は，次のように表される。下の問いに答えよ。

$$CH_4 + 2O_2 \longrightarrow CO_2 + 2H_2O$$

(1) メタン 2.0 mol から生成する水は何 mol か。 (　　　　　) mol

(2) メタン 24 g から生成する二酸化炭素は何 g か。

(　　　　　) g

(3) メタン 24 g を完全燃焼させたとき，消費された酸素は，標準状態で何 L か。

(　　　　　) L

(4) この反応で二酸化炭素が 22 g 生成した。このとき燃焼したメタンは標準状態で何 L か。

(　　　　　) L

▶**65 〈反応式と質量〉** アルミニウム 9.0 g を完全に酸化させると，生成する酸化アルミニウム Al_2O_3 は何 g か。

(　　　　　) g

アドバイス

▶**64**

(1) 化学反応式の係数の比
＝物質量の比

(2) メタンの物質量を求める。

↓

係数の比から二酸化炭素の物質量を求める。

↓

物質量を質量に換算する。

▶**65**

アルミニウムの物質量を求める。

↓

化学反応式を書き，化学反応式の係数の比から酸化アルミニウムの物質量を求める。

↓

物質量を質量に換算する。

▶66 〈反応式と質量〉 酸化銅(Ⅱ)CuO を加熱して水素を通じると，水が 9.0 g 生成した。次の問いに答えよ。

(1) この変化を化学反応式で示せ。

(　　　　　　　　　　　　　　　　　　　　)

(2) このとき生成した銅は何 g か。

(　　　　　　　) g

▶67 〈反応式と質量〉 塩化マグネシウム MgCl₂ の水溶液に，硝酸銀 AgNO₃ の水溶液を多量に加えたところ，塩化銀 AgCl の沈殿が 2.87 g 生成した。次の問いに答えよ。

(1) この変化を化学反応式で示せ。

(　　　　　　　　　　　　　　　　　　　　)

(2) この水溶液中に含まれていた塩化マグネシウムは何 g か。

(　　　　　　　) g

▶68 〈反応式と質量・体積〉 ナトリウム 2.3 g を水に加えると，発生する水素は標準状態で何 L か。

(　　　　　　　) L

アドバイス

▶66
H₂ が CuO から O を H₂O として奪い，銅が生成する反応である。

▶67
水溶液中で，Ag⁺ と Cl⁻ が反応して AgCl の白色沈殿を生じる変化である。Mg²⁺ と NO₃⁻ が水溶液中にイオンとして残るが，化学反応式では，Mg(NO₃)₂ として表す。

▶68
Na と H₂O が反応すると，H₂（気体）と NaOH を生成する。この反応を化学反応式で表し，その量的関係を考える。

例題 7 ◆ 量的関係（気体の体積） ▶69, 70

標準状態で一酸化炭素 CO 10L と酸素 10L を混合して，完全燃焼させた。反応後の混合気体の体積は標準状態で何 L になるか。

ここがポイント

一酸化炭素が完全燃焼したときの化学反応式は右のようになる。

・反応物や生成物が気体の場合，係数の比が体積比を表している
・一酸化炭素と酸素は体積比 2：1 で反応するので，一酸化炭素は 10L すべて反応し，酸素は 5.0L だけ反応してあとは残る
・このとき生成する二酸化炭素の体積は 10L となる

	2CO +	O₂ ⟶	2CO₂
反応前	10L	10L	0L
反応量	−10L	−5.0L	
生成量			+10L
反応後	0L	5.0L	10L

◆解法◆

反応する一酸化炭素と酸素の体積比は 2：1 になるので，一酸化炭素 10L に酸素 5.0L が反応する。このとき，二酸化炭素は 10L 生成する。

したがって，酸素 5.0L は反応しないで残り，反応後の混合気体の体積は，

酸素 5.0L ＋二酸化炭素 10L ＝ 15（L）

答 15 L

▶ **69** 〈**反応式と質量・体積**〉標準状態で水素 10 L と酸素 10 L を混合して，完全燃焼させた。生成する水はすべて液体として，次の問いに答えよ。

(1) 生成する水は何 g か。

（ 　　　　　 ）g

(2) 燃焼後の気体の体積は標準状態で何 L か。　　（ 　　　　　 ）L

▶ **70** 〈**反応式と質量・体積**〉過酸化水素水 H_2O_2 を酸化マンガン(IV)を用いて酸素と水に分解したところ，標準状態で 2.8 L の酸素が発生した。反応した過酸化水素は少なくとも何 g か。

（ 　　　　　 ）g

❓ ▶ **71** 〈**反応量の変化**〉炭酸カルシウム $CaCO_3$ (式量100)に塩酸を加えると次の反応が起こり，二酸化炭素 CO_2 (分子量44)が発生する。

$$CaCO_3 + 2HCl \longrightarrow CaCl_2 + CO_2 + H_2O$$

ある濃度の塩酸 25 mL に炭酸カルシウム $CaCO_3$ をそれぞれ 1.0 g ずつ 4.0 g まで加え，発生した二酸化炭素の量を測定してグラフにまとめたところ，右の図のようになった。次の問いに答えよ。

(1) この図から 25 mL の塩酸と過不足なく反応した炭酸カルシウムの質量と発生した二酸化炭素の質量を求めよ。

炭酸カルシウム（ 　　　　 ）g
二酸化炭素（ 　　　　 ）g

(2) 過不足なく反応したとき，炭酸カルシウムの物質量と発生した二酸化炭素の物質量を求めよ。

炭酸カルシウム（ 　　　 ）mol　二酸化炭素（ 　　　 ）mol

(3) この塩酸のモル濃度を求めよ。

（ 　　　　　 ）mol/L

❓ ▶ **72** 〈**反応量の比較**〉マグネシウムおよびアルミニウムに十分な希塩酸を加えて，標準状態で 11.2 L の水素を発生させるのに最小限必要なマグネシウムおよびアルミニウムの質量は，どちらが何 g 多いか。なお，各化学反応式は次のようになる。

$$Mg + 2HCl \longrightarrow MgCl_2 + H_2\uparrow \qquad 2Al + 6HCl \longrightarrow 2AlCl_3 + 3H_2\uparrow$$

（ 　Mg・Al　が　Mg・Al　より　　　　 g 多い）

アドバイス

▶ **69**
気体の反応では，反応する体積比は，化学反応式の係数の比になる。

▶ **70**
酸化マンガン(IV)は反応せず(触媒)，過酸化水素が酸素と水に分解する反応を速くする。

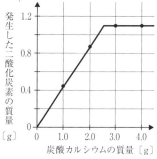
発生した二酸化炭素の質量 〔g〕 / 炭酸カルシウムの質量 〔g〕

▶ **71**
(1) はじめに炭酸カルシウムを加えた分だけ二酸化炭素が発生するが，炭酸カルシウムの物質量が塩酸(塩化水素)の物質量より多くなると，それ以上は二酸化炭素が発生しなくなる。
(3) 過不足なく反応したときの物質量から，反応した塩化水素の物質量を求め，塩酸のモル濃度を計算する。

▶ **72**
発生させる水素の体積を物質量に変換する。次に必要なマグネシウムおよびアルミニウムの物質量をそれぞれの化学反応式の量的関係の比から求め，物質量を質量に変換する。

3章　物質の変化

原子量 | H＝1.0, He＝4.0, C＝12, N＝14, O＝16, Na＝23, Mg＝24, S＝32, Cl＝35.5

❶ 原子に関する記述として**誤りを含むもの**を，次の①〜⑤のうちから一つ選べ。

① Na⁺ は，Na より電子が 1 つ少ないが，その式量は Na の原子量と同じである。

② 同位体が存在しない元素では，原子量は原子の相対質量と一致する。

③ 原子量・分子量は，相対値なので単位はない。

④ 炭素の原子量は 12 と定義されている。

⑤ ホウ素には天然に $^{10}_{5}B$ が 20 ％，$^{11}_{5}B$ が 80 ％の割合で存在するので，ホウ素の原子量は 10 よりも 11 に 近い。

[2007年センター試験・追試　改]⊋p.42 ❶〜❹, ▶46〜49

（　　　）

❷ 塩素 Cl には質量数が 35 と 37 の同位体が存在する。分子を構成する原子の質量数は総和を M とすると，二つの塩素原子から生成する塩素分子 Cl_2 には，M が 70，72，および 74 のものが存在することになる。天然に存在するすべての Cl 原子のうち，質量数が 35 のものの存在比は 76 ％，質量数が 37 のものの存在比は 24 ％である。

これらの Cl 原子 2 個から生成する Cl_2 分子のうちで，M が 70 の Cl_2 分子の割合は何％か。最も適当な数値を，次の①〜⑥のうちから一つ選べ。

① 5.8　② 18　③ 24　④ 36　⑤ 58　⑥ 76　（単位は％）

[2020年センター試験]⊋p.42 ❷, ▶47

（　　　）

❸ 式量ではなく分子量を用いるのが適当なものを，次の①〜⑥のうちから一つ選べ。

① 水酸化ナトリウム　② 黒鉛　③ 硝酸アンモニウム

④ アンモニア　⑤ 酸化アルミニウム　⑥ 金

[2010年センター試験]⊋p.42 ❸, ❹, ▶48, 49

（　　　）

❹ 物質の量に関する記述として**誤りを含むもの**を，次の①〜④のうちから一つ選べ。

① CO と N_2 を混合した気体の質量は，混合比にかかわらず，同じ体積・圧力・温度の NO の気体の質量よりも小さい。

② モル濃度が 0.10 mol/L である $CaCl_2$ 水溶液 2.0 L 中に含まれる Cl^- の物質量は，0.40 mol である。

③ H_2O 18 g と CH_3OH 32 g に含まれる水素原子の数は等しい。

④ 炭素(黒鉛)が完全燃焼すると，燃焼に使われた O_2 と同じ物質量の気体が生じる。

[2019年センター試験]⊋p.44 ❶, ❷, p.56 ❶

（　　　）

❓❺ 物質 A は，図に示すように，棒状の分子が水面に直立してすき間なく並び，一層の膜（単分子膜）を形成する。物質 A の質量が w〔g〕のとき，この膜の全体の面積は X〔cm²〕であった。物質 A のモル質量を M〔g/mol〕，アボガドロ定数を N_A〔/mol〕としたとき，分子 1 個の断面積 s〔cm²〕を表す式として正しいものを，次の①～⑥のうちから一つ選べ。

① $\dfrac{XN_A}{wM}$　② $\dfrac{XM}{wN_A}$　③ $\dfrac{Xw}{MN_A}$

④ $\dfrac{XwM}{N_A}$　⑤ $\dfrac{XwN_A}{M}$　⑥ $\dfrac{XMN_A}{w}$

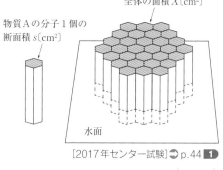

全体の面積 X〔cm²〕

物質Aの分子1個の断面積 s〔cm²〕

水面

[2017年センター試験] ➡ p.44 **1**

(　　)

❻ 0℃，1.013×10^5 Pa（標準状態）において，気体 1 g の体積が最も大きい物質を，次の①～④のうちから一つ選べ。

① O_2　② CH_4　③ NO　④ H_2S

[2015年センター試験] ➡ p.44 **2**．▶ **55**

(　　)

❼ 標準状態における体積が最も大きい気体を，次の①～⑤のうちから一つ選べ。

① 3 g の水素　② 8 g のヘリウム　③ 32 g の酸素

④ 16 g のメタン　⑤ 44 g の二酸化炭素

[2014年センター試験・追試] ➡ p.44 **2**．▶ **55**

(　　)

❽ 質量パーセント濃度が 20％ の塩化マグネシウム $MgCl_2$ 水溶液がある。この水溶液の密度は，1.2 g/cm³ であった。この水溶液 50 mL に含まれる塩化物イオンの物質量は何 mol か。最も適当な数値を，次の①～⑥のうちから一つ選べ。

① 0.11　② 0.13　③ 0.25　④ 1.1　⑤ 1.3　⑥ 2.5

[2020年センター試験・追試] ➡ p.50 **2**．**3**．▶ **56**

(　　)

❾ ブドウ糖(グルコース，分子量180)の質量パーセント濃度5.0%水溶液は点滴に用いられている。この水溶液のモル濃度は何 mol/L か。最も適当な数値を，次の①〜⑥のうちから一つ選べ。ただし，この水溶液の密度は 1.0 g/cm³ とする。

① 0.028　② 0.056　③ 0.28　④ 0.56　⑤ 2.8　⑥ 5.6

[2016年センター試験] ⤷p.50 **2**, **3**, ▶**56**

(　　)

❿ 図は，硝酸カリウムの溶解度(水 100 g に溶ける溶質の最大質量〔g〕の数値)と温度の関係を示す。55 g の硝酸カリウムを含む 60℃の飽和水溶液をつくった。この水溶液の温度を上げて，水の一部を蒸発させたのち，20℃まで冷却したところ，硝酸カリウム 41 g が析出した。蒸発した水の質量〔g〕はいくらか。最も適当な数値を，次の①〜⑤のうちから一つ選べ。

① 3　② 6　③ 9　④ 12　⑤ 14

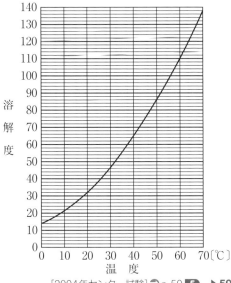

[2004年センター試験] ⤷p.50 **5**, ▶**59**

(　　)

⓫ 家庭用の燃料電池システムでは，メタンを主成分とする都市ガスを原料として水素がつくられる。このことに関連する次の化学反応式中の係数($a \sim d$)の組合せとして正しいものを，右の①〜④のうちから一つ選べ。

$$a\mathrm{CH_4} + b\mathrm{H_2O} \longrightarrow c\mathrm{H_2} + d\mathrm{CO_2}$$

	a	b	c	d
①	1	1	1	1
②	2	1	6	2
③	1	2	4	1
④	1	2	3	1

[2019年センター試験・追試] ⤷p.54 **2**, ▶**61**, **62**

(　　)

⁉⓬ ある自動車が 10 km 走行したとき 1.0 L の燃料を消費した。このとき発生した二酸化炭素の質量は, 平均すると 1 km あたり何 g か。最も適当な数値を, 次の①〜⑥のうちから一つ選べ。ただし, 燃料は完全燃焼したものとし, 燃料に含まれる炭素の質量の割合は 85%, 燃料の密度は 0.70 g/cm³ とする。

① 16 ② 33 ③ 60 ④ 220 ⑤ 260 ⑥ 450

[2010年センター試験]⤵ p.56 **1**. ▶ **64**

(　　　)

⓭ 原子量が 55 の金属 M の酸化物を金属に還元したとき, 質量が 37% 減少した。この酸化物の組成式として最も適当なものを, 次の①〜⑥のうちから一つ選べ。

① MO ② M_2O_3 ③ MO_2 ④ M_2O_5 ⑤ MO_3 ⑥ M_2O_7

[2013年センター試験]⤵ p.56 **1**. ▶ **65**

(　　　)

⁉⓮ 0.020 mol の亜鉛 Zn に濃度 2.0 mol/L の塩酸を加えて反応させた。

$$Zn + 2HCl \longrightarrow ZnCl_2 + H_2$$

このとき, 加えた塩酸の体積と発生した水素の体積の関係は左下の図のようになった。ここで, 発生した水素の体積は 0 ℃, 1.013×10^5 Pa の状態における値である。図中の体積 V_1〔L〕と V_2〔L〕はそれぞれ何 L か。V_1 と V_2 の数値の組合せとして最も適当なものを, 下の①〜⑥のうちから一つ選べ。

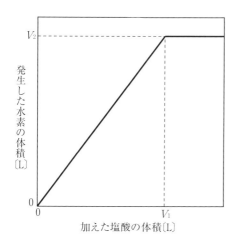

	V_1〔L〕	V_2〔L〕
①	0.020	0.90
②	0.020	0.45
③	0.020	0.22
④	0.010	0.90
⑤	0.010	0.45
⑥	0.010	0.22

[2019年センター試験 改]⤵ p.56 **1**. ▶ **71**

(　　　)

17 酸と塩基

1 酸・塩基の定義と性質

	定義	性質
酸	⑦水に溶けて H^+ を生じる物質 ⑦相手に H^+ を与える分子・イオン	・青色リトマス紙を赤くする ・Zn, Mg などと反応して H_2 を発生する ・すっぱい味がする
塩基	⑦水に溶けて OH^- を生じる物質 ⑦相手から H^+ を受け取る分子・イオン	・赤色リトマス紙を青くする ・フェノールフタレイン溶液を赤くする ・酸と反応して酸性を打ち消す ・手につくとぬるぬるする

※⑦はアレニウスの定義。⑦はブレンステッド・ローリーの定義。アレニウスの定義では、酸も塩基も電解質なので、その水溶液は電気を通す。
※H^+ は、水溶液中では H_3O^+ として存在する。
※水に溶けやすい塩基をアルカリという。

2 酸・塩基の価数

酸・塩基は、電離する H^+ や OH^- の数で分類する。

	1価	2価	3価
酸	$\boxed{H^+}$ HCl HNO_3 CH_3COOH	$\boxed{H^+}\,\boxed{H^+}$ H_2S H_2SO_4 $(COOH)_2$	$\boxed{H^+}\,\boxed{H^+}\,\boxed{H^+}$ H_3PO_4
塩基	$\boxed{OH^-}$ NaOH KOH NH_3	$\boxed{OH^-}\,\boxed{OH^-}$ $Ca(OH)_2$ $Ba(OH)_2$ $Mg(OH)_2$	

3 酸・塩基の電離度と強弱

(1) **強酸・強塩基**…水溶液中でほぼ完全に電離している酸・塩基
(2) **弱酸・弱塩基**…水溶液中で一部しか電離していない酸・塩基

	強 電離度が大きい $(\alpha \fallingdotseq 1)$	弱 電離度が小さい
酸	HCl HNO_3 H_2SO_4	CH_3COOH H_2S $(COOH)_2$　　など
塩基	NaOH KOH $Ca(OH)_2$ $Ba(OH)_2$	NH_3 $Cu(OH)_2$ $Mg(OH)_2$　　など

● 電離度 $\alpha = \dfrac{電離した電解質の物質量}{溶解した電解質の物質量}$　$(0 < \alpha \leqq 1)$

□(1) (酸・塩基)の水溶液は青色リトマス紙を赤くする。

□(2) (酸・塩基)の水溶液は赤色リトマス紙を青くする。

□(3) (酸・塩基)の水溶液は Zn, Mg などの金属と反応して水素を発生させる。

□(4) (酸・塩基)の濃い水溶液は手につくとぬるぬるした感じがする。

□(5) (酸・塩基)のうち、水に溶けやすいものをアルカリという。

□(6) 酸・塩基の水溶液は電気を(通す・通さない)。

□(7) アレニウスの定義による酸は、水溶液中で(　　　　　　　)を生じる物質である。

□(8) アレニウスの定義による塩基は、水溶液中で(　　　　　　　)を生じる物質である。

□(9) ブレンステッド・ローリーの定義による酸はどのようなものか。
相手に(　　　　　　　)を与える分子またはイオンである。

□(10) ブレンステッド・ローリーの定義による塩基はどのようなものか。
相手から(　　　　　　　)を受け取る分子またはイオンである。

□(11) 酸の化学式の中で、電離して H^+ になることができる H の数を酸の(　　　　　　)という。

□(12) 塩酸は ${}^{\mathcal{P}}($　　$)$ 価の ${}^{\mathcal{イ}}($酸・塩基$)$ である。

□(13) 硫酸は ${}^{\mathcal{P}}($　　$)$ 価の ${}^{\mathcal{イ}}($酸・塩基$)$ である。

□(14) 硫酸は次のように2段階に電離する。
$H_2SO_4 \longrightarrow H^+ + {}^{\mathcal{P}}($　　　　　$)$
${}^{\mathcal{P}}($　　　　　$) \rightleftharpoons H^+ + {}^{\mathcal{イ}}($　　　　　$)$
これをまとめて書くと、次のようになる。
$H_2SO_4 \longrightarrow 2H^+ + {}^{\mathcal{イ}}($　　　　　$)$

□(15) アンモニアは ${}^{\mathcal{P}}($　　$)$ 価の ${}^{\mathcal{イ}}($酸・塩基$)$ である。

□(16) 水酸化カルシウムは ${}^{\mathcal{P}}($　　$)$ 価の ${}^{\mathcal{イ}}($酸・塩基$)$ である。

□(17) リン酸は ${}^{\mathcal{P}}($　　$)$ 価の ${}^{\mathcal{イ}}($酸・塩基$)$ である。

□(18) 強酸・強塩基は電離度が(大きい・小さい)。

□(19) 2価以上の酸は必ず強酸か。
(強酸である・強酸とは限らない)

EXERCISE

▶**73**〈酸と塩基〉次の(1)〜(8)の酸・塩基の化学式を示せ。

  (1)　塩酸　　(2)　硫酸　　(3)　硝酸　　(4)　酢酸

  (5)　水酸化ナトリウム　　(6)　アンモニア

  (7)　水酸化カリウム　　(8)　水酸化カルシウム

(1)	(2)	(3)	(4)
(5)	(6)	(7)	(8)

アドバイス

▶**73**

(6)　アンモニアは化学式の中に OH を含まない。

▶**74**〈酸・塩基と電離〉次の(1)〜(4)の物質が電離するときのイオンを含む化学反応式(イオン反応式)を完成させよ。

(1)	硝酸	$HNO_3 \longrightarrow H^+ +$ ア(　　　　　　)
(2)	塩酸	$HCl \longrightarrow$ イ(　　　　　) + ウ(　　　　　)
(3)	水酸化カリウム	エ(　　　　　) $\longrightarrow K^+ +$ オ(　　　　　)
(4)	水酸化バリウム	カ(　　　　　) $\longrightarrow Ba^{2+} +$ キ(　　　　　)

▶**75**〈酸と塩基の価数〉次の①〜⑩の酸・塩基を下表に分類せよ。

  ①　NH_3　　②　HNO_3　　③　H_2SO_4　　④　CH_3COOH

  ⑤　$Ba(OH)_2$　　⑥　H_3PO_4　　⑦　KOH　　⑧　HCl

  ⑨　$NaOH$　　⑩　$Ca(OH)_2$

	1 価	2 価	3 価
酸	ア	イ	ウ
塩基	エ	オ	

▶**75**

①　NH_3 が H_2O と反応したときの反応式を書いてみよう。

▶**76**〈酸・塩基の強弱と価数〉次の(1)〜(8)の酸・塩基を下の(ア)〜(ク)に分類せよ。

  (1)　HNO_3　　(2)　H_2SO_4　　(3)　$NaOH$　　(4)　$Mg(OH)_2$

  (5)　NH_3　　(6)　H_2S　　(7)　CH_3COOH　　(8)　$Ba(OH)_2$

  (ア)　1 価の強酸　　(イ)　2 価の強酸　　(ウ)　1 価の弱酸

  (エ)　2 価の弱酸　　(オ)　1 価の強塩基　　(カ)　2 価の強塩基

  (キ)　1 価の弱塩基　　(ク)　2 価の弱塩基

(1)	(2)	(3)	(4)
(5)	(6)	(7)	(8)

▶**76**

代表的な強酸 3 つと強塩基 4 つを思い出してみよう(p.64)。

▶**77**〈酸と塩基の定義〉次の(1)〜(3)の化学反応式において,下線部の物質は,ブレンステッド・ローリーの定義によると,酸・塩基のどちらとしてはたらいているか。

  (1)　$\underline{NH_3} + \underline{H_2O} \rightleftarrows NH_4^+ + OH^-$　　　　　　　　(　　　　　)

  (2)　$\underline{NH_3} + HCl \longrightarrow NH_4Cl$　　　　　　　　(　　　　　)

  (3)　$2\underline{NH_4Cl} + Ca(OH)_2 \longrightarrow 2NH_3 + CaCl_2 + 2H_2O$　(　　　　　)

▶**77**

H^+ を与える分子・イオンが酸,H^+ を受け取る分子・イオンが塩基となる。

(1)　$\rightleftarrows$ は,両方向の反応が起こることを表す。弱酸や弱塩基の電離の反応などで使われる。

3 章
物質の変化

18 水素イオン濃度とpH

1 水素イオン濃度と水酸化物イオン濃度

H^+ のモル濃度を，**水素イオン濃度**といい，$[H^+]$と表す。

酸の水素イオン濃度
$$[H^+] = a(価数) \times c(モル濃度) \times \alpha(電離度)$$

OH^- のモル濃度を，**水酸化物イオン濃度**といい，$[OH^-]$と表す。

塩基の水酸化物イオン濃度
$$[OH^-] = b(価数) \times c'(モル濃度) \times \alpha(電離度)$$

2 水素イオン指数

水溶液の酸性・塩基性の強さは，**水素イオン指数（pH）**で表す。

$$[H^+] = 1.0 \times 10^{-n} \, mol/L \text{ のとき，} pH = n$$

3 水の電離

水は，次式のようにごくわずかであるが電離している。

$$H_2O \rightleftharpoons H^+ + OH^-$$
$$25℃で，\ [H^+] = [OH^-] = 1.0 \times 10^{-7} mol/L$$

4 水溶液の性質と pH

(1) 水素イオン濃度と酸性・塩基性の関係

酸性水溶液：$[H^+] > 1.0 \times 10^{-7} > [OH^-]$
中性水溶液：$[H^+] = 1.0 \times 10^{-7} = [OH^-]$
塩基性水溶液：$[H^+] < 1.0 \times 10^{-7} < [OH^-]$

(2) pH と酸性・塩基性の関係

酸性水溶液：$pH < 7$
中性水溶液：$pH = 7$
塩基性水溶液：$pH > 7$

発展
$[H^+] = 1.0 \times 10^{-a} \, (mol/L)$，
$[OH^-] = 1.0 \times 10^{-b} \, (mol/L)$ のとき，どんな水溶液でも，25℃では，$a + b = 14$ になる。
水のイオン積
$K_w = [H^+] \times [OH^-] = 1.0 \times 10^{-14} \, (mol/L)^2$

ポイントチェック

□(1) H^+ のモル濃度を何というか。
（　　　　　　　　）

□(2) OH^- のモル濃度を何というか。
（　　　　　　　　）

□(3) 酸性が強い水溶液ほど，水素イオン濃度は（大きい・小さい）。

□(4) 酸性が強い水溶液ほど，pH は（大きい・小さい）。

□(5) 塩基性が強い水溶液ほど，水酸化物イオン濃度は（大きい・小さい）。

□(6) 塩基性が強い水溶液ほど，pH は（大きい・小さい）。

□(7) 25℃の水の水素イオン濃度$[H^+]$はいくらか。
（　　　　　　　　）mol/L

□(8) $[H^+] = 1.0 \times 10^{-3} \, mol/L$ の溶液の pH はいくらか。（　　　　　）

□(9) $[OH^-] = 1.0 \times 10^{-8} \, mol/L$ の溶液の$[H^+]$はいくらか。（　　　　　　）mol/L

□(10) $[OH^-] = 1.0 \times 10^{-10} \, mol/L$ の溶液の pH はいくらか。（　　　　　）

□(11) pH が 5 の溶液中の$[H^+]$はいくらか。
（　　　　　　　　）mol/L

□(12) $[H^+] = 1.0 \times 10^{-4} \, mol/L$ の溶液は（酸性・中性・塩基性）を示す。

□(13) $[H^+]$の大きさが 10 分の 1 になると，変化する pH はいくらか。
ア（　　　　　）だけ イ（大きく・小さく）なる。

□(14) pH が 12 の水酸化ナトリウム水溶液を何倍にうすめると，pH が 9 になるか。（　　　　）倍

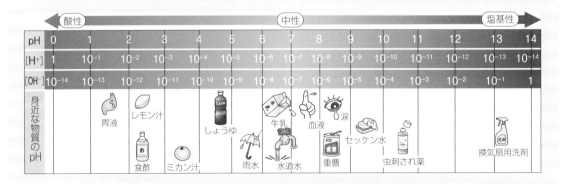

1 次の酸の水溶液の水素イオン濃度[H⁺]を有効数字2桁で求めよ。

> **例** 0.25 mol/L の塩酸(電離度 1.0)
>
> **解法** [H⁺]＝酸の価数×濃度×電離度 で求める。
>
> HCl は 1 価の強酸なので，
>
> [H⁺]＝1×0.25 mol/L×1.0
>   ＝**0.25(mol/L)**

(1) 0.0020 mol/L の硝酸(電離度 1.0)

( ) mol/L

(2) 0.010 mol/L の硫酸(電離度 1.0)

( ) mol/L

(3) 0.020 mol/L の酢酸水溶液(電離度 0.0010)

( ) mol/L

2 次の塩基の水溶液の水酸化物イオン濃度[OH⁻]を有効数字2桁で求めよ。

> **例** 0.020 mol/L の水酸化カリウム水溶液(電離度 1.0)
>
> **解法** [OH⁻]＝塩基の価数×濃度×電離度 で求める。
>
> KOH は 1 価の塩基なので，
>
> [OH⁻]＝1×0.020 mol/L×1.0
>   ＝**2.0×10^{-2}(mol/L)**

(1) 0.010 mol/L の水酸化ナトリウム水溶液(電離度 1.0)

( ) mol/L

(2) 0.0040 mol/L の水酸化カルシウム水溶液(電離度 1.0)

( ) mol/L

(3) 0.10 mol/L のアンモニア水(電離度 0.010)

( ) mol/L

3 次の水溶液の pH を整数値で求めよ。

> **例** 0.0010 mol/L の塩酸(電離度 1.0)
>
> **解法** [H⁺]＝1.0×10^{-n} mol/L のとき，pH＝n
>
> [H⁺]＝1×0.0010 mol/L×1.0＝0.0010
>   ＝1.0×10^{-3} mol/L
>
> よって，**pH＝3**

(1) 0.010 mol/L の塩酸(電離度 1.0)

pH＝( )

(2) 0.0050 mol/L の硫酸(電離度 1.0)

pH＝( )

(3) 0.040 mol/L の酢酸水溶液(電離度 0.025)

pH＝( )

(4) 0.00020 mol/L の酢酸水溶液(電離度 0.050)

pH＝( )

4 次の水溶液の電離度を有効数字2桁で求めよ。

> **例** ある 1 価の弱酸の水溶液 0.010 mol/L (pH＝4.0)
>
> **解法** pH＝4 より，
>
> [H⁺]＝1.0×10^{-4} mol/L
>
> [H⁺]＝酸の価数×濃度×電離度 α
>
> 1.0×10^{-4}＝1×0.010 mol/L×電離度 α
>
> 電離度 **α＝0.010**

(1) 0.040 mol/L 酢酸水溶液(pH＝3.0)

α＝( )

(2) 0.0010 mol/L の塩酸(pH＝3.0)

α＝( )

EXERCISE

78〈溶液の調製〉次の(ア)〜(エ)のうち，0.10 mol/L 水酸化ナトリウム水溶液のつくり方として，正しいものを1つ選べ。

(ア)　NaOH(式量 40) 0.40 g を水に溶かし，さらに水を加えて体積を 100 mL にする。

(イ)　水 100 mL をとり，NaOH 4.0 g を加える。

(ウ)　水 100 g をとり，NaOH 4.0 g を加える。

(エ)　水 96 g をとり，NaOH 4.0 g を加える。　　　　　　　　（　　　）

79〈水溶液の液性〉水素イオンや水酸化物イオンの濃度が次の値であるとき，次の(1)〜(4)の水溶液は酸性，塩基性，中性のどれを示すか。

(1)　$[H^+] = 1.0 \times 10^{-3}$ mol/L　　　　　　　　（　　　）

(2)　$[H^+] = 1.0 \times 10^{-7}$ mol/L　　　　　　　　（　　　）

(3)　$[OH^-] = 1.0 \times 10^{-10}$ mol/L　　　　　　　（　　　）

(4)　$[OH^-] = 1.0 \times 10^{-5}$ mol/L　　　　　　　（　　　）

80〈pH と $[H^+]$〉次の問いに答えよ。

(1)　pH が 2 小さくなると，$[H^+]$ は何倍大きくなるか。

（　　　）倍

(2)　pH が 12 の水酸化カリウム水溶液を水で 100 倍にうすめた水溶液の pH はいくらか。

pH ＝（　　　）

(3)　pH が 6 の希塩酸を水で 1000 倍にうすめると，pH はほぼいくらになるか。

pH ≒（　　　）

▶80
酸や塩基の水溶液を 10 倍ずつうすめると，pH は 1 ずつ 7 に近づく。

81〈pH と水素イオン濃度〉pH が 5 の塩酸の水素イオン濃度は，pH が 8 の水酸化ナトリウム水溶液の水素イオン濃度の何倍か。

（　　　）倍

▶81
pH の値が 1 大きくなると，$[H^+]$は 10 分の 1 になる。

82〈pH の比較〉次の(ア)〜(カ)の水溶液を酸性の強いものから順に並べよ。

(ア)　pH が 9 のアンモニア水　　(イ)　pH が 7 の塩化ナトリウム水溶液

(ウ)　0.001 mol/L の塩酸　　(エ)　0.01 mol/L の水酸化ナトリウム水溶液

(オ)　$[OH^-] = 10^{-13}$ mol/L の水溶液　　(カ)　$[H^+] = 1 \times 10^{-5}$ mol/L の水溶液

（　　　＞　　　＞　　　＞　　　＞　　　＞　　　）

83〈pH の比較〉次の(1)〜(3)について，pH が大きいほうを答えよ。

(1)　0.010 mol/L の塩酸と硫酸　　　　　　　（　　　）

(2)　0.010 mol/L の塩酸と酢酸水溶液　　　　（　　　）

(3)　0.10 mol/L の水酸化ナトリウム水溶液とアンモニア水

（　　　）

▶83
モル濃度が同じ場合は，価数や電離度の大小(酸・塩基の強弱)から$[H^+]$や$[OH^-]$を比較して，pH の大小を判定する。

0.10 mol/L のアンモニア水の pH は 11 である。この水溶液中のアンモニアの電離度を求めよ。

ここがポイント

$[OH^-] = 1.0 \times 10^{-b}$ (mol/L)のとき，$pH = 14 - b$ の関係より，pH から$[OH^-]$がわかる。

そこで，$[OH^-] = b$(塩基の価数)$\times c'$(モル濃度)$\times \alpha$(電離度) より電離度を求める。

◆解法◆

pH が 11 なので $[OH^-] = 1.0 \times 10^{-b}$ (mol/L)とすると，

$b = 14 - pH = 14 - 11 = 3$

よって，$[OH^-] = 1.0 \times 10^{-3}$ mol/L

電離度 $\alpha = \dfrac{[OH^-]}{\text{塩基の価数} \times \text{モル濃度}}$ より，

$= \dfrac{1.0 \times 10^{-3}\,\text{mol/L}}{1 \times 0.10\,\text{mol/L}} = 0.010$ **答 0.010**

▶**84** 〈水酸化物イオン濃度と pH〉次の(1)，(2)の水溶液の pH を求めよ。

(1) 0.0010 mol/L の水酸化カリウム水溶液(電離度 1.0)

pH = (   )

(2) 0.010 mol/L のアンモニア水(電離度 0.010)

pH = (   )

▶**85** 〈濃度と電離度〉0.020 mol/L のアンモニア水について，次の問いに答えよ。ただし，電離度は 0.040 とする。

(1) このアンモニア水の$[OH^-]$はいくらか。

(   ) mol/L

発展 (2) このアンモニア水の$[H^+]$はいくらか。

(   ) mol/L

▶**86** 〈弱酸，弱塩基の $[H^+]$ $[OH^-]$〉次の問いに答えよ。

(1) 0.020 mol/L の酢酸水溶液が 50 mL ある。この水溶液の水素イオン濃度$[H^+]$と水溶液中に存在する水素イオンの物質量を求めよ。ただし，電離度は 0.010 とする。

(   ) mol/L (   ) mol

(2) 0.10 mol/L のアンモニア水が 500 mL ある。この水溶液の水酸化物イオン濃度$[OH^-]$と水溶液中に存在する水酸化物イオンの物質量を求めよ。ただし，電離度は 0.010 とする。

(   ) mol/L (   ) mol

アドバイス

▶**85**

(1) $[OH^-] = bc'\alpha$

(塩基の価数×モル濃度×電離度)

(2) $[H^+] \times [OH^-]$
$= 1.0 \times 10^{-14}$ (mol/L)^2

3章 物質の変化

19 中和反応と塩

1 中和(中和反応)
酸と塩基が互いの性質を打ち消しあい，水と塩を生じる反応

例 $HCl + NaOH \longrightarrow NaCl + H_2O$

2 中和反応の量的関係

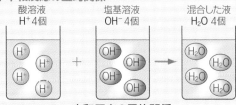

中和反応の量的関係
a 価，c 〔mol/L〕の酸の水溶液 V 〔L〕と
b 価，c' 〔mol/L〕の塩基の水溶液 V' 〔L〕が
過不足なく中和するとき，
$$a \times c \times V = b \times c' \times V'$$

●**中和滴定**…中和反応の量的関係を利用し，濃度不明の酸または塩基の水溶液の濃度を求める操作

3 滴定曲線と指示薬
●**滴定曲線**…中和滴定のとき，滴下した塩基(酸)の体積と，混合水溶液のpHの関係を示したグラフ

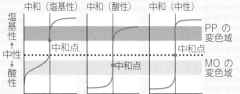

弱酸と強塩基の　強酸と弱塩基の　強酸と強塩基の
中和 (塩基性)　中和 (酸性)　　中和 (中性)

●**pH 指示薬**…中和点を求めるために用いる試薬
メチルオレンジ(MO)
【変色域：pH 3.1(赤色)～4.4(黄色)】
フェノールフタレイン(PP)
【変色域：pH 8.0(無色)～9.8(赤色)】

4 中和滴定で使用する器具

コニカル
ビーカー

ビュレット

ホールピペット

メスフラスコ

酸と塩基を反応させて中和を行う。三角フラスコなどで代用できる。

溶液を滴下し，その体積を，正確にはかる。

一定体積の溶液を，正確にはかりとる。

一定濃度の溶液を，調製する。

□(1) 酸と塩基が反応し，互いの性質を打ち消しあうことを何というか。　(　　　　　　)

□(2) 酸と塩基が反応すると何と何ができるか。
ア(　　　　　　)とイ(　　　　)

□(3) 塩酸と水酸化ナトリウム水溶液を混合したときの変化を化学反応式で示せ。
$HCl + NaOH \longrightarrow$ (　　　　　　　　　)

□(4) 中和反応をイオンを含む化学反応式で示せ。
$H^+ + OH^- \longrightarrow$ (　　　　　　　　)

□(5) 塩は酸のア(陽イオン・陰イオン)と塩基のイ(陽イオン・陰イオン)からなる。

□(6) 酸と塩基が過不足なく反応するとき，酸からのア(　　　　　　　)の物質量と塩基からのイ(　　　　　　　　　)の物質量が等しい。

□(7) 硫酸はア(　　　　)価の酸なので，1 mol から H^+ をイ(　　　　) mol 出すことが可能である。

□(8) OH^- を 3.0 mol 出すために必要な量は，水酸化カルシウムではア(　　　　　) mol，水酸化アルミニウムではイ(　　　　　) mol である。

□(9) 濃度不明の酸または塩基の水溶液の濃度を，濃度がわかっている塩基または酸を用いて求める操作を何というか。　(　　　　　　)

□(10) (9)で，加えた酸または塩基の水溶液の体積と，混合水溶液の(　　　　　　)の関係をグラフにしたものを，滴定曲線という。

□(11) 弱酸と強塩基の中和滴定では，指示薬として(メチルオレンジ・フェノールフタレイン)を使う。

□(12) 強酸と弱塩基からなる塩(正塩)の水溶液は(酸・塩基)性を示す。

□(13) 弱酸と強塩基からなる塩(正塩)の水溶液は(酸・塩基)性を示す。

5 塩の水溶液の性質
過不足なく中和した点(中和点)では，塩(正塩)の水溶液になっている。その水溶液の性質は，酸と塩基の強弱の組み合わせで決まる。

塩の構成	水溶液の性質
強酸と強塩基から得られる正塩	中性
強酸と弱塩基から得られる正塩	酸性
弱酸と強塩基から得られる正塩	塩基性

EXERCISE

▶87〈中和の化学反応式〉次の(1)〜(4)の酸と塩基が過不足なく中和したときの反応を化学反応式で示せ。さらに生成した塩の名称を記せ。

アドバイス

(1) HNO₃ と KOH　　(2) HCl と Ca(OH)₂

(3) H₂SO₄ と NaOH　　(4) H₃PO₄ と Mg(OH)₂

(1) _____

(塩の名称)　　　　　　　　　　　　　　　　　　　　　　)

(2) _____

(塩の名称)　　　　　　　　　　　　　　　　　　　　　　)

(3) _____

(塩の名称)　　　　　　　　　　　　　　　　　　　　　　)

(4) _____

(塩の名称)　　　　　　　　　　　　　　　　　　　　　　)

▶88〈中和滴定の実験〉次の(1), (2)の文章中の(　)には図の器具の記号を，[　]にはその名称を記せ。

(1) 酢酸水溶液を正確に10倍にうすめるには，酢酸水溶液(原液)をア(　　)のイ[　　　　　]で吸い上げ，これをウ(　　)のエ[　　　　　]に入れて，標線まで純水を加える。

(2) 滴定のときは，濃度の正確にわかっている水酸化ナトリウム水溶液をア(　　)のイ[　　　　　]に入れて滴下する。

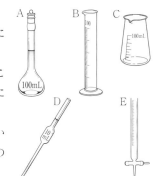

▶88
本物の実験器具をみて確認してみよう。

▶89〈滴定曲線〉次の図 A 〜 D は，0.10 mol/L の酸(塩基) 10 mL を同じ濃度の塩基(酸)で中和反応させたときの滴定曲線である。図の縦軸は pH，横軸は加えた酸・塩基の滴下量を示している。下の(1)〜(4)の酸−塩基の組み合わせで中和滴定を行うときに得られる滴定曲線を選べ。また，中和点での水溶液の性質は，酸性・中性・塩基性のうちどれを示すか。

▶89
滴定曲線中の中和点の pHに注目しよう。

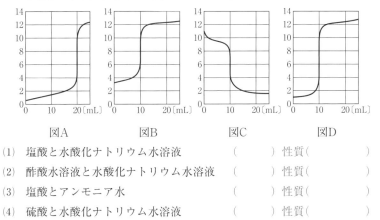

図A　　　　　図B　　　　　図C　　　　　図D

(1) 塩酸と水酸化ナトリウム水溶液　　　　(　　) 性質(　　)

(2) 酢酸水溶液と水酸化ナトリウム水溶液　(　　) 性質(　　)

(3) 塩酸とアンモニア水　　　　　　　　　(　　) 性質(　　)

(4) 硫酸と水酸化ナトリウム水溶液　　　　(　　) 性質(　　)

▶ **90〈酸・塩基の濃度と物質量 1〉** 次の問いに答えよ。

(1) 水酸化ナトリウム NaOH 20 g を水に溶かして 500 mL にした水溶液のモル濃度は何 mol/L か。

（　　　　　　　）mol/L

(2) 2.0 mol/L の酢酸 CH₃COOH 水溶液 50 mL 中に含まれる酢酸の物質量および質量を求めよ。

物質量（　　　　　　）mol　　質量（　　　　　　）g

▶ **91〈酸・塩基の濃度と物質量 2〉** 次の問いに答えよ。

(1) 0.010 mol/L の硫酸 20.0 mL を中和するのに，水酸化ナトリウムは何 mol 必要か。

（　　　　　　　）mol

(2) 0.010 mol/L の水酸化ナトリウム水溶液 20.0 mL を中和するのに，硫酸は何 mol 必要か。

（　　　　　　　）mol

(3) 0.010 mol/L の水酸化バリウム水溶液 20.0 mL を中和するのに，硫酸は何 mol 必要か。

（　　　　　　　）mol

アドバイス

▶ **90**

モル濃度〔mol/L〕

$= \dfrac{溶質の物質量〔mol〕}{溶液の体積〔L〕}$

▶ **91**

H^+ の物質量〔mol〕＝ OH^- の物質量〔mol〕のとき，過不足なく中和される。

例題 10 ◆ 中和滴定 ▶ **94**

0.100 mol/L の硫酸 10.0 mL を中和するのに，水酸化ナトリウム水溶液が 8.00 mL 必要であった。この水酸化ナトリウム水溶液のモル濃度は何 mol/L か。

ここがポイント

$acV = bc'V'$ の式に与えられた数値を代入して，c'（塩基のモル濃度）を求める。

　酸の水溶液の価数×酸の水溶液のモル濃度×酸の水溶液の体積
＝塩基の水溶液の価数×塩基の水溶液のモル濃度×塩基の水溶液の体積

◆解法◆

硫酸の価数 $a = 2$，モル濃度 $c = 0.100$ mol/L，体積 $V = 10.0$ mL，水酸化ナトリウムの価数 $b = 1$，水酸化ナトリウム水溶液の体積 $V' = 8.00$ mL

を代入して，

$$c' = \frac{acV}{bV'} = \frac{2 \times 0.100 \, \text{mol/L} \times 10.0 \, \text{mL}}{1 \times 8.00 \, \text{mL}}$$

$$= 0.250 \, (\text{mol/L})$$

答　0.250 mol/L

▶ **92〈中和の量的関係 1〉** 次の問いに答えよ。

(1) 0.20 mol/L の硫酸 50 mL を中和するのに必要な 0.10 mol/L の水酸化ナトリウム水溶液は何 mL か。

（　　　　　　　）mL

(2) 0.10 mol/L のシュウ酸 10 mL を中和するのに，ある濃度の水酸化ナトリウム水溶液が 8.0 mL 必要であった。この水酸化ナトリウム水溶液のモル濃度は何 mol/L か。

（　　　　　　　）mol/L

▶ **92**

(2) シュウ酸(COOH)₂は 2 価の酸

▶**93〈中和反応の量的関係 2〉** 次の問いに答えよ。

(1) 0.20 mol/L の硫酸 10 mL を中和するのに必要な 0.25 mol/L の水酸化ナトリウム水溶液は何 mL か。また，このときの反応を化学反応式で示せ。

（　　　　　　　）mL

化学反応式（　　　　　　　　　　　　　　　）

(2) 0.15 mol/L の塩酸 20 mL を中和するのに必要な 0.10 mol/L の水酸化バリウム水溶液は何 mL か。また，このときの反応を化学反応式で示せ。

（　　　　　　　）mL

化学反応式（　　　　　　　　　　　　　　　）

▶**94〈中和反応の量的関係 3〉** 次の問いに答えよ。

(1) 濃度不明の塩酸 10.0 mL を，0.10 mol/L の水酸化ナトリウム水溶液で滴定したら，8.0 mL を必要とした。この塩酸のモル濃度は何 mol/L か。

（　　　　　　　）mol/L

(2) 0.20 mol/L の塩酸 10 mL を中和するのに，水酸化カルシウム水溶液が 12.5 mL 必要であった。この水酸化カルシウム水溶液のモル濃度は何 mol/L か。

（　　　　　　　）mol/L

▶**95〈中和反応の量的関係 4〉** 次の問いに答えよ。

(1) 水酸化ナトリウム 4.0 g を水に溶かし，水溶液をつくった。この水溶液を中和するのに，0.10 mol/L の塩酸は何 mL 必要か。

（　　　　　　　）mL

(2) 標準状態において，気体のアンモニア 11.2 L をすべて水に溶かした水溶液を中和するのに，0.10 mol/L の硫酸は何 mL 必要か。

（　　　　　　　）mL

(3) 0.10 mol/L の塩酸 100 mL と 0.10 mol/L の硫酸 100 mL を混ぜた水溶液を中和するのに，0.050 mol/L の水酸化ナトリウム水溶液は何 mL 必要か。

（　　　　　　　）mL

▶**96〈塩の水溶液の性質〉** 次の(1)〜(4)の塩の水溶液が示すのは，(ア)酸性，(イ)中性，(ウ)塩基性のどれか選べ。

(1) KCl　　(2) $(NH_4)_2SO_4$　　(3) CH_3COOK　　(4) Na_2CO_3

(1)	(2)	(3)	(4)

アドバイス

▶**93**
(1) 硫酸と水酸化ナトリウムの価数に気をつけよう。
(2) 塩酸と水酸化バリウムの価数に気をつけよう。

▶**94**
(1) 塩酸と水酸化ナトリウムの価数に気をつけよう。
(2) 塩酸と水酸化カルシウムの価数に気をつけよう。

▶**95**
酸から生じる H^+ の物質量〔mol〕＝塩基から生じる OH^- の物質量〔mol〕

▶**96**
代表的な強酸 3 つと強塩基 4 つを思い出してみよう(p.64)。

❶ ある塩の水溶液を青色リトマス紙に1滴たらすと，リトマス紙は赤色に変色した。この塩として最も適当なものを，次の①～⑤のうちから一つ選べ。

① CaCl₂　② Na₂SO₄　③ Na₂CO₃　④ NH₄Cl　⑤ KNO₃

[2010年センター試験] ➡ p.70 **5**，▶96

(　　　)

❷ 次の反応Ⅰおよび反応Ⅱで，下線を付した分子およびイオン（a～d）のうち，酸としてはたらくものの組合せとして最も適当なものを，下の①～⑥のうちから一つ選べ。

反応Ⅰ　CH₃COOH + ₐH₂O ⇄ CH₃COO⁻ + ᵦH₃O⁺

反応Ⅱ　NH₃ + ᵪH₂O ⇄ NH₄⁺ + ᵨOH⁻

① aとb　② aとc　③ aとd　④ bとc　⑤ bとd　⑥ cとd

[2015年センター試験] ➡ p.64 **1**，▶77

(　　　)

❸ 水溶液のpHに関する記述として正しいものを，次の①～⑤のうちから一つ選べ。

① 0.1 mol/L の塩化アンモニウム水溶液のpHは7より大きい。

② 0.1 mol/L の酢酸ナトリウム水溶液のpHは7である。

③ 0.1 mol/L の酢酸水溶液のpHは1である。

④ pH＝2の塩酸を水で10倍にうすめた水溶液のpHは3である。

⑤ pH＝11の水酸化ナトリウム水溶液を，水で10倍にうすめた水溶液のpHは12である。

[2007年センター試験・追試] ➡ p.66 **1**～**4**，▶80，82

(　　　)

❹ pHが1.0の塩酸100 mLに0.010 mol/Lの水酸化ナトリウム水溶液900 mLを加えたとき，得られる水溶液のpHとして最も適当なものを，次の①～⑤のうちから一つ選べ。

① 1　② 2　③ 3　④ 4　⑤ 5

[2008年センター試験・追試] ➡ p.66 **2**，p.70 **2**，▶80

(　　　)

❓❺ 1価の塩基A 10.0 mLを1価の酸Bの水溶液で中和滴定した。酸Bの滴下量とpHの関係を下の表のように示した。次の問い（a・b）に答えよ。

滴下量〔mL〕	1.0	2.0	3.0	4.0	5.0	6.0	7.0	8.0	9.0	9.8	10.0	10.2	11.0	12.0
pH	9.7	9.6	9.5	9.4	9.2	9.1	9.0	8.7	8.3	7.6	5.2	3.0	2.4	2.0

a　この滴定に関する記述として**誤りを含むもの**を，次の①～④のうちから一つ選べ。

① この1価の塩基Aは弱塩基である。

② 滴定に用いた酸Bの水溶液のpHは2より小さい。

③ 中和点における水溶液のpHは7である。

④ この滴定に用いた酸Bの水溶液を用いて，塩基Aと同じ濃度の2価の塩基Cを中和滴定すると，中和に要する酸Bの滴下量は2倍となる。

b　表を参考にして，用いる指示薬として最も適当なものを次の①〜④のうちから一つ選べ。

① 変色域の pH が 1.2〜2.8 の指示薬
② 変色域の pH が 4.2〜6.2 の指示薬
③ 変色域の pH が 8.0〜9.8 の指示薬
④ 変色域の pH が 9.3〜10.5 の指示薬

[2009年・2016年センター試験 改] ⤵ p.70 **3**, ▶ **89**

a（　　　）　b（　　　）

❻ 0.036 mol/L の酢酸水溶液の pH は 3.0 であった。次の問い（ a・b ）に答えよ。

a　この酢酸水溶液 10.0 mL を，水酸化ナトリウム水溶液で中和滴定したところ，18.0 mL を要した。用いた水酸化ナトリウム水溶液の濃度は何 mol/L か。最も適当な数値を，次の①〜⑤のうちから一つ選べ。

① 0.010　② 0.020　③ 0.040　④ 0.065　⑤ 0.130

b　この酢酸水溶液中の酢酸の電離度として最も適当な数値を，次の①〜⑤のうちから一つ選べ。

① 1.0×10^{-6}　② 1.0×10^{-3}　③ 2.8×10^{-2}　④ 3.6×10^{-2}　⑤ 3.6×10^{-1}

[2008年センター試験] ⤵ p.64 **3**, p.70 **2**, ▶ **92. 93**

a（　　　）　b（　　　）

❼ 二酸化炭素と酸素の混合気体がある。この混合気体中の二酸化炭素の量を求めるために，次の実験を行った。

この混合気体を，1.00×10^{-2} mol/L の $Ba(OH)_2$ 水溶液 1.00 L に通じて完全に反応させた。生じた $BaCO_3$ の沈殿を取り除き，残った $Ba(OH)_2$ 水溶液から 100 mL をとり，1.00×10^{-2} mol/L の硫酸で中和したところ 20.0 mL 必要であった。

この混合気体に含まれていた二酸化炭素は，標準状態で何 mL か。最も適当な数値を，次の①〜⑤のうちから一つ選べ。

① 45　② 90　③ 180　④ 360　⑤ 720

[2014年センター試験・追試] ⤵ p.70 **2**, ▶ **95**

（　　　）

20 酸化と還元

1 酸化と還元

酸化と還元は，物質が酸素 O，水素 H，電子 e^- をやりとりする化学反応。酸化と還元は同時に起こる。

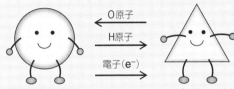

酸化(酸化数増加)　　　　還元(酸化数減少)

例 銅の酸化　$2Cu + O_2 \longrightarrow 2CuO$
$2Cu \longrightarrow 2Cu^{2+} + 4e^-$　電子を失う…酸化
$O_2 + 4e^- \longrightarrow 2O^{2-}$　　電子を受け取る…還元

2 酸化数

原子の酸化の度合いを示す値(原子に比べてどれだけ電子をもっているかを表す)

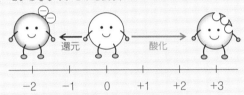

-2　-1　0　$+1$　$+2$　$+3$

3 酸化数のルール

(1) 単体の場合，原子の酸化数は 0。
　　例　H_2…H の酸化数 0，$\underline{Cu}$…Cu の酸化数 0
(2) 化合物の場合，各原子の酸化数の総和は 0。
　　H 原子の酸化数を $+1$，O 原子の酸化数を -2 として，ほかの原子の酸化数を決定する。
　　例　$H_2\underline{S}$…$(+1) \times 2 + x = 0$…S の酸化数 -2
　　　　$\underline{S}O_2$…$x + (-2) \times 2 = 0$…S の酸化数 $+4$
　　※酸化数は必ず＋・－を記入する(0 以外)。
(3) 単原子イオンの場合，原子の酸化数はイオンの電荷。
　　例　Cu^{2+}…Cu の酸化数 $+2$
(4) 多原子イオンの場合，各原子の酸化数の総和はイオンの電荷。
　　(2)と同様に，H 原子の酸化数を $+1$，O 原子の酸化数を -2 として，ほかの原子の酸化数を決定する。
　　例　$\underline{S}O_4^{2-}$…$x + (-2) \times 4 = -2$…S の酸化数 $+6$
(5) (2)で H・O 以外に複数の元素が存在する場合，組成式を構成している陽イオンと陰イオンに分解して酸化数を決定する。
　　例　$KNO_3 \longrightarrow \underline{K}^+ + NO_3^-$…K の酸化数 $+1$

4 酸化数の変化と酸化・還元

酸化数が増加
→原子(またはその原子を含む物質)は酸化された
酸化数が減少
→原子(またはその原子を含む物質)は還元された

例　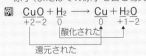

ポイントチェック

□(1) 酸化と還元は(同時・別々)に起こる。

□(2) 物質が酸素を受け取ることは^ア(酸化・還元)であり，酸素を失うことは^イ(酸化・還元)である。

□(3) $2Cu + O_2 \longrightarrow 2CuO$ の反応で，銅 Cu は(酸化・還元)されている。

□(4) 物質が水素を受け取ることは^ア(酸化・還元)であり，水素を失うことは^イ(酸化・還元)である。

□(5) $CH_4 + 2O_2 \longrightarrow CO_2 + 2H_2O$ の反応で，メタン CH_4 は^ア(酸化・還元)され，酸素 O_2 は^イ(酸化・還元)されている。

□(6) 物質が電子を受け取ることは^ア(酸化・還元)であり，電子を失うことは^イ(酸化・還元)である。

□(7) $2Cu + O_2 \longrightarrow 2CuO$ の反応で，銅は $Cu \longrightarrow Cu^{2+} + 2e^-$ と電子を失うので^ア(酸化・還元)されており，酸素は $O_2 + 4e^- \longrightarrow 2O^{2-}$ と電子を受け取るので^イ(酸化・還元)されている。

□(8) H_2, O_2, S などの単体中の原子の酸化数はいくらか。　　　　　　(　　　　)

□(9) 化合物中の原子の酸化数の総和はいくらか。
　　　　　　　　　　　　　　　(　　　　)

□(10) 多くの場合，化合物中の H の酸化数は^ア(　　　　)，O の酸化数は^イ(　　　　)である。

□(11) NaOH 中の Na の酸化数はいくらか。(　　　　)

□(12) 単原子イオンの酸化数は，そのイオンの(　　　　　　)に等しい。

□(13) Al^{3+} の酸化数はいくらか。　　(　　　　)

□(14) 多原子イオン中の各原子の酸化数の総和はイオンの(　　　　　　)に等しい。

□(15) NO_3^- 中の N の酸化数はいくらか。(　　　　)

□(16) 原子の酸化数が増加したとき，^ア(酸化・還元)されたといい，酸化数が減少したとき，^イ(酸化・還元)されたという。

□(17) $CuO + H_2 \longrightarrow Cu + H_2O$ の反応で，銅の酸化数は^ア(　　　)から^イ(　　　)に^ウ(増加・減少)し，^エ(酸化・還元)されている。

□(18) (17)の反応で，水素の酸化数は^ア(　　　)から^イ(　　　)に^ウ(増加・減少)し，^エ(酸化・還元)されている。

EXERCISE

▶**97〈酸化と還元〉** 次の(1), (2)の反応について( )に適する語句を入れよ。

(1)　ア( ) された
$2\underline{Cu}O + \underline{C} \longrightarrow 2\underline{Cu} + \underline{C}O_2$
イ( ) された

(2)　ア( ) された
$2H_2\underline{S} + \underline{S}O_2 \longrightarrow 3\underline{S} + 2H_2O$
イ( ) された

▶**98〈酸化数〉** 次の(1)〜(15)の下線を引いた原子の酸化数を求めよ。

(1)　$\underline{N}_2$　　( )　　(2)　$\underline{N}O$　　( )　　(3)　$H\underline{N}O_3$　( )

(4)　$H_2\underline{S}O_4$　( )　　(5)　$\underline{N}_2O$　　( )　　(6)　$\underline{Fe}_2O_3$　( )

(7)　$H_2\underline{O}_2$　( )　　(8)　$\underline{Cr}^{3+}$　( )　　(9)　$\underline{C}O_3^{2-}$　( )

(10)　$\underline{Mn}O_4^-$　( )　　(11)　$\underline{Cr}_2O_7^{2-}$ ( )　　(12)　$\underline{Cu}SO_4$ ( )

(13)　$\underline{Fe}(NO_3)_2$ ( )　　(14)　$\underline{N}H_4Cl$　( )　　(15)　$K_2\underline{Cr}O_4$ ( )

▶**99〈酸化数の大小〉** 次のように(1)塩素, (2)窒素, (3)硫黄を含む純物質が4つずつある。それぞれ(ア)〜(エ)のうちから, 酸化数が最も大きいものを選べ。

(1)　(ア) Cl_2　　　(イ) HCl　　　(ウ) $HClO$　　(エ) $HClO_3$　　( )

(2)　(ア) NO_2　　(イ) N_2　　　(ウ) HNO_3　　(エ) NH_3　　( )

(3)　(ア) H_2SO_4　(イ) SO_2　　(ウ) S　　　(エ) H_2S　　( )

▶**100〈酸化数と酸化還元〉** 次の(1)〜(6)の化学反応式中の下線を引いた原子について, 酸化数の変化を「$0 \to +1$で酸化された」のように答えよ。

(1)　$\underline{Fe}_2O_3 + 3CO \longrightarrow 2Fe + 3CO_2$　　( )

(2)　$3H_2 + \underline{N}_2 \longrightarrow 2NH_3$　　( )

(3)　$2H_2\underline{S} + SO_2 \longrightarrow 3S + 2H_2O$　　( )

(4)　$\underline{Zn} + 2HCl \longrightarrow ZnCl_2 + H_2$　　( )

(5)　$4H\underline{Cl} + MnO_2 \longrightarrow MnCl_2 + 2H_2O + Cl_2$ ( )

(6)　$2\underline{Ag}NO_3 + Zn \longrightarrow Zn(NO_3)_2 + 2Ag$　　( )

▶**101〈酸化数と酸化還元〉** 次の(1)〜(6)の反応で, 酸化された物質と還元された物質を化学式で示せ。

(1)　$2Mg + CO_2 \longrightarrow 2MgO + C$
　　酸化された物質( )　　還元された物質( )

(2)　$NH_3 + 2O_2 \longrightarrow HNO_3 + H_2O$
　　酸化された物質( )　　還元された物質( )

(3)　$2FeCl_2 + Cl_2 \longrightarrow 2FeCl_3$
　　酸化された物質( )　　還元された物質( )

(4)　$H_2O_2 + 2KI + H_2SO_4 \longrightarrow K_2SO_4 + 2H_2O + I_2$
　　酸化された物質( )　　還元された物質( )

(5)　$SO_2 + Cl_2 + 2H_2O \longrightarrow H_2SO_4 + 2HCl$
　　酸化された物質( )　　還元された物質( )

(6)　$2KMnO_4 + 10KI + 8H_2SO_4 \longrightarrow 2MnSO_4 + 5I_2 + 8H_2O + 6K_2SO_4$
　　酸化された物質( )　　還元された物質( )

▶**98**

化合物や多原子イオンでは, 多くの場合, Hの酸化数は$+1$, Oの酸化数は-2である。H, O以外に複数の原子が存在する場合は, イオンに分解する。

(5)　N_2O 一酸化二窒素

(10)　MnO_4^- 過マンガン酸イオン

(11)　$Cr_2O_7^{2-}$ ニクロム酸イオン

(15)　K_2CrO_4 クロム酸カリウム

▶**99**

(1)　(ウ) $HClO$ 次亜塩素酸
　　(エ) $HClO_3$ 塩素酸

▶**100**

反応の前後で, 原子の酸化数が増加すれば, 酸化され, 原子の酸化数が減少すれば, 還元されている。

▶**101**

反応の前後で, 酸化数が増加している原子を含む物質が酸化され, 酸化数が減少している原子を含む物質が還元されている。

3章　物質の変化

21 酸化剤・還元剤

1 酸化剤・還元剤

- **酸化剤**…相手の物質を酸化する物質
  - 例 HNO_3, $\underset{\uparrow 過マンガン酸カリウム}{KMnO_4}$, Cl_2, H_2O_2, SO_2

- **還元剤**…相手の物質を還元する物質
  - 例 KI, $FeSO_4$, H_2S, H_2O_2, SO_2

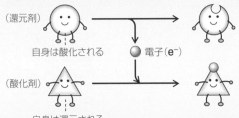

(還元剤) 自身は酸化される　電子(e^-)

(酸化剤) 自身は還元される

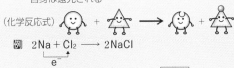

(化学反応式)

例 $2Na + Cl_2 \longrightarrow 2NaCl$

$Na : 2Na \longrightarrow 2Na^+ + 2e^-$ 　還元剤

$Cl_2 : Cl_2 + 2e^- \longrightarrow 2Cl^-$ 　酸化剤

2 酸化剤・還元剤のはたらき方

はたらき方を示す式は，反応物と生成物それぞれの，
①酸化数と電子の数，②電荷，③原子の数
の総和が等しくなる。

- ●はたらき方を示すイオン反応式(半反応式)のつくり方
  - 例 硫酸酸性溶液中で MnO_4^- の酸化剤としてのはたらき
    - i) 酸化剤(還元剤)を確認し，酸化剤(還元剤)を左辺に，反応後の物質を右辺に書く。
      - (注)反応前後の物質は覚えておく。
      - $MnO_4^- \longrightarrow Mn^{2+}$
    - ii) 酸化数を計算し，酸化数の変化分だけ電子 e^- を書く。
      - $\underset{酸化数+7}{MnO_4^-} \underset{+酸化数の変化分(-1)\times5}{+5e^-} \longrightarrow \underset{酸化数+2}{Mn^{2+}}$
    - iii) 電荷を計算し，両辺の電荷が等しくなるように，H^+ を書く。
      - $\underset{電荷(-1)}{MnO_4^-} \underset{+電荷(-1)\times5}{+5e^-} \underset{+電荷の変化分(+1)\times8}{+8H^+} \longrightarrow \underset{電荷(+2)}{Mn^{2+}}$
    - iv) 原子の数を数え，両辺の原子の数が等しくなるように，H_2O を書く。
      - $\underset{Mn原子1個 O原子4個+H原子8個}{MnO_4^- +5e^- +8H^+} \longrightarrow \underset{Mn原子1個+O原子4個 H原子8個}{Mn^{2+} +4H_2O}$

3 酸化剤・還元剤の量的関係と化学反応式

酸化剤と還元剤が過不足なく反応するとき，
酸化剤が受け取る電子 e^- の物質量　と　還元剤が与える電子 e^- の物質量　が等しくなる。

例 $KMnO_4$ と H_2O_2 の酸化還元反応を，硫酸酸性条件において化学反応式で書く場合
$$MnO_4^- + 8H^+ + 5e^- \longrightarrow Mn^{2+} + 4H_2O \cdots ①$$
$$H_2O_2 \longrightarrow O_2 + 2H^+ + 2e^- \qquad \cdots ②$$

①式と②式の電子の数をあわせるために，①式を 2 倍し，②式を 5 倍する。

$$
\begin{array}{l}
2MnO_4^- + 16H^+ + 10e^- \longrightarrow 2Mn^{2+} + 8H_2O \\
+)\ 5H_2O_2 \longrightarrow 5O_2 + 10H^+ + 10e^- \\
\hline
2MnO_4^- + 16H^+ + 10e^- + 5H_2O_2 \longrightarrow 2Mn^{2+} + 8H_2O + 5O_2 + 10H^+ + 10e^- \quad \leftarrow 右辺と左辺に同じものがあれば，\\
2MnO_4^- + 6H^+ + 5H_2O_2 \longrightarrow 2Mn^{2+} + 8H_2O + 5O_2 \cdots ③ \quad (イオン反応式) \quad 消去できる
\end{array}
$$

③式の反応物 MnO_4^- は K^+ を($KMnO_4$ になるように)，H^+ は SO_4^{2-} を(H_2SO_4 になるように)両辺に同じだけ書き加える。

$$
\begin{array}{l}
2MnO_4^- + 6H^+ + 5H_2O_2 \longrightarrow 2Mn^{2+} + 8H_2O + 5O_2 \\
+)\ +2K^+ \ +3SO_4^{2-} \qquad\qquad +2SO_4^{2-} +2K^+ +SO_4^{2-} \quad\longleftarrow 余ったイオンも組み合わせ，\\
\hline
2KMnO_4 + 3H_2SO_4 + 5H_2O_2 \longrightarrow 2MnSO_4 + 8H_2O + 5O_2 + K_2SO_4 \quad (化学反応式) \quad 組成式にする
\end{array}
$$

4 酸化還元滴定

濃度不明の酸化剤(または還元剤)の濃度を求めるための滴定操作で，次の関係を利用する。
酸化剤が受けとる e^- の物質量 = 還元剤が与える e^- の物質量

例 濃度不明の過酸化水素水(還元剤)を，濃度がわかっている過マンガン酸カリウム水溶液(酸化剤)で滴定することで，過酸化水素水の濃度を求める。

この例では，しばらくは滴下した過マンガン酸カリウム $KMnO_4$ が酸化還元反応によって消費されるため，MnO_4^- の赤紫色は滴下するたびに消える。滴下を続けると MnO_4^- の赤紫色が消えなくなり，ここが終点となる。終点までに加えた $KMnO_4$ の体積から，過酸化水素水の濃度を求めることができる。

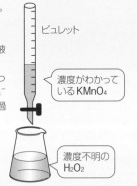

ビュレット

濃度がわかっている $KMnO_4$

濃度不明の H_2O_2

□(1) 相手の物質を酸化させる物質を何というか。
（酸化剤・還元剤）

□(2) 相手の物質を還元させる物質を何というか。
（酸化剤・還元剤）

□(3) 酸化剤と還元剤がはたらいて酸化還元反応が起こると，酸化剤自身はア（酸化・還元）され，還元剤自身はイ（酸化・還元）される。

□(4) 酸化還元反応が起きるとき，
酸化剤がア（与える・受け取る）電子の数と，
還元剤がイ（与える・受け取る）電子の数は等しい。

□(5) $KMnO_4$ が水に溶けて生じた MnO_4^-
ア（　　　色）が酸化剤としてはたらくと，Mn^{2+}
イ（　　　色）になる。このとき，Mn の酸化数は
ウ（　　　）からエ（　　　）にオ（増加・減少）する。

□(6) 次の物質が酸化剤としてはたらくときの反応式（半反応式）を完成させよ。ただし，1 も省略せずに記入せよ。

希 HNO_3：$HNO_3 + 3H^+ + {}^{ア}(\ \ )e^- \longrightarrow NO + 2H_2O$

濃 HNO_3：$HNO_3 + H^+ + {}^{イ}(\ \ )e^- \longrightarrow NO_2 + H_2O$

$KMnO_4$：$MnO_4^- + 8H^+ + {}^{ウ}(\ \ )e^- \longrightarrow Mn^{2+} + 4H_2O$

Cl_2：$Cl_2 + {}^{エ}(\ \ )e^- \longrightarrow 2Cl^-$

H_2O_2：$H_2O_2 + 2H^+ + {}^{オ}(\ \ )e^- \longrightarrow 2H_2O$

SO_2：$SO_2 + 4H^+ + {}^{カ}(\ \ )e^- \longrightarrow S + 2H_2O$

□(7) 次の物質が還元剤としてはたらくときの反応式（半反応式）を完成させよ。ただし，1 も省略せずに記入せよ。

H_2O_2：$H_2O_2 \longrightarrow O_2 + 2H^+ + {}^{ア}(\ \ )e^-$

KI：$2I^- \longrightarrow I_2 + {}^{イ}(\ \ )e^-$

$FeSO_4$：$Fe^{2+} \longrightarrow Fe^{3+} + {}^{ウ}(\ \ )e^-$

Na：$Na \longrightarrow Na^+ + {}^{エ}(\ \ )e^-$

SO_2：$SO_2 + 2H_2O \longrightarrow SO_4^{2-} + 4H^+ + {}^{オ}(\ \ )e^-$

H_2S：$H_2S \longrightarrow S + 2H^+ + {}^{カ}(\ \ )e^-$

EXERCISE

▶102 〈酸化剤・還元剤の定義〉 以下の文に適語を入れよ。

SO_2 と H_2S は以下のように反応する。

$$SO_2 + 2H_2S \longrightarrow 3S + 2H_2O$$

この反応では，二酸化硫黄はア（　　　）を失ってイ（　　　）されているのでウ（　　　）剤として作用している。硫化水素はエ（　　　）を失ってオ（　　　）されているのでカ（　　　）剤として作用している。

これを酸化数で考えると，二酸化硫黄は，硫黄の酸化数がキ（　　　）からク（　　　）に変化し，（イ）されているので（ウ）剤として作用している。硫化水素は，硫黄の酸化数がケ（　　　）からコ（　　　）に変化し，（オ）されているので（カ）剤として作用している。

▶103 〈酸化剤・還元剤〉 次の化学反応式において，下線部の物質が酸化剤であるときはA，還元剤であるときはB，どちらでもないときは C を記せ。

(1) $2\underline{KI} + Br_2 \longrightarrow 2KBr + I_2$　　　　　　（　　　）

(2) $Mg + 2\underline{HCl} \longrightarrow MgCl_2 + H_2$　　　　　（　　　）

(3) $\underline{SnCl_2} + 2HgCl_2 \longrightarrow Hg_2Cl_2 + SnCl_4$　（　　　）

(4) $\underline{MnO_2} + 4HCl \longrightarrow MnCl_2 + 2H_2O + Cl_2$（　　　）

(5) $\underline{HCl} + NaOH \longrightarrow NaCl + H_2O$　　　（　　　）

アドバイス

▶103
酸化剤自身は還元される。よって，酸化数が減少する原子をもつ。
還元剤自身は酸化される。よって，酸化数が増加する原子をもつ。

3章 物質の変化

▶**104**〈酸化剤・還元剤の反応と酸化数〉濃硝酸に銅を反応させると，おもに二酸化窒素が発生する。このときの硝酸の変化は次式のようになる。

$$HNO_3 + H^+ + e^- \longrightarrow NO_2 + H_2O \cdots ①$$

一方，希硝酸に銅を反応させると，硝酸の変化は次式のようになる。

$$HNO_3 + 3H^+ + 3e^- \longrightarrow NO + 2H_2O \cdots ②$$

また，銅はどちらの場合も，次式のようにイオンになって溶ける。

$$Cu \longrightarrow Cu^{2+} + 2e^- \cdots ③$$

銅と硝酸の反応について，次の問いに答えよ。

(1) ①～③の反応式について，下線を引いた原子の酸化数の変化を答えよ。

① N(　　→　　)　　② N(　　→　　)　　③ Cu(　　→　　)

(2) 濃硝酸と銅，希硝酸と銅の反応を，それぞれ化学反応式で示せ。

濃硝酸と銅(　　　　　　　　　　　　　　　)

希硝酸と銅(　　　　　　　　　　　　　　　)

▶**104**
希硝酸も濃硝酸も酸化剤としてはたらくが，反応のし方が異なる。
(2)では，銅と硝酸の反応なので，H⁺ を HNO₃ として化学反応式をつくる。

▶**105**〈酸化剤と還元剤の反応〉次の文章中および反応式中の(　　)に適する語句・数値を入れ，二酸化硫黄と硫化水素の化学反応式を示せ。

二酸化硫黄 SO_2 は，ふつう ァ(　　　　)剤として次式のようにはたらく。

$$SO_2 + 2H_2O \longrightarrow SO_4^{2-} + 4H^+ + ᵻ(　　)e^-$$

しかし，硫化水素などの強い還元剤に対しては，次式のように ゥ(　　　　)剤としてはたらく。

$$SO_2 + 4H^+ + ᴱ(　　)e^- \longrightarrow S + 2H_2O$$

硫化水素が還元剤としてはたらくときの変化は，次式のようになる。

$$H_2S \longrightarrow S + 2H^+ + ᵒ(　　)e^-$$

化学反応式(　　　　　　　　　　　　　　　)

▶**105**
SO₂ や H₂O₂ は反応する相手によって，酸化剤になったり，還元剤になったりする。

▶**106**〈酸化剤と還元剤の反応と量的関係〉硫酸酸性の過マンガン酸カリウム水溶液にヨウ化カリウム水溶液を反応させるとき，次式のようにはたらく。下の(1)～(3)の問いに答えよ。

$$MnO_4^- + 8H^+ + 5e^- \longrightarrow Mn^{2+} + 4H_2O$$

$$2I^- \longrightarrow I_2 + 2e^-$$

(1) 酸化剤は過マンガン酸カリウムとヨウ化カリウムのどちらか。

(　　　　　　　　　)

(2) この反応をイオン反応式と化学反応式で示せ。

イオン反応式(　　　　　　　　　　　　　　)

化学反応式(　　　　　　　　　　　　　　　)

(3) 過マンガン酸カリウム 0.40 mol と過不足なく反応するヨウ化カリウムは何 mol か。

(　　　　　) mol

▶**106**
(1) 酸化剤は自分自身が還元される。
(2) 化学反応式にする際は，カリウムイオンと硫酸イオンを書き加える。

▶**107**〈酸化剤・還元剤の量的関係〉硫酸酸性溶液中で，MnO_4^- と H_2O_2 は，それぞれ酸化剤および還元剤として，次式のようにはたらく。

$$MnO_4^- + 8H^+ + 5e^- \longrightarrow Mn^{2+} + 4H_2O \cdots ①$$

$$H_2O_2 \longrightarrow O_2 + 2H^+ + 2e^- \cdots ②$$

硫酸酸性溶液中で，過マンガン酸カリウム 0.20 mol と過不足なく反応する過酸化水素は何 mol か。

(　　　　　　　) mol

▶**108**〈酸化還元滴定〉0.050 mol/L のシュウ酸水溶液 20 mL をとり，少量の硫酸を加えた。そこに濃度のわからない過マンガン酸カリウム水溶液を滴下していくと，16 mL 滴下したところで反応が完了した。下の(1)，(2)の問いに答えよ。なお，シュウ酸は還元剤として次式のようにはたらく。

$$(COOH)_2 \longrightarrow 2CO_2 + 2H^+ + 2e^-$$

(1) この反応をイオン反応式と化学反応式で示せ。

イオン反応式(　　　　　　　　　　　　　　　)

化学反応式(　　　　　　　　　　　　　　　)

(2) 過マンガン酸カリウム水溶液のモル濃度求めよ。

(　　　　　　　) mol/L

❓▶**109**〈酸化還元滴定〉濃度不明の過酸化水素水の濃度を決定するために次のような操作を行った。下の(1)〜(4)の問いに答えよ。

濃度不明の過酸化水素水を(A)を用いて正確に10.0 mL とり，コニカルビーカーに入れた。そこに硫酸を少量加え，よく混ぜた。0.10 mol/L の過マンガン酸カリウム水溶液を褐色ビュレットに入れ，滴下したところ，20.0 mL を加えたところで反応が完了した。

(1) A に入る実験器具名を答えよ。 (　　　　　　　　　)

(2) 反応が完了したことはどのようにして判断するか。次の①〜③から選べ。

① 過マンガン酸カリウムの赤紫色が無色に変わったとき

② 過マンガン酸カリウムの赤紫色が消えなくなったとき

③ 過マンガン酸カリウムの赤紫色が褐色になったとき

(　　　　)

(3) 過酸化水素水のモル濃度を求めよ。

(　　　　　　　) mol/L

(4) 過酸化水素水の質量パーセント濃度を求めよ。なお，この過酸化水素水の密度を 1.01 g/mL とする。

(　　　　　　　) %

▶**107**

MnO_4^- が受け取る電子の物質量と，H_2O_2 が失う電子の物質量が等しいことを利用して H_2O_2 の物質量を計算する。

▶**109**

(2) 過マンガン酸イオン MnO_4^- が赤紫色であるのに対して，マンガン(Ⅱ)イオン Mn^{2+} はほぼ無色である。

3章 物質の変化

22 金属の酸化還元

1 イオン化傾向

金属は水溶液中で陽イオンになる傾向がある。

金属原子(価電子が少ない)　陽イオン　電子(e^-)

例　$Zn \longrightarrow Zn^{2+} + 2e^-$

2 イオン化列と金属の反応性

金属と金属イオンの反応

① 銅(Ⅱ)イオンを含む水溶液に亜鉛板を入れる

銅が析出する

② 亜鉛イオンを含む水溶液に銅板を入れる

変化なし

上の実験から,銅より亜鉛のほうがイオンになりやすい

$$Cu^{2+} + Zn \longrightarrow Cu + Zn^{2+}$$

金属のイオン化列

金属をイオン化傾向の大きい順に並べたもの

石油中に保存する

金のマスクは3000年たってもさびない

さびた鉄剣

Li K Ca Na Mg Al Zn Fe Ni Sn Pb (H₂) Cu Hg Ag Pt Au

イオン化列	Li	K	Ca	Na	Mg	Al	Zn	Fe	Ni	Sn	Pb	(H₂)	Cu	Hg	Ag	Pt	Au
								ニッケル	スズ	鉛			水銀		白金	金
化学的性質	大←反応性 (イオン化傾向,電子の放出,還元性,化学的活性) →小																
乾燥空気中での反応	常温で酸化				常温で表面に酸化物の膜ができる												
	加熱により酸化																
水との反応	常温で反応				沸騰水と反応	高温の水蒸気と反応											
酸との反応	塩酸・希硫酸などに溶けて水素を発生する*1											硝酸・熱濃硫酸に溶ける*2				王水*3に溶ける	

＊1　Pb は,HCl,H_2SO_4 と反応しにくい。
＊2　Al,Fe,Ni は,濃硝酸とは不動態をつくり,それ以上反応しない。
＊3　濃硝酸:濃塩酸＝1:3(体積比)の水溶液

●金属のイオン化傾向の大きさの順(イオン化列)
金属全般の性質や電池・電気分解を理解するうえで重要。次のように語呂合わせで覚えておこう。

Li＞K＞Ca＞Na＞Mg＞Al＞Zn＞Fe＞Ni＞
利(リ)貸(そ)　か　な　まあ　あ　て　に
Sn＞Pb＞(H₂)＞Cu＞Hg＞Ag＞Pt＞Au
す(ぅ)な　ひ　ど　すぎ(ぅ)　借金

ポイントチェック

□(1)　金属は価電子の数がア(少な・多)く,これを放出してイ(陽・陰)イオンになる傾向がある。これを金属のウ(　　　　　　　)という。

□(2)　金属イオンをイオン化傾向の大きい順に並べたものを金属の(　　　　　　　)という。

□(3)　金属が陽イオンになる変化は(酸化・還元)。

□(4)　金属にはア(Li・Au)のように陽イオンになりやすいものと,イ(Li・Au)のように陽イオンになりにくいものがある。

□(5)　イオン化傾向の小さい金属のイオンは,電子を(失い・得て)原子に戻ろうとする傾向が強い。

□(6)　硫酸銅(Ⅱ)水溶液に亜鉛板を入れると,(銅が析出する・何も起こらない)。

□(7)　硫酸亜鉛水溶液に銅板を入れると,(亜鉛が析出する・何も起こらない)。

□(8)　(6),(7)の結果から,銅と亜鉛のどちらがイオン化傾向が大きいと判断できるか。(銅・亜鉛)

□(9)　硫酸銅(Ⅱ)水溶液に亜鉛板を入れたときの変化をイオン反応式で示せ。
(　　　　　　　　　　　　)

□(10)　K や Na などのイオン化傾向のア(大きい・小さい)金属は,常温の水と反応してイ(　　　　　　)を発生しながら溶ける。

□(11)　Na と水の反応を化学反応式で示せ。
(　　　　　　　　　　　　)

□(12)　Mg は(冷水・熱水)と反応する。

□(13)　Fe は(冷水・高温水蒸気)と反応する。

□(14)　Zn や Fe などのイオン化傾向が,水素よりア(大きい・小さい)金属は,希硫酸や塩酸に溶けてイ(　　　　　　)を発生する。

□(15)　亜鉛と塩酸の反応を化学反応式で示せ。
(　　　　　　　　　　　　)

□(16)　Cu や Ag などのイオン化傾向が,水素よりア(大きい・小さい)金属は,希硫酸や塩酸と反応イ(する・しない)。

□(17)　Cu や Ag が熱濃硫酸に溶けるとき,
ア(　　　　　)が発生し,濃硝酸に溶けるとき,
イ(　　　　　)が発生し,希硝酸に溶けるとき,
ウ(　　　　　)が発生する。

EXERCISE

▶110〈金属と金属イオンの反応〉次の(ア)～(エ)の記述のうち，**反応が起こらないもの**を1つ選べ。

アドバイス

(ア) 硝酸銀水溶液に銅板を浸すと，銅板の表面に銀が析出する。

(イ) 硫酸銅(Ⅱ)水溶液に鉄板を浸すと，鉄板の表面に銅が析出する。

(ウ) 硫酸銅(Ⅱ)水溶液に銀板を浸すと，銀板の表面に銅が析出する。

(エ) 希塩酸に亜鉛板を浸すと，亜鉛板の表面から水素が発生する。

(　　　)

▶111〈反応の有無〉次の(ア)～(エ)の組み合わせの中で，変化の起こるものを2つ選んで記号で答え，さらに，それぞれの変化をイオン反応式で示せ。

(ア) 硝酸銀水溶液と銅　　　　　(イ) 希硫酸と銅

(ウ) 硫酸亜鉛水溶液と銀　　　　(エ) 硫酸銅(Ⅱ)水溶液と亜鉛

(　　　, 　　　)

(　　　, 　　　)

▶112〈金属の反応性〉下の7種類の金属のうち，次の(1)～(6)の性質にあてはまるものを，それぞれ[ ]内に示した数だけ選べ。

(1) 常温の水と反応して溶ける。[2] 　　　　　　　(　, 　)

(2) 常温の水とは反応しないが，沸騰水と反応して溶ける。[1] (　)

(3) 塩酸や希硫酸と反応して溶ける。[4] (　, 　, 　, 　)

(4) 酸化作用の強い酸のみに反応して溶ける。[2] 　(　, 　)

(5) 王水のみに反応して溶ける。[1] 　　　　　　　　(　)

(6) 石油の中に保存しておかなければならない。[2] (　, 　)

| Ag | Mg | Na | Au | K | Cu | Fe |

▶112

イオン化傾向が大きい金属ほど，激しく反応する。それぞれの金属と水，空気(酸素)，酸との反応の違いを覚えておく。

▶113〈金属の反応とイオン化傾向の大小〉5種類の金属 A, B, C, D, E がある。次の(1)～(3)の記述から，A～E のイオン化傾向の大小を求めよ。

(1) B のみ常温の水と反応する。C は高温の水蒸気とならば反応する。

(2) A, D は希塩酸と反応しないが，D は熱濃硫酸に溶ける。また，A は王水にのみ溶ける。

(3) E のイオンを含む水溶液に C を入れると，C は溶けてイオンになり，E が析出する。

イオン化傾向(大)(　　 > 　　 > 　　 > 　　)イオン化傾向(小)

▶113

イオン化傾向の大きい金属ほど，電子を失って陽イオンになりやすいので，空気・水・酸などと激しく反応する。

▶114〈金属の推定〉次の(1)～(4)の実験結果から，A～E はそれぞれ Ag, Zn, Ca, Au, Fe のどの金属か推定せよ。

(1) A～E をそれぞれ水に入れると，B だけが反応した。

(2) A～E をそれぞれ希塩酸に入れると，D と E は反応しなかった。

(3) A～E をそれぞれ希硝酸に入れると，D だけは反応しなかった。

(4) C のイオンを含む水溶液に A を入れると，A の表面に C が析出した。

A(　) B(　) C(　) D(　) E(　)

3章 物質の変化

1 電池の原理 ◆p.4 ❸

負極…酸化反応　　　　　　正極…還元反応

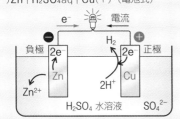

電流

e^-が流れる

電子を放出する　　電子を受け取る

陽イオン　　　　　　陽イオン

2 さまざまな電池

●ボルタ電池（起電力　約 1.1 V）

$(-)Zn | H_2SO_4aq | Cu(+)$（電池式）

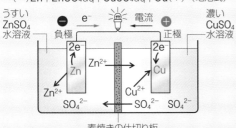

$Zn + 2H^+ \longrightarrow Zn^{2+} + H_2$（全体）

●ダニエル電池（起電力　約 1.1 V）

$(-)Zn | ZnSO_4aq | CuSO_4aq | Cu(+)$（電池式）

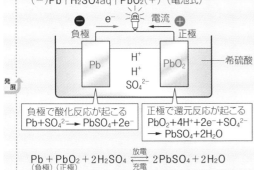

うすい $ZnSO_4$ 水溶液　　　　濃い $CuSO_4$ 水溶液

素焼きの仕切り板

$Zn + Cu^{2+} \longrightarrow Zn^{2+} + Cu$（全体）

●鉛蓄電池（起電力　約 2.0 V）

$(-)Pb | H_2SO_4aq | PbO_2(+)$（電池式）

発展

負極　　　　　　　正極

希硫酸

負極で酸化反応が起こる
$Pb + SO_4{}^{2-} \longrightarrow PbSO_4 + 2e^-$

正極で還元反応が起こる
$PbO_2 + 4H^+ + 2e^- + SO_4{}^{2-} \longrightarrow PbSO_4 + 2H_2O$

$$Pb + PbO_2 + 2H_2SO_4 \underset{\text{充電}}{\overset{\text{放電}}{\rightleftharpoons}} 2PbSO_4 + 2H_2O$$
（負極）（正極）

充電と放電ができる二次電池。放電すると、電極は重くなり、希硫酸の濃度はうすくなる。

●燃料電池（起電力　約 1.2 V）

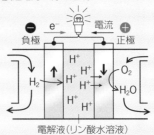

負極　　　　　　　　正極

電解液（リン酸水溶液）

発展

〈リン酸形〉

$(-)H_2 | H_3PO_4aq | O_2(+)$（電池式）

負極：$H_2 \longrightarrow 2H^+ + 2e^-$

正極：$O_2 + 4H^+ + 4e^- \longrightarrow 2H_2O$

全体：$2H_2 + O_2 \longrightarrow 2H_2O$

〈アルカリ形〉

$(-)H_2 | KOHaq | O_2(+)$（電池式）

負極：$H_2 + 2OH^- \longrightarrow 2H_2O + 2e^-$

正極：$O_2 + 2H_2O + 4e^- \longrightarrow 4OH^-$

全体：$2H_2 + O_2 \longrightarrow 2H_2O$

●リチウムイオン電池（起電力　約 3.6 V）

発展

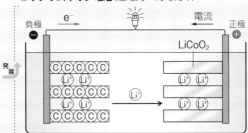

負極　　　　　　　　　　　　　　正極

電流

$LiCoO_2$

負極：C（リチウムを含む層状の黒鉛）
正極：$LiCoO_2$
電解質：リチウム塩が溶解した有機化合物

充電可能で、起電力も大きい。スマートフォンなど、さまざまな小型電化製品などに利用される。

●その他の実用電池

電池の名称	負極	正極	電解質	起電力
マンガン乾電池	Zn	MnO_2	$ZnCl_2$, NH_4Cl	1.5 V
アルカリマンガン電池	Zn	MnO_2	KOH	1.5 V
リチウム電池	Li	MnO_2	有機電解質	3.0 V
酸化銀電池	Zn	Ag_2O	KOH	1.55 V
空気電池	Zn	O_2	KOH	1.35 V
ニッケル水素電池	水素吸蔵合金	NiO(OH)	KOH	1.2 V

□(1) 電池では，負極で^ア(酸化・還元)反応，正極で^イ(酸化・還元)反応が起きる。

□(2) 電池では，電子はどのように流れるか。
（正極→負極・負極→正極）

□(3) 電池では，電流はどのように流れるか。
（正極→負極・負極→正極）

□(4) 電池の負極には，亜鉛などの比較的イオン化傾向の(大きい・小さい)金属が使われていることが多い。

□(5) イオン化傾向の異なる2種類の金属を電解質水溶液に浸し，電池にすると，イオン化傾向の(大きい・小さい)金属が正極になる。

□(6) 電極間の電位差(電圧)を(　　　　)という。

□(7) ボルタ電池では，負極に^ア(Zn・Cu)，正極に^イ(Zn・Cu)を用いる。

□(8) ボルタ電池の負極での変化を，イオン反応式で示せ。（　　　　　　　）

□(9) ボルタ電池の正極での変化を，イオン反応式で示せ。（　　　　　　　）

□(10) ダニエル電池では，負極に^ア(Zn・Cu)，正極に^イ(Zn・Cu)を用いる。

□(11) ダニエル電池の負極での変化を，イオン反応式で示せ。（　　　　　　　）

□(12) ダニエル電池の正極での変化を，イオン反応式で示せ。（　　　　　　　）

□(13) ダニエル電池を長く放電させるには，亜鉛板を^ア(大きく・小さく)し，銅板を浸す硫酸銅(Ⅱ)水溶液の濃度を^イ(濃く・うすく)するほうがよい。

□(14) 放電，充電をくり返すことができる電池を^ア(一次・二次)電池，または^イ(　　　　)電池という。

□(15) 鉛蓄電池が放電すると，希硫酸の濃度はどうなるか。（濃くなる・うすくなる）

□(16) 鉛蓄電池が放電すると，負極の^ア(Pb・PbO$_2$)も，正極の^イ(Pb・PbO$_2$)も，PbSO$_4$になり，質量が^ウ(増加・減少)する。

□(17) 鉛蓄電池の放電の変化を，化学反応式で示せ。（　　　　　　　）　発展

□(18) 燃料電池の負極で反応する物質は何か。
（　　　　　　　）

□(19) 燃料電池で放電した際，生成する物質は何か。
（　　　　　　　）

□(20) 燃料電池全体の変化を化学反応式で示せ。
（　　　　　　　）

□(21) リチウムイオン電池は，^{ア}(一次電池・二次電池)であり，起電力が^イ(高く・低く)，大きさの割に容量が大きい。

EXERCISE

▶**120〈金属の組み合わせ〉** 次の(ア)～(エ)の図は，2種類の金属とその硝酸塩水溶液を素焼き板でしきった電池である。これについて，下の(1)～(3)にあてはまるものを1つずつ選べ。

(ア) 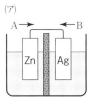　(イ) 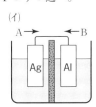　(ウ) 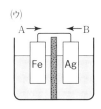　(エ)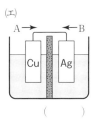

(1) 起電力の最も大きいもの　（　　）
(2) 起電力の最も小さいもの　（　　）
(3) Aの方向に電流が流れるもの　（　　）

アドバイス

▶**120**

(1) 一般に，金属のイオン化傾向の差が大きいほど，起電力は大きい。

(3) イオン化傾向の大きい元素の電極から，イオン化傾向の小さい元素の電極に電子が流れる。電流の向きと逆になる。

▶**121〈電池の基本〉** 下の電池の原理図について，次の文章中の（　）に適する語句，化学式，記号または元素記号を記せ。

図Aはボルタ電池である。亜鉛板と銅板を導線でつなぐと，$Zn \longrightarrow$ ア（　　　）$+2e^-$ となり，生じた電子は導線を通って Cu 板に移動する。Cu 板では，イ（　　　）$+2e^- \longrightarrow$ ウ（　　　）の変化が起こる。このとき，電流は図AのX，Yのうちのエ（　　　）方向に流れるから，この電池の正極はオ（　　　）板，負極はカ（　　　）板である。

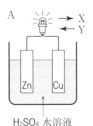

H_2SO_4 水溶液

図Bは，キ（　　　　　　）電池である。電極板は図Aと同じだが，Cu 板に移動してきた電子が溶液中の H^+ でなくク（　　　）に与えられるので H_2 が発生しない。この電池の正極はケ（　　　）板，負極はコ（　　　）板である。放電すると素焼き板を通って，$ZnSO_4$ 水溶液から $CuSO_4$ 水溶液へサ（　　　）が，$CuSO_4$ 水溶液から $ZnSO_4$ 水溶液へシ（　　　）が移動する。

素焼き板

$ZnSO_4$ 水溶液
$CuSO_4$ 水溶液

▶**122〈ダニエル電池〉** 右の図はダニエル電池の模式図である。次の(1)〜(3)の問いに答えよ。

(1) 亜鉛板，銅板上での反応をイオン反応式で示せ。

　　　亜鉛板（　　　　　　　　　　　）

　　　　銅板（　　　　　　　　　　　）

(2) 電池全体の化学反応式を示せ。

　化学反応式（　　　　　　　　　　　）

(3) 放電したときに起こる現象として正しものには○を，間違っているものには×をつけよ。

① 硫酸亜鉛水溶液の濃度が薄くなる　　　　　（　　　）

② 亜鉛板の質量が減少する　　　　　　　　　（　　　）

③ 硫酸銅（Ⅱ）水溶液の青色が薄くなる　　　（　　　）

④ 銅板の質量が減少する　　　　　　　　　　（　　　）

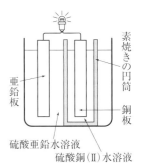

素焼きの円筒

亜鉛板

銅板

硫酸亜鉛水溶液
硫酸銅（Ⅱ）水溶液

発展 ▶**123〈鉛蓄電池〉** 右の図は鉛蓄電池の模式図である。次の(1)〜(5)に答えよ。

(1) 鉛蓄電池のように充電できる電池のことを何というか。（　　　）

(2) 放電時，流れる電流はX，Yのどちらか。　　　　　　　　（　　　）

(3) 放電時，負極，正極での反応を，電子 e^- を使った化学反応式で示せ。

　　　負極（　　　　　　　　　　　）

　　　正極（　　　　　　　　　　　）

(4) 放電時の反応を化学反応式で示せ。

　化学反応式（　　　　　　　　　　　）

(5) 放電した際，$0.50\,mol$ の電子が流れた。このとき，負極の質量は何g変化するか。

　　　　　　　　　　　　　　　　　（　　　）g（増加・減少）する

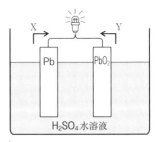

H_2SO_4 水溶液

▶**124〈種々の電池〉** 次の(ア)～(ウ)の電池について，下の(1)～(6)にあてはまる
ものを，それぞれ[　]内に示した数だけ選べ。

　　(ア)　ダニエル電池　　(イ)　鉛蓄電池　　(ウ)　ボルタ電池

(1)　負極が亜鉛のもの［2］　　　　　　　　　　　（　　，　　）

(2)　電解質水溶液が希硫酸のもの［2］　　　　　　（　　，　　）

(3)　放電によって，両極とも重くなるもの［1］　　（　　　）

(4)　放電によって，正極が重くなり，負極が軽くなるもの［1］（　　　）

(5)　両極をつなぐと，すぐ起電力が下がってしまうもの［1］　（　　　）

(6)　充電して再利用できる二次電池であるもの［1］　　（　　　）

アドバイス

▶**124**
(3)(4)　電極が溶液中に溶け
てイオンになると電極は軽
くなる。

発展 ▶**125〈リン酸形燃料電池〉** 右の図はリン酸形燃料電池の模式図である。
次の文章中の（　）に適する語句を入れ，(1)～(4)の問いに答えよ。

　　リン酸形燃料電池が放電するとき，負極では水素が ア（　　　　　　）
になり電子を放出する。電子は導線を通って正極へ流れ込む。正極では
この電子と，水溶液中の(ア)，外部から供給される イ（　　　　　　）
が反応して，ウ（　　　　　）になる。

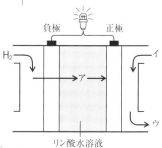

負極　　正極
H_2　　　　　　イ
→ア→
リン酸水溶液

(1)　負極，正極で起こる反応を電子 e^- 用いて表せ。
　　　　　負極（　　　　　　　　　　　　　　　　　）
　　　　　正極（　　　　　　　　　　　　　　　　　）

(2)　反応全体の化学反応式を示せ。
　　化学反応式（　　　　　　　　　　　　　　　　　）

(3)　水素が標準状態で 11.2 L 使われたとき，流れる電子は何 mol か。

　　　　　　　　　　　　　　　　　　　　　　（　　　　）mol

(4)　電子が 2.0 mol 流れたとき，生成する水は何 g か。

　　　　　　　　　　　　　　　　　　　　　　（　　　　）g

▶**126〈さまざまな電池の特徴〉** 次の(1)～(5)の電池の特徴を表している記述
を，下の A～E の中から選べ。

　　(1)　マンガン乾電池　　　(2)　空気電池　　　(3)　鉛蓄電池

　　(4)　リチウムイオン電池　　(5)　燃料電池

A　負極に亜鉛，正極には空気中の酸素を用いた電池で，長時間一定の電
　　圧を保つことができる。

B　起電力が高く，容量が大きい電池。ノート型パソコンやスマートフォ
　　ンなどに利用されている。

C　古くから利用されている電池で，負極に亜鉛，正極に酸化マンガン(IV)
　　が用いられている。

D　水素の燃焼エネルギーを電気エネルギーとして取り出す電池。電解質
　　としてリン酸を用いたものや水酸化カリウムを用いたものなどがある。

E　充電ができる電池であり，自動車のバッテリーに用いられている。

　　　(1)（　　　）　(2)（　　　）　(3)（　　　）　(4)（　　　）　(5)（　　　）

3章

物質の変化

24 発展 ↑ 電気分解

1 電気分解の原理 📖 p.4 ④

電解質水溶液や融解した塩に電気エネルギーを与えて，強制的に**酸化還元反応**を起こすことを**電気分解**という。このとき**直流**電圧をかけて行う。

- **陽極**…電源の正極につないだ電極で，電子が奪われる酸化反応が起こる。
- **陰極**…電源の負極につないだ電極で，電子が供給される還元反応が起こる。

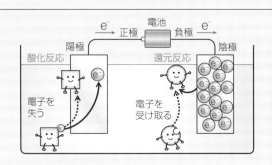

2 電気分解の生成物

(1) 陽極

陰イオンや水分子，電極自身が電子を失う**酸化反応**が起こる。

1 電極が銅(銀)の場合
→電極がイオンとなって溶ける
$$Cu \longrightarrow Cu^{2+} + 2e^-$$
2 ハロゲン化物イオン
(Cl^-, Br^-, I^-)を含む
→ハロゲン単体が析出する
$$2Cl^- \longrightarrow Cl_2 + 2e^- \text{ など}$$
3 ハロゲン化物イオン
(Cl^-, Br^-, I^-)を含まない
→水または水酸化物イオンが反応し，酸素 O_2 が発生する
$$2H_2O \longrightarrow 4H^+ + O_2 + 4e^- \text{(中性・酸性)}$$
$$4OH^- \longrightarrow 2H_2O + O_2 + 4e^- \text{(塩基性)}$$

(2) 陰極

電池から電子が流れ込み，陽イオンや水分子が電子を受け取る**還元反応**が起こる。

1 イオン化傾向が小さい金属イオン
$(Cu^{2+}, Ag^+$ など)を含む
→金属単体が析出する
$$Ag^+ + e^- \longrightarrow Ag \text{ など}$$
2 イオン化傾向が大きい金属イオン
$(Na^+, Al^{3+}$ など)を含む
→水または水素イオンが反応し，水素 H_2 が発生する(金属は析出しない)
$$2H_2O + 2e^- \longrightarrow 2OH^- + H_2 \text{(中性・塩基性)}$$
$$2H^+ + 2e^- \longrightarrow H_2 \text{(酸性)}$$

3 電気分解の法則（ファラデーの法則）

- **ファラデーの法則**…電気分解において，陰極や陽極で変化した物質の物質量は，**流れた電気量に比例**する。

$$
\begin{array}{ccc}
\text{電気量} & = & \text{電流} & \times & \text{時間} \\
\text{(クーロン：C)} & & \text{(アンペア：A)} & & \text{(秒：s)}
\end{array}
$$

1 mol の電子がもつ電気量は，-9.65×10^4 C である。この電気量の絶対値 9.65×10^4 C/mol を**ファラデー定数**という。

$$\text{電子の物質量〔mol〕} = \frac{\text{流れた電気量〔C〕}}{\text{ファラデー定数}(9.65 \times 10^4 \text{ C/mol})}$$

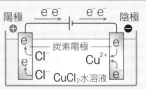

陽極
$$2Cl^- \rightarrow Cl_2 + 2e^-$$

陰極
$$Cu^{2+} + 2e^- \rightarrow Cu$$

流れた	生成する物質の量	
電子の数	陽極	陰極
1 個	Cl_2分子$\frac{1}{2}$個	Cu原子$\frac{1}{2}$個
2 個	Cl_2分子1個	Cu原子1個
1 mol	Cl_2分子$\frac{1}{2}$mol	Cu原子$\frac{1}{2}$mol

4 電池と電気分解の違い

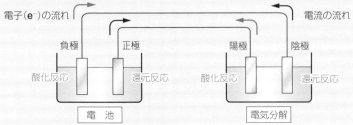

□(1)　電気分解とは，電気エネルギーを与えて，強制的に(中和・酸化還元)反応を起こすことである。

□(2)　電気分解は，一般的には ア(　　　　　　)の水溶液や融解した塩に 2 本の電極を入れ，イ(直流・交流)電圧をかけて行う。

□(3)　電気分解では，電池(電気)の正極に接続した電極を ア(　　　)極，負極に接続した電極をイ(　　　)極という。

□(4)　電気分解では，陽極で電子を ア(受け取る・失う)イ(酸化・還元)反応が起きる。

□(5)　電気分解では，陰極で電子を ア(受け取る・失う)イ(酸化・還元)反応が起きる。

□(6)　陽極では，Cl^-，Br^-，I^- のイオンは水よりも酸化され ア(やすく・にくく)，SO_4^{2-} や NO_3^- のイオンは水よりも酸化され イ(やすい・にくい)。

□(7)　陰極では，Cu^{2+} や Ag^+ など水素よりイオン化傾向の ア(大きい・小さい)金属は水よりも還元され イ(やすい・にくい)。

□(8)　陽極で酸化されやすいイオンなどがなく，水が酸化されると，(水素・酸素)が発生する。

□(9)　陽極で水が電気分解される反応式は次のようになる。

$$2H_2O \longrightarrow O_2 + {}^{ア}(\quad)H^+ + {}^{イ}(\quad)e^-$$

□(10)　陽極では水溶液の電気分解において Cl^-，Br^-，I^- などがなくても，塩基性の場合は水ではなく(　　　　　　)が酸化される。

□(11)　陰極で還元されやすいイオンなどがなく，水が還元されると(水素・酸素)が発生する。

□(12)　陰極で水が電気分解される反応式は次のようになる。

$$2H_2O + {}^{ア}(\quad)e^- \longrightarrow H_2 + {}^{イ}(\quad)OH^-$$

□(13)　陰極では水溶液の電気分解において，Cu^{2+} や Ag^+ などがなくても，酸性の場合は，水ではなく(　　　　　　)が還元される。

□(14)　電気分解では，陽極に銀や銅を使うと，電極が酸化される。たとえば，Cu を陽極に使うと，$Cu \longrightarrow Cu^{2+} + (\quad\quad\quad)$ となる。

□(15)　電気量は ア(　　　　)×イ(　　　　)で求められる。

□(16)　1 mol の電子がもつ電気量は(　　　　　)C である。

□(17)　9.65×10^4 C/mol を(　　　　)定数という。

□(18)　希硫酸を白金電極で電気分解した。このとき，1.0 mol の電子が流れた場合，水素は ア(　　　) mol，酸素は イ(　　　) mol 発生する。

E X E R C I S E 発展↑

▶**127 〈電気分解の原理〉** 次の文章中の(　　　)に適する語句を入れよ。

電解質水溶液や融解した塩に，電気エネルギーを与えて酸化還元反応を起こすことを ア(　　　　　　)という。電源の正極とつながり，電子が流れ出していく電極を イ(　　　　)極といい，ウ(　　　　　)反応が起こる。電源の負極とつながり，電子が流れ込む電極を エ(　　　　)極といい，オ(　　　　　)反応が起こる。

▶**128 〈水溶液の電気分解〉** 次の(1)〜(4)の水溶液を，白金電極を用いて電気分解した。それぞれ陽極・陰極に生成する物質を化学式で示せ。

(1) $CuCl_2$　　　(2) $AgNO_3$　　　(3) KI　　　(4) $NaOH$

(1) 陽極(　　　)　陰極(　　　)　　(2) 陽極(　　　)　陰極(　　　)

(3) 陽極(　　　)　陰極(　　　)　　(4) 陽極(　　　)　陰極(　　　)

アドバイス

▶**127**
電池と電気分解の電極の名称が異なることに注意する。電気分解において，陽極では酸化反応，陰極では還元反応が起こる。

3章 物質の変化

▶**129**〈水の電気分解と電極上の反応〉次の(1)～(3)の電解質水溶液を電気分解すると，いずれも水の電気分解が起こり，陽極で酸素，陰極で水素が発生する。このとき，陽極，陰極で起こる反応を，e^- を含む式で示せ。

(1) 硫酸ナトリウム（Na_2SO_4）水溶液

陽極（　　　　　　　　　　　　　　　　　　　　　　　　　）

陰極（　　　　　　　　　　　　　　　　　　　　　　　　　）

(2) 硫酸 H_2SO_4

陽極（　　　　　　　　　　　　　　　　　　　　　　　　　）

陰極（　　　　　　　　　　　　　　　　　　　　　　　　　）

(3) 水酸化ナトリウム（$NaOH$）水溶液

陽極（　　　　　　　　　　　　　　　　　　　　　　　　　）

陰極（　　　　　　　　　　　　　　　　　　　　　　　　　）

▶**130**〈電極上での反応〉下表に示した電気分解を行うときの反応について，次の問いに答えよ。

(1) 陽極板が溶けるものをすべて選べ。　（　　　　　　　　　）

(2) 陰極板に金属が析出するものをすべて選べ。（　　　　　　）

(3) 陽極から酸素，陰極から水素を発生するものをすべて選べ。

（　　　　　　　　　）

電解質水溶液	電極板	
	陽極	陰極
(ア) $NaOH$ 水溶液	Pt	Pt
(イ) H_2SO_4 水溶液	Pt	Pt
(ウ) $CuSO_4$ 水溶液	Pt	Pt
(エ) $CuSO_4$ 水溶液	Cu	Cu
(オ) $NaCl$ 水溶液	C	Fe
(カ) $AgNO_3$ 水溶液	Ag	Ag
(キ) Al_2O_3 融解液	C	C

(4) (ウ)の陽極および陰極で起こる反応を，e^- を含む式で示せ。

陽極（　　　　　　　　　）　陰極（　　　　　　　　　）

(5) (エ)の陽極および陰極で起こる反応を，e^- を含む式で示せ。

陽極（　　　　　　　）　陰極（　　　　　　　）

(6) 電気分解するほど酸性が強くなるものを一つ選べ。　（　　　　）

▶**131**〈電気量の計算〉次の問いに答えよ。

(1) 0.500 A の電流を 32 分 10 秒流したとき，流れた電流の電気量は何 C か。

（　　　　　　）C

(2) このとき，流れた電子は何 mol か。

（　　　　　　）mol

アドバイス

▶**130**

(キ) Al はイオン化傾向が大きく，水溶液の電気分解では Al を取り出すことができないので，Al_2O_3 を融解して電気分解する（問題 ▶**137**参照）。

(6) H^+ が増えると，酸性が強くなる。

▶**132〈電気分解の量的関係〉** 硫酸銅(II)水溶液を，白金電極を用いて 1.0 A
で 32 分 10 秒電気分解したところ，陽極からは気体が発生し，陰極では
銅が析出した。次の(1)〜(5)の問いに答えよ。

(1) 陽極と陰極で起こる反応を，e^- を含む式で示せ。

　陽極（　　　　　　　　　　　　　　　　　　　　　　　　　　　）

　陰極（　　　　　　　　　　　　　　　　　　　　　　　　　　　）

(2) 流れた電気量は何 C か。

（　　　　　　　）C

(3) 流れた電子は何 mol か。

（　　　　　　　）mol

(4) 陽極から発生した気体は何 mol か。

（　　　　　　　）mol

(5) 陰極で析出した銅は何 g か。

（　　　　　　　）g

▶**133〈電気分解の量的関係〉** 水酸化ナトリウム水溶液を白金電極で 2.00 A
の電流で電気分解したところ，陽極から標準状態で 112 mL の気体が発生
した。次の(1)〜(4)の問いに答えよ。

(1) 流れた電子は何 mol か。

（　　　　　　　）mol

(2) 流れた電気量は何 C か。　　　（　　　　　　　）C

(3) 電流を流した時間は何分何秒か。　　　（　　　　　　　）

(4) 陰極で発生する気体は標準状態で何 mL か。　（　　　　）mL

🔋▶**134〈電池と電気分解〉** 次の図のように，鉛蓄電池を用いて塩化銅(II)水
溶液を電気分解したところ，電極 C から気体が発生し，電極 D に 0.32 g
の銅が析出した。下の(1)〜(4)の問いに答えよ。

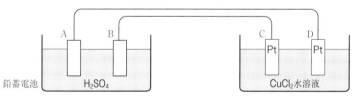

鉛蓄電池　　H₂SO₄　　　　　　　　　　　CuCl₂水溶液

(1) 鉛蓄電池の電極 A，B で起こる反応を，e^- を含む式で示せ。

　電極A（　　　　　　　　　　　　　　　　　　　　　　　　　　）

　電極B（　　　　　　　　　　　　　　　　　　　　　　　　　　）

(2) 電極 D の反応を e^- を含む式で示せ。

　電極D（　　　　　　　　　　　　　　　　　　　　　　　　　　）

(3) このとき，電極 B の質量変化は何 g か。

（　　　　　　　）g（増加・減少）する

(4) 電極 C から発生する気体は，標準状態で何 mL か。

（　　　　　　　）mL

▶**134**
(1) この場合，A 極は負
極，B 極は正極になる。

25 金属の製錬

1 金属の製錬

鉱石中に酸化物や硫化物などの状態で存在している化合物を**還元**し，金属の単体を取り出す操作を**製錬**という。

2 鉄の製造

鉄は，**鉄鉱石**を，**コークス**を用いて**還元**して得られる。

| 鉄鉱石 コークス 石灰石 | → 溶鉱炉 → スラグ | 銑鉄 (炭素4%) | → 転炉 → 酸素 | 鋼 (炭素0.02 〜2%) |

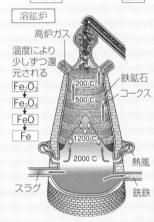

溶鉱炉

高炉ガス

温度により少しずつ還元される
Fe_2O_3
Fe_3O_4
FeO
Fe

200℃
500℃
1200℃
2000℃

鉄鉱石
コークス

スラグ
熱風
銑鉄

3 銅の製造

銅は，**黄銅鉱**から，溶鉱炉，転炉を経て**粗銅**をつくる。さらに純度が高い銅を得るには，**粗銅を陽極，純銅を陰極**として**硫酸銅(Ⅱ)水溶液**を電気分解(**電解精錬**)する。

発展 銅の電解精錬

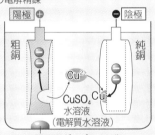

陽極 ⊕　　　陰極 ⊖
粗銅　　　　　　純銅
Cu^{2+}
$CuSO_4$
水溶液
(電解質水溶液)
Cu
陽極泥(Au, Agなど)

陽極：$Cu(粗銅) \longrightarrow Cu^{2+} + 2e^-$
陰極：$Cu^{2+} + 2e^- \longrightarrow Cu(純銅)$

4 アルミニウムの製造

アルミニウムは**ボーキサイト**から，純粋な酸化アルミニウムである**アルミナ**をつくる。それを，融解した**氷晶石**に溶解させ，炭素電極で電気分解(**溶融塩電解(融解塩電解)**)することで得られる。

発展 アルミニウムの溶融塩電解(融解塩電解)

陽極：$O^{2-} + C \longrightarrow CO + 2e^-$
$2O^{2-} + C \longrightarrow CO_2 + 4e^-$
陰極：$Al^{3+} + 3e^- \longrightarrow Al$

ポイントチェック

□(1) 鉱物中から金属の単体を取り出す操作を何というか。　　　　　　　　(　　　　　　　　)

□(2) 金属の製錬は鉱物中の化合物を(酸化・還元)して金属の単体を取り出す操作である。

□(3) 鉄は鉱石である ア(　　　　　　　)を，イ(　　　　　　　)を用いて還元して得られる。

□(4) 鉄鉱石中に含まれるケイ酸塩などの不純物を取り除くため，ア(　　　　　)を加えて反応させ，イ(　　　　　)として溶鉱炉から排出させる。

□(5) 溶鉱炉で鉄鉱石が還元されてできたかたくてもろい鉄を何というか。(　　　　　　　)

□(6) 転炉に移し，炭素の含有量を0.02〜2%にした鉄を何というか。(　　　　　　)

□(7) 銑鉄を転炉に移し，(一酸化炭素・酸素)を吹き込むと鋼が得られる。

□(8) 銅の鉱石を何というか。(　　　　　)

□(9) 銅のように水溶液の電気分解を利用して純粋な金属を取り出す方法を何というか。
　　　　　　　　　　　(　　　　　　　　)

□(10) 銅の電解精錬では，粗銅を ア(陽・陰)極として，純銅を イ(陽・陰)極として用いる。

□(11) 銅の電解精錬で使われている電解質水溶液は何であるか。(　　　　　　)水溶液

□(12) 銅の電解精錬で，粗銅に含まれる銅よりイオン化傾向が ア(大きい・小さい)金属は水溶液中に存在し，銅よりイオン化傾向が
イ(大きい・小さい)金属は電極の下にたまる。

□(13) AuやAgが陽極の下にたまったものを何というか。(　　　　　　)

□(14) アルミニウムの鉱石を何というか。
　　　　　　　　　　(　　　　　　　　)

□(15) アルミニウムの鉱石から取り出した純粋な酸化アルミニウムを何というか。(　　　　　)

□(16) アルミニウムは，融解させた ア(　　　　　)にアルミナを溶解させ，融解物を電気分解する イ(　　　　　　　)で得られる。

□(17) (銅・アルミニウム)は電気分解で多量の電気エネルギーを必要とするため，リサイクルが盛んである。

EXERCISE

原子量 $O = 16$, $Fe = 56$

▶**135〈鉄の製造〉** 鉄の製錬に関する次の文章を読み，下の問いに答えよ。

溶鉱炉に鉄を含む鉱石である（　ア　），還元剤である（　イ　），不純物を取り除くための（　ウ　）を入れ，下から熱風を吹き込んで(イ)を燃やす。このとき(ア)のおもな成分である<u>赤鉄鉱 Fe_2O_3 は，(イ)から生じる一酸化炭素と反応して鉄が得られる</u>。このように得られた鉄は，炭素を 4 ％程度含み（　エ　）とよばれる。これを転炉で（　オ　）を吹き込み，炭素を除き，炭素の含有量が 0.02 〜 2 ％となった（　カ　）とよばれる鉄が得られる。

(1) （　　）に適する語句を入れよ。

(ア)	(イ)	(ウ)
(エ)	(オ)	(カ)

(2) 溶鉱炉で酸化鉄が還元されていく順となるように，FeO または Fe_3O_4 を記せ。

$$Fe_2O_3 \longrightarrow {}^{ア}(\qquad\qquad) \longrightarrow {}^{イ}(\qquad\qquad) \longrightarrow Fe$$

(3) かたくてもろく，鋳物（いもの）に使われる鉄は，(エ)と(カ)のどちらか。（　　　）

(4) 下線部の化学反応式を示せ。

（　　　　　　　　　　　　　　　　　　　　）

(5) 純度が 80 ％の Fe_2O_3 からなる鉄鉱石 25 kg を還元すると，鉄は何 kg 得られるか。

（　　　　　　　　　　　　　　）kg

▶**135**

鉄は，鉄鉱石中の赤鉄鉱などを，コークスによって還元して得られる。

(2) 溶鉱炉で還元されると，酸素が徐々に失われる。

(5) (4)の量的関係を用いると，Fe_2O_3 1 mol から Fe は 2 mol 得られることを利用する。

アドバイス

▶**136〈銅の電解精錬〉** 銅の電解精錬について，次の問いに答えよ。ただし，粗銅に含まれている不純物は Zn, Fe, Ag, Au とする。

(1) 電解精錬の陽極および陰極における銅の反応を，e^- を含む式で示せ。

陽極（　　　　　　　　　　　　　　　　　　　　）

陰極（　　　　　　　　　　　　　　　　　　　　）

(2) 電解精錬により電解質水溶液中に増加したイオンを化学式で示せ。

（　　　　　　　　　　　　　　）

(3) 電解精錬により生じた陽極泥に含まれている金属を元素記号で記せ。

（　　　　　　　　　　　　　　）

(4) 電解精錬で，陽極から溶け出した Cu と，陰極で析出した Cu はどちらが多いか。

（陽極から溶け出した Cu・変わらない・陰極で析出した Cu）

▶**136**

不純物の金属で，イオン化傾向が Cu よりも大きいものは，陽イオンのまま電解質水溶液中に存在し，小さいものは，陽極泥に単体として存在する。

▶**137〈アルミニウムの製造〉** アルミニウムを得るには，アルミニウムの鉱石から酸化アルミニウム Al_2O_3 を生成し，これを加熱融解して電気分解する。次の問いに答えよ。

(1) アルミニウムの鉱石名を記せ。　　（　　　　　　　　　）

(2) この電気分解を何というか。　　（　　　　　　　　　）

(3) 電気分解で，Al_2O_3 の融点を下げるために加える物質名を記せ。

（　　　　　　　　　　　　　　）

(4) 陰極における反応を，e^- を含む式で示せ。

（　　　　　　　　　　　　　　）

▶**137**

アルミニウムの溶融塩電解は，次の装置で行う。

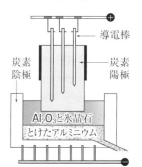

3章 物質の変化

❶ 次の化合物（①〜④）のうち，下線を引いた原子の酸化数が等しいものを選べ。

① CaCO₃　　② NaNO₃　　③ K₂Cr₂O₇　　④ H₃PO₄

[2008年センター試験　改] ➲ p.76 **3**, ▶ **98**

（　　，　　）

❷ 反応の前後で，下線を付した原子の酸化数が 3 減少した化学反応を，次の①〜④のうちから一つ選べ。

① 3Cu＋8HNO₃ ⟶ 3Cu(NO₃)₂＋4H₂O＋2NO

② 2H₂O₂ ⟶ 2H₂O＋O₂

③ Fe＋2HNO₃ ⟶ Fe(NO₃)₂＋H₂

④ CaCO₃ ⟶ CaO＋CO₂

[2015年センター試験] ➲ p.76 **3**, ▶ **100**

（　　）

❸ 酸化と還元に関する記述として下線部に**誤りを含むもの**を，次の①〜④のうちから一つ選べ。

① 臭素と水素が反応して臭化水素が生成するとき，臭素原子の酸化数は増加する。

② 希硫酸を電気分解すると，水素イオンが還元されて，気体の水素が発生する。

③ ナトリウムが水と反応すると，ナトリウムが酸化されて，水酸化ナトリウムが生成する。

④ 鉛蓄電池の放電では，PbO₂ が還元され，硫酸イオンと反応して PbSO₄ が生成する。

[2019年センター試験] ➲ p.78 **1**, ▶ **103**

（　　）

❹ 次の物質に塩酸を加えたとき，酸化還元反応によって発生する気体の組合せとして適当なものを，次の①〜⑤のうちから一つ選べ。

	物質	発生する気体
①	亜硫酸水素ナトリウム（NaHSO₃）	二酸化硫黄（SO₂）
②	さらし粉（CaCl(ClO)・H₂O）	塩素（Cl₂）
③	炭酸カルシウム（CaCO₃）	二酸化炭素（CO₂）
④	炭酸水素ナトリウム（NaHCO₃）	二酸化炭素（CO₂）
⑤	硫化鉄（Ⅱ）（FeS）	硫化水素（H₂S）

[2010年センター試験　改] ➲ p.76 **4**, p.78 **3**

（　　）

❓❺ 濃度未知の SnCl₂ の酸性水溶液 200 mL がある。これを 100 mL ずつに分け，それぞれについて Sn²⁺ を Sn⁴⁺ に酸化する実験を行った。一方の SnCl₂ 水溶液中のすべての Sn²⁺ を Sn⁴⁺ に酸化するのに，0.10 mol/L の KMnO₄ 水溶液が 30 mL 必要であった。もう一方の SnCl₂ 水溶液中のすべての Sn²⁺ を Sn⁴⁺ に酸化するとき，必要な 0.10 mol/L の K₂Cr₂O₇ 水溶液の体積は何 mL か。最も適当な数値を，下の①〜⑤のうちから一つ選べ。ただし，MnO_4^- と $Cr_2O_7^{2-}$ は酸性水溶液中でそれぞれ次のように酸化剤として働く。

$$MnO_4^- + 8H^+ + 5e^- \longrightarrow Mn^{2+} + 4H_2O \qquad Cr_2O_7^{2-} + 14H^+ + 6e^- \longrightarrow 2Cr^{3+} + 7H_2O$$

① 5　　② 18　　③ 25　　④ 36　　⑤ 50

[2005年センター試験・追試] ➲ p.78 **4**

（　　）

❓6 図の金属 a ～ e は，それぞれ Au，Cu，Fe，Li，Mg のいずれかである。図のように反応性に関する四つの判定基準にしたがって，これらの金属を判別した。金属 b および金属 d として適当なものを，次の①～⑤のうちからそれぞれ一つずつ選べ。

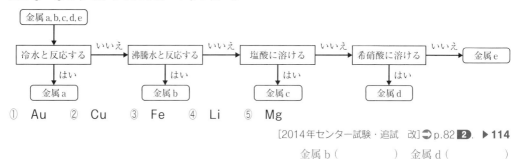

① Au ② Cu ③ Fe ④ Li ⑤ Mg

[2014年センター試験・追試 改] ⊃ p.82 **2**，▶114

金属 b（　　　　　）　金属 d（　　　　　）

❼ 快適な生活のために，いろいろな化学物質の酸化作用や還元作用が利用されている。それらに関する記述として下線部が**適当でないもの**を，次の①～⑤のうちから一つ選べ。

① オゾンは酸化作用を示し，飲料水などの殺菌に利用される。
② 二酸化硫黄は還元作用を示し，繊維の漂白に利用される。
③ 次亜塩素酸の塩は酸化作用を示し，殺菌消毒に利用される。
④ 酸素は酸化作用を示し，燃料電池の正極で利用される。
⑤ 鉄粉は酸化作用を示し，使い捨てカイロに利用される。

[2014年センター試験・追試] ⊃ p.78 **1**

（　　　　）

❽ 金属と酸の反応に関する記述として**誤りを含むもの**を，次の①～⑥のうちから一つ選べ。

① アルミニウムは，希硝酸に溶ける。
② 鉄は，希硝酸に溶けるが，濃硝酸に溶けない。
③ 銅は，希硝酸と濃硝酸のいずれにも溶ける。
④ 亜鉛は，希硝酸と希塩酸のいずれにも溶ける。
⑤ 銀は，熱濃硫酸に溶ける。
⑥ 金は，希硝酸に溶けないが，濃硝酸には溶ける。

[2011年センター試験] ⊃ p.82 **2**，▶112

（　　　　）

❾ ある 1 種類の物質を溶かした水溶液を，白金電極を用いて電気分解した。電子が 0.4 mol 流れたとき，両極で発生した気体の物質量の総和は 0.3 mol であった。溶かした物質として適当なものを，次の①～⑤のうちから二つ選べ。ただし，解答の順序は問わない。

① NaOH ② AgNO₃ ③ CuSO₄ ④ H₂SO₄ ⑤ KI

[2014年センター試験] ⊃ p.88 **2**，**3**，▶129～133

（　　　）（　　　）

❓❶ 実験室で合成した酢酸エチルを精製するために次の図の蒸留装置を組み立てた。点線で囲んだ部分
A〜Cに関する記述について，正しいものをそれぞれ一つずつ選べ。

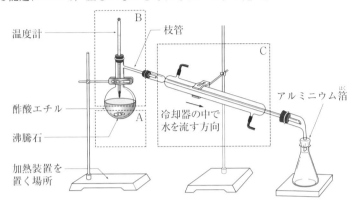

a　部分Aについて，沸騰石を入れている理由として正しいものはどちらか。
① フラスコ内の液体の突沸を防ぐため。
② フラスコ内の液体の温度を速く上げるため。

b　部分Bについて，蒸留されて出てくる成分の沸点を正しく確認するためにはどうすればよいか。
① 温度計の最下端を液中に入れる。
② 温度計の最下端を液面のすぐ近くまで下げる。
③ 温度計の最下端を枝管の付け根の高さまで上げる。

c　部分Cについて，冷却水を流す方向はどうすればよいか。
① 矢印の方向でよい。
② 矢印の方向とは逆にする。

[2005年センター試験　改]➡p.6 **2**，▶2
a（　　　）　b（　　　）　c（　　　）

❷ 炭酸カルシウムと希塩酸をふたまた試験管中で反応させ，気体を発生させる。この実験を行うとき，
下図に示すふたまた試験管の使い方(ア・イ)，気体捕集法(ウ・エ)，およびこの実験で発生した気体
を石灰水に通じたときの石灰水の変化の組合せとして最も適当なものを，下の①〜⑧のうちから一つ
選べ。ただし，図中のAとBの部分をゴム管で連結する。

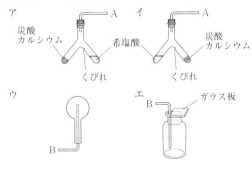

	ふたまた試験管の使い方	気体捕集法	石灰水の変化
①	ア	ウ	白濁する
②	ア	ウ	変化しない
③	ア	エ	白濁する
④	ア	エ	変化しない
⑤	イ	ウ	白濁する
⑥	イ	ウ	変化しない
⑦	イ	エ	白濁する
⑧	イ	エ	変化しない

[2016年センター試験　改]➡p.30 **1**
（　　　）

😀❸ 試料に含まれる元素の種類を調べる実験を行い,次の結果(a～c)を得た。それぞれの実験結果によって確認された元素として正しいものを,下の①～⑥のうちから一つずつ選べ。

a 試料の水溶液を白金線につけてガスバーナーの外炎に入れると,炎が赤色になった。

b 試料の水溶液に硝酸銀水溶液を加えると,白色の沈殿が生じた。

c 十分に乾燥した試料の粉末を酸化銅(Ⅱ)の粉末とともに試験管の中で加熱すると,気体が発生した。この気体を石灰水に加えると,白くにごった。

① リチウム　　② 銅　　③ 塩素
④ カルシウム　⑤ 水素　⑥ 炭素

[2007年センター試験 改]⊃p.8 ❹, ❺, ▶8

a (　　　)　b (　　　)　c (　　　)

😀❹ 物質 A～C は,塩化カルシウム,グルコース(ブドウ糖),二酸化ケイ素のいずれかである。物質 A～C について次の実験Ⅰ・Ⅱを行った。実験の結果から考えられる物質 A～C の組合せとして最も適当なものを,下の①～⑥のうちから一つ選べ。

実験Ⅰ 同じ質量の物質 A～C を別々のビーカーに入れ,それぞれのビーカーに同じ量の純水を加えてよくかき混ぜたところ,物質 A は溶けなかったが,物質 B と C は完全に溶けた。

実験Ⅱ 実験Ⅰで得られた物質 B と C の水溶液の電気伝導性を調べたところ,物質 C の水溶液のみ電気をよく通した。

	物質 A	物質 B	物質 C
①	塩化カルシウム	グルコース	二酸化ケイ素
②	塩化カルシウム	二酸化ケイ素	グルコース
③	グルコース	塩化カルシウム	二酸化ケイ素
④	グルコース	二酸化ケイ素	塩化カルシウム
⑤	二酸化ケイ素	塩化カルシウム	グルコース
⑥	二酸化ケイ素	グルコース	塩化カルシウム

[2018年センター試験・追試]⊃p.24 ❹, p.26 ❻, p.30 ❷, p.32 ❹, ▶32, 36, 44, 45

(　　　)

❺ 化学実験の操作として正しいものを,次の①～⑤のうちから一つ選べ。

① てんびんを使って粉末状の薬品をはかり取るときには,てんびんの皿の上に直接薬品をのせる。

② ビーカー内で起こっている反応の様子は,ビーカーの真上からのぞき込んで観察する。

③ 加熱している液体の温度を均一にするには,液体を温度計でかき混ぜる。

④ ガスバーナーに点火するときには,先に空気調節ねじを開いてからガス調節ねじを開く。

⑤ 成分がわからない液体をホールピペットで吸い上げるときには,安全ピペッターを用いる。

[2008年センター試験・追試]

(　　　)

実験問題

6 図は，アンモニアの発生装置および上方置換による捕集装置を示している。これらの装置を用いた実験に関する下の問い（a・b）に答えよ。

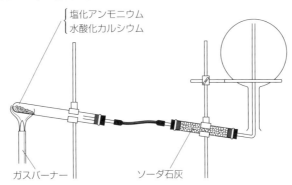

塩化アンモニウム
水酸化カルシウム
ガスバーナー　　　ソーダ石灰

a　この実験に関する記述として**誤りを含むもの**を，次の①〜⑤のうちから一つ選べ。

①　アンモニアを集めた丸底フラスコ内に，湿らせた赤色リトマス紙を入れると，リトマス紙は青色になった。

②　アンモニアを集めた丸底フラスコの口に，濃塩酸をつけたガラス棒を近づけると，白煙が生じた。

③　水酸化カルシウムの代わりに硫酸カルシウムを用いると，アンモニアがより激しく発生した。

④　ソーダ石灰は，発生した気体から水分を除くために用いている。

⑤　アンモニア発生の反応が終了した後，試験管内には固体が残った。

b　8本の試験管に水酸化カルシウムを 0.010 mol ずつ入れた。次に，それぞれの試験管に 0.0025 mol から 0.0200 mol まで 0.0025 mol きざみの物質量の塩化アンモニウムを加えた。この 8 本の試験管を 1 本ずつ順に図の発生装置の試験管と取りかえて加熱した。アンモニア発生の反応が終了した後，発生したアンモニアの物質量をそれぞれ調べた。発生したアンモニアと加えた塩化アンモニウムの物質量の関係を示すグラフとして最も適当なものを，次の①〜⑥のうちから一つ選べ。

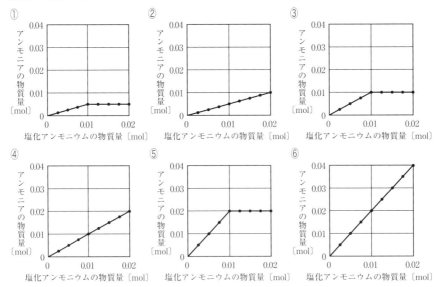

[2008年センター試験] ⟶ p.30 **1**，p.56 **1**

a（　　） b（　　）

❼ 炭酸水素ナトリウム($NaHCO_3$)を塩酸に加えると，二酸化炭素(CO_2)が発生する。この反応に関する次の実験について，下の問い（a・b）に答えよ。ただし，原子量を $H=1.0$，$C=12$，$O=16$，$Na=23$ とする。

実験

7個のビーカーに塩酸を 50 mL ずつはかりとり，それぞれのビーカーに 0.5 g から 3.5 g まで 0.5 g きざみの質量の $NaHCO_3$ を加えた。発生した CO_2 と加えた $NaHCO_3$ の質量の間に，図で示す関係がみられた。

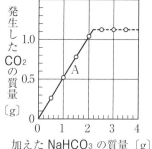

a 図の直線 A（実線）の傾きに関する記述として正しいものを，次の①〜④のうちから一つ選べ。

① 直線 A の傾きは，$NaHCO_3$ の式量に対する CO_2 の分子量の比に等しい。

② 直線Aの傾きは，未反応の $NaHCO_3$ の質量に比例する。

③ 各ビーカー中の塩酸の体積を2倍にすると，直線 A の傾きは $\frac{1}{2}$ 倍になる。

④ 各ビーカー中の塩酸の濃度を2倍にすると，直線 A の傾きは2倍になる。

b 実験に用いた塩酸の濃度は何 mol/L か。最も適当な数値を，次の①〜⑤のうちから一つ選べ。

① 0.25 ② 0.50 ③ 0.75 ④ 1.0 ⑤ 1.3

[2006年センター試験] ⊃ p.56 **1**，▶ **71**

a（　　　）　b（　　　）

❽ 次のように，ある金属 M は塩酸と反応して水素を発生する。

$$M + 2HCl \longrightarrow MCl_2 + H_2$$

反応する M の質量と発生する水素の物質量の関係が図のようになるとき，M の原子量はいくらか。最も適当な数値を，次の①〜⑤のうちから一つ選べ。

① 20 ② 25 ③ 40
④ 50 ⑤ 80

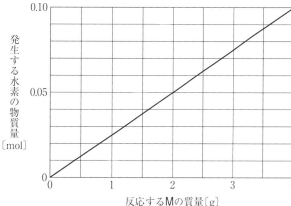

[2015年センター試験] ⊃ p.56 **1**

（　　　）

実験問題

99

❾ 試料水溶液を正確に 10 倍に薄めるため，10 mL のホールピペットと 100 mL のメスフラスコを用いて，次の操作①〜⑤を順に行うこととした。これらの操作のうち**誤りを含むもの**を一つ選べ。

① メスフラスコ内部を純水で洗浄したのち，試料水溶液で洗って用いる。

② ホールピペットの内部を純水で洗浄したのち，試料水溶液で洗って用いる。

③ ホールピペットの標線に液面の底が合うように試料水溶液をとり，メスフラスコに移す。

④ メスフラスコの標線に液面の底が合うように純水を加える。

⑤ メスフラスコに栓をして，均一になるようによく混ぜる。

[2013年センター試験] ⊃ p.70 **4**，▶**88**

(　　)

❓❿ 濃度不明の水酸化バリウム水溶液のモル濃度を求めるために，その 50 mL をビーカーにとり，水溶液の電気の通しやすさを表す電気伝導度を測定しながら，0.10 mol/L の希硫酸で滴定した。イオンの濃度により電気伝導度が変化することを利用して中和点を求めたところ，中和に要した希硫酸の体積は 25 mL であった。この実験結果に関する次の問い（a・b）に答えよ。ただし，滴定中に起こる電気分解は無視できるものとする。

a　希硫酸の滴下量に対する電気伝導度の変化の組合せとして最も適当なものを，次の①〜⑥のうちから一つ選べ。

	希硫酸の滴下量が 0 mL から 25 mL までの電気伝導度	希硫酸の滴下量が 25 mL 以上のときの電気伝導度
①	変化しなかった	減少した
②	変化しなかった	増加した
③	減少した	変化しなかった
④	減少した	増加した
⑤	増加した	変化しなかった
⑥	増加した	減少した

b　水酸化バリウム水溶液のモル濃度は何 mol/L か。最も適当な数値を，次の①〜⑥のうちから一つ選べ。

① 0.025　　② 0.050　　③ 0.10　　④ 0.25　　⑤ 0.50　　⑥ 1.0

[2018年センター試験「化学」] ⊃ p.70 **2**，▶**91**

a (　　)　 b (　　　)

⓫ 硫酸酸性水溶液における過マンガン酸カリウム $KMnO_4$ と過酸化水素 H_2O_2 の反応は，次式のように表される。

$$2KMnO_4 + 5H_2O_2 + 3H_2SO_4 \longrightarrow K_2SO_4 + 2MnSO_4 + 8H_2O + 5O_2$$

濃度未知の過酸化水素水 10.0 mL を蒸留水で希釈したのち，希硫酸を加えて酸性水溶液とした。この水溶液を 0.100 mol/L $KMnO_4$ 水溶液で滴定したところ，20.0 mL 加えたときに赤紫色が消えなくなった。希釈前の過酸化水素の濃度〔mol/L〕として最も適当な数値を，次の①～⑥のうちから一つ選べ。

① 0.25　② 0.50　③ 1.0　④ 2.5　⑤ 5.0　⑥ 10

[2010年センター試験] ⊃ ▶ 107

(　　)

❓⓬ 清涼飲料水の中には，酸化防止剤としてビタミン C（アスコルビン酸）$C_6H_8O_6$ が添加されているものがある。ビタミン C は酸素 O_2 と反応することで，清涼飲料水中の成分の酸化を防ぐ。このときビタミン C および酸素の反応は，次のように表される。

$$C_6H_8O_6 \longrightarrow C_6H_6O_6 + 2H^+ + 2e^-$$
ビタミン C　　ビタミン C が
　　　　　　酸化されたもの

$$O_2 + 4H^+ + 4e^- \longrightarrow 2H_2O$$

ビタミン C と酸素が過不足なく反応したときの，反応したビタミン C の物質量と，反応した酸素の物質量の関係を表す直線として最も適当なものを，次の①～⑤のうちから一つ選べ。

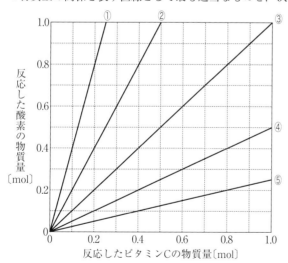

[2018年大学入学共通テスト試行調査] ⊃ p.78 **3**

(　　)

実験問題

計算問題のこたえ

中学理科の復習1 〈p.2〉

3 (1) $7.87\,g/cm^3$

化学計算の基礎 〈p.38〉

ポイントチェック (1) ① (ア) 100

      (イ) 6 ((ア), (イ)は順不同)

 ② (ア) 100 (イ) 6

  (ウ) 300 ((ア), (イ)は順不同)

 (2) (ア) 6 (イ) 23

 (3) (ア) 3 (イ) −11

 (4) ① (ア) 2＋3 (イ) 10^5

 ② (ア) 2×4 (イ) 3＋5 (ウ) $8×10^8$

 ③ (ア) 6÷3 (イ) 3−5 (ウ) $2×10^{-2}$

 (5) (ア) 18(17) (イ) 2 (ウ) 17.9(17.8) (エ) 3

 (6) ① 4桁 ② 2桁

 (7) ① 7.4 ② 0.23 ③ $6.0×10^{23}$

ドリル 1 (1) 0.45 (2) 2.5 (3) 0.3

 (4) 2 (5) 0.5 (6) 1

2 (1) 36 (2) 64 (3) 32

3 (1) 58.5 (2) 32

4 (1) $1.2×10^3$ (2) $9.65×10^4$

 (3) $−2.73×10^2$ (4) $6.0×10^5$

 (5) $1.2×10^{-3}$ (6) $1.64×10^{-2}$

 (7) $1.60×10^{-3}$

5 (1) $3.0×10^{24}$ (2) $1.9×10^7$

 (3) $9.6×10^4$ (4) $1.5×10^5$

 (5) $3.0×10^{-22}$ (6) $5.0×10^3$

6 (1) 23.0 (2) 6.5 (3) 28

 (4) $1.3×10^{23}$ (5) $9.5×10^{-1}$

7 (1) 0.125(kg) (2) 0.15(m)

 (3) 0.56(L)

8 (1) 117(g) (2) 4.0(g) (3) 8.0(g)

12 原子量と分子量・式量 〈p.42〉

ポイントチェック (7) (ア) 99 (イ) 1

  (ウ) 12.01

 (10) (ア) 1.0 (イ) 2 (ウ) 16 (エ) 18

 (12) (ア) 23 (イ) 1 (ウ) 35.5 (エ) 1

  (オ) 58.5 ((ア)と(イ), (ウ)と(エ)は順不同)

 (14) (ア) 16 (イ) 1 (ウ) 1.0 (エ) 1

  (オ) 17 ((ア)と(イ), (ウ)と(エ)は順不同)

46 27

47 10.8

48 (1) 28 (2) 18 (3) 44 (4) 98 (5) 180

49 (1) 40 (2) 100 (3) 40 (4) 62 (5) 262

50 (1) 160 (2) 70.0(%)

13 物質量 〈p.44〉

ポイントチェック (3) $6.0×10^{23}$ (5) 2

 (7) 27 (9) 18 (11) 23 (13) 58.5

 (18) $6.0×10^{23}$, 32, 22.4 (19) 14(14.0)

ドリル 1 (1) 1.0(mol) (2) 1.5(mol)

 (3) 10(mol) (4) 2.5(mol)

 (5) $1.5×10^{-1}$(mol)

2 (1) $6.0×10^{23}$(個) (2) $1.8×10^{23}$(個)

 (3) $1.2×10^{24}$(個) (4) $6.0×10^{22}$(個)

 (5) $6.0×10^{21}$(個)

3 (1) 1.0(mol) (2) 0.20(mol)

 (3) 4.0(mol) (4) $9.0×10^{23}$(個)

 (5) $1.2×10^{23}$(個)

4 (1) 12(g) (2) 34(g) (3) 5.9(g)

5 (1) 0.50(mol) (2) 2.0(mol)

 (3) 0.20(mol) (4) $2.5×10^{-2}$(mol)

6 (1) 4.48(L) (2) 33.6(L) (3) 5.60(L)

7 (1) 0.500(mol) (2) 0.125(mol)

 (3) 0.300(mol) (4) $2.50×10^{-2}$(mol)

8 (1) 45(L) (2) 2.2(L)

9 (1) 8.5(g) (2) 5.5(g)

51 (1) (イ) 98(g/mol) (ウ) 0.050(mol) (エ) 0.10(mol)

 (2) (イ) 74(g/mol) (ウ) 0.10(mol) (エ) 0.20(mol)

  (オ) $1.2×10^{23}$(個)

52 (1) $7.3×10^{-23}$(g) (2) 27

53 (1) 物質量：0.50(mol) 質量：8.0(g)

 (2) 物質量：0.25(mol) 質量：11(g)

54 (1) $\dfrac{w}{M}$(mol) (2) $\dfrac{22.4w}{M}$(L)

 (3) $\dfrac{6.0×10^{23}w}{M}$(個)

55 (1) 16 (2) 28.0

14 溶液の濃度 〈p.50〉

ポイントチェック (8) (ア) 10 (イ) 10

  (ウ) 90 (エ) 10 ((イ), (ウ)は順不同)

ドリル (1) 1.0(mol/L) (2) 4.0(mol/L)

 (3) 0.25(mol/L) (4) 0.20(mol/L)

 (5) 1.0(mol) (6) 0.40(mol) (7) 18(g)

 (8) 8.0(g)

56 (1) $1.2×10^3$(g) (2) $4.3×10^2$(g)

 (3) 12(mol/L)

59 (1) 144(g) (2) 28(g)

60 (1) 184(g)　(2) 3.4(mol/L)

15　化学反応式　　　　　　　　　〈p.54〉

61 (ア) 3　(イ) 4　(ウ) 2　(エ) 1
　　(オ) 10　(カ) 5

62 (1) 2, 1, 2　(2) 4, 3, 2,
　　(3) 2, 7, 4, 6　(4) 2, 6, 2, 3
　　(5) 1, 2, 1, 1　(6) 1, 2, 1, 2, 1
　　(7) 2, 1, 1, 2, 2　(8) 1, 1, 1
　　(9) 1, 2, 1, 1　(10) 1, 2, 1, 1

16　化学反応式の量的関係　　　　〈p.56〉

ポイントチェック　③ 2, 1, 2　④ 2, 1, 2
　⑤ 2, 1, 2　⑥ 1, 8, 9　⑧ 2, 1
　⑨ 1, 2, 1, 1　⑩ 1, 2, 1, 1　⑪ 1(L)
　⑫ 22.4(L)

64 (1) 4.0(mol)　(2) 66(g)　(3) 67(L)
　　(4) 11(L)

65 17(g)

66 (2) 32(g)

67 (2) 0.95(g)

68 1.1(L)

69 (1) 8.0(g)　(2) 5.0(L)

70 8.5(g)

71 (1) 2.5(g), 1.1(g)
　　(2) 2.5×10^{-2}(mol)，2.5×10^{-2}(mol)
　　(3) 2.0(mol/L)

72 MgがAlより3.0g多い。

節末問題　　　　　　　　　　　〈p.60〉

❷ ⑤　❹ ③　❺ ②　❻ ②　❼ ②　❽ ③
❾ ③　❿ ②　⓫ ③　⓬ ④　⓭ ③　⓮ ②

18　水素イオン濃度とpH　　　　　〈p.66〉

ポイントチェック　(7) 1.0×10^{-7}　(8) 3
　(9) 1.0×10^{-6}　(10) 4　(11) 1.0×10^{-5}
　(14) 1000

ドリル　❶　(1) 2.0×10^{-3}(mol/L)
　　(2) 2.0×10^{-2}(mol/L)
　　(3) 2.0×10^{-5}(mol/L)

❷　(1) 1.0×10^{-2}(mol/L)
　　(2) 8.0×10^{-3}(mol/L)
　　(3) 1.0×10^{-3}(mol/L)

❸　(1) (pH＝)2　(2) (pH＝)2
　　(3) (pH＝)3　(4) (pH＝)5

❹　(1) (α＝)0.025　(2) (α＝)1.0

80 (1) 100(倍)　(2) (pH＝)10
　　(3) (pH≒)7

81 1000(倍)

82 (オ)＞(ウ)＞(カ)＞(イ)＞(ア)＞(エ)

84 (1) (pH＝)11　(2) (pH＝)10

85 (1) 8.0×10^{-4}(mol/L)
　　(2) 1.3×10^{-11}(mol/L)

86 (1) 2.0×10^{-4}(mol/L)，1.0×10^{-5}(mol)
　　(2) 1.0×10^{-3}(mol/L)，5.0×10^{-4}(mol)

19　中和反応と塩　　　　　　　　〈p.70〉

ポイントチェック　(7) (ア) 2　(イ) 2
　(8) (ア) 1.5　(イ) 1.0

90 (1) 1.0(mol/L)
　　(2) 物質量：0.10(mol)　質量：6.0(g)

91 (1) 4.0×10^{-4}(mol)　(2) 1.0×10^{-4}(mol)
　　(3) 2.0×10^{-4}(mol)

92 (1) 2.0×10^{2}(mL)　(2) 0.25(mol/L)

93 (1) 16(mL)　(2) 15(mL)

94 (1) 8.0×10^{-2}(mol/L)
　　(2) 8.0×10^{-2}(mol/L)

95 (1) 1.0×10^{3}(mL)　(2) 2.5×10^{3}(mL)
　　(3) 6.0×10^{2}(mL)

節末問題　　　　　　　　　　　〈p.74〉

❹ ③　❻ a ②　b ③　❼ ③

21　酸化剤・還元剤　　　　　　　〈p.78〉

106 (3) 2.0(mol)

107 0.50(mol)

108 (2) 0.025(mol/L)

109 (3) 0.50(mol/L)　(4) 1.7(%)

23　電池　　　　　　　　　　　　〈p.84〉

123 (5) 24g増加する

125 (3) 1.0(mol)　(4) 18(g)

24　電気分解　　　　　　　　　　〈p.88〉

ポイントチェック　(18) (ア) 0.50　(イ) 0.25

131 (1) 965(C)　(2) 0.0100(mol)

132 (2) 1.9×10^{3}(C)　(3) 0.020(mol)
　　(4) 5.0×10^{-3}(mol)　(5) 0.64(g)

133 (1) 0.0200(mol)　(2) 1930(C)
　　(3) 16分5秒　(4) 224(mL)

134 (3) 0.32g増加する　(4) 1.1×10^{2}(mL)

25　金属の製錬　　　　　　　　　〈p.92〉

135 (5) 14(kg)

節末問題　　　　　　　　　　　〈p.94〉

❺ ③

実験問題　　　　　　　　　　　〈p.96〉

❼ b ②　❽ ③　❿ b ②　⓫ ②

アクセスノート化学基礎

表紙デザイン──難波邦夫
本文基本デザイン──エッジ・デザインオフィス

●編　者 ─ 実教出版編修部

●発行者 ─ 小田　良次

●印刷所 ─ 共同印刷株式会社

〒102-8377　東京都千代田区五番町5
電話〈営業〉（03）3238-7777
〈編修〉（03）3238-7781
●発行所 ─ 実教出版株式会社　　〈総務〉（03）3238-7700
https://www.jikkyo.co.jp/

002402022　　　　　　　　　ISBN　978-4-407-36049-3

これだけは覚えたい化学式　105種

単体

（金属）25種

- [ ] Ag　銀
- [ ] Al　アルミニウム
- [ ] Au　金
- [ ] Ba　バリウム
- [ ] Be　ベリリウム
- [ ] Ca　カルシウム
- [ ] Cr　クロム
- [ ] Cs　セシウム
- [ ] Cu　銅
- [ ] Fe　鉄
- [ ] Ge　ゲルマニウム
- [ ] Hg　水銀
- [ ] K　カリウム
- [ ] Li　リチウム
- [ ] Mg　マグネシウム
- [ ] Na　ナトリウム
- [ ] Ni　ニッケル
- [ ] Pb　鉛
- [ ] Pt　白金（プラチナ）
- [ ] Rb　ルビジウム
- [ ] Sn　スズ
- [ ] Sr　ストロンチウム
- [ ] Ti　チタン
- [ ] W　タングステン
- [ ] Zn　亜鉛

（非金属）18種

- [ ] Ar　アルゴン
- [ ] B　ホウ素
- [ ] C　炭素
- [ ] He　ヘリウム
- [ ] Kr　クリプトン
- [ ] Ne　ネオン
- [ ] P　リン
- [ ] S　硫黄
- [ ] Si　ケイ素
- [ ] Xe　キセノン
- [ ] Br_2　臭素
- [ ] Cl_2　塩素
- [ ] F_2　フッ素
- [ ] H_2　水素
- [ ] I_2　ヨウ素
- [ ] N_2　窒素
- [ ] O_2　酸素
- [ ] O_3　オゾン

化合物

（気体）7種

- [ ] CO　一酸化炭素
- [ ] CO_2　二酸化炭素
- [ ] NO　一酸化窒素
- [ ] NO_2　二酸化窒素
- [ ] SO_2　二酸化硫黄
- [ ] H_2S　硫化水素
- [ ] HF　フッ化水素

（酸）7種

- [ ] HCl　塩酸（塩化水素）
- [ ] HNO_3　硝酸
- [ ] H_2SO_4　硫酸
- [ ] CH_3COOH　酢酸
- [ ] H_2SO_3　亜硫酸
- [ ] $H_2C_2O_4, (COOH)_2$　シュウ酸
- [ ] H_3PO_4　リン酸

（塩基）7種

- [ ] KOH　水酸化カリウム
- [ ] NaOH　水酸化ナトリウム
- [ ] $Ba(OH)_2$　水酸化バリウム
- [ ] $Ca(OH)_2$　水酸化カルシウム
- [ ] NH_3　アンモニア
- [ ] $Mg(OH)_2$　水酸化マグネシウム
- [ ] $Cu(OH)_2$　水酸化銅（Ⅱ）

（塩）21種

- AgCl　塩化銀
- [ ] NaCl　塩化ナトリウム（食塩）
- [ ] NH_4Cl　塩化アンモニウム
- [ ] $CaCl_2$　塩化カルシウム
- [ ] $CuCl_2$　塩化銅（Ⅱ）
- [ ] $BaSO_4$　硫酸バリウム
- [ ] $CaSO_4$　硫酸カルシウム
- [ ] $CuSO_4$　硫酸銅（Ⅱ）
- [ ] $FeSO_4$　硫酸鉄（Ⅱ）
- [ ] Na_2SO_4　硫酸ナトリウム

- [ ] $ZnSO_4$　硫酸亜鉛
- [ ] $NaHSO_4$　硫酸水素ナトリウム
- [ ] Na_2SO_3　亜硫酸ナトリウム
- [ ] $AgNO_3$　硝酸銀
- [ ] $Cu(NO_3)_2$　硝酸銅（Ⅱ）
- [ ] KNO_3　硝酸カリウム
- [ ] $CaCO_3$　炭酸カルシウム
- [ ] Na_2CO_3　炭酸ナトリウム
- [ ] $NaHCO_3$　炭酸水素ナトリウム
- [ ] NaClO　次亜塩素酸ナトリウム
- [ ] CH_3COONa　酢酸ナトリウム

（酸化物）7種

- [ ] Al_2O_3　酸化アルミニウム
- [ ] CaO　酸化カルシウム
- [ ] CuO　酸化銅（Ⅱ）
- [ ] H_2O　水
- [ ] MnO_2　酸化マンガン（Ⅳ）
- [ ] PbO_2　酸化鉛（Ⅳ）
- [ ] SiO_2　二酸化ケイ素

（酸化還元）4種

- [ ] $KMnO_4$　過マンガン酸カリウム
- [ ] $K_2Cr_2O_7$　ニクロム酸カリウム
- [ ] H_2O_2　過酸化水素
- [ ] KI　ヨウ化カリウム

（有機化合物）9種

- [ ] CH_4　メタン
- [ ] C_2H_6　エタン
- [ ] C_2H_4　エチレン
- [ ] C_3H_8　プロパン
- [ ] C_4H_{10}　ブタン
- [ ] C_6H_6　ベンゼン
- [ ] CH_3OH　メタノール
- [ ] C_2H_5OH　エタノール
- [ ] $C_6H_{12}O_6$　グルコース（ブドウ糖）

アクセスノート 化学基礎 解答

実教出版

中学理科の復習1

〈p.2〉

確認問題

ポイントチェック

(1) 延性　(2) 有機物　(3) 密度　(4) 水上置換法

(5) 溶質　(6) 状態変化　(7) 原子　(8) 化学式

1 (1) (ア)　(2) (オ)　(3) (イ)

▶**解説**◀　金属に共通する性質として3つの性質がある。

・見た目の性質→金属光沢

・力を加えたときの性質→引っぱると延びる「延性」，たたいて広がり箔になる「展性」

・電気をよく通し，熱をよく伝える性質→電気伝導性，熱伝導性

2 有機物：(ア)，(イ)，(オ)　　無機物：(ウ)，(エ)

▶**解説**◀　まずは，有機物であるかどうかを考え，有機物でないものは，無機物と考える。有機物は，加熱すると黒くこげて炭になったり，燃えて二酸化炭素が発生する物質である。

無機物は，有機物以外の物質である。

3 (1) $7.87\,\mathrm{g/cm^3}$　(2) (イ)

▶**解説**◀　密度は，単位体積あたりの物質の質量である。

$$密度 = \frac{物質の質量〔g〕}{物質の体積〔cm^3〕} = \frac{40.6\,\mathrm{g}}{5.16\,\mathrm{cm^3}} = 40.6 \div 5.16 = 7.\overset{7}{8}68\cdots$$

小数第3位を四捨五入↑

$$\fallingdotseq 7.87\,(\mathrm{g/cm^3})$$

体積の単位は$\mathrm{cm^3}$以外に，mL，Lでもかまわないが，どの単位を用いているか注意する。

密度は，温度と物質が決まると決まった値を示すため，密度の値は，その物質が何であるかの手がかりになる。

4 (1) 上方置換法　(2) 二酸化炭素

(3) (ア) 化学式 H_2O　(イ) 化学式 NH_3

(ウ) 化学式 CO_2

▶**解説**◀　(1) アンモニアは，水に溶けやすく空気より軽いため，上方置換法で捕集する。

(2) 液体(溶媒)に溶かす物質が溶質である。溶媒は液体だが，溶質は固体，液体，気体の場合がある。

(3) それぞれの原子の粒子モデルをはなさず，くっつける。

有機物

有機物は，物質の成分として炭素を含むものである。ただし，一酸化炭素，二酸化炭素，炭酸カルシウムのような金属を含む炭酸塩は，無機物とする。プラスチックは，有機物である。

◀$密度 = \dfrac{物質の質量〔g〕}{物質の体積〔cm^3〕}$

気体の捕集法

水に溶けにくい気体

　　　→水上置換法

水に溶けやすく，空気より軽い気体

　　　→上方置換法

水に溶けやすく，空気より重い気体

　　　→下方置換法

確認問題

ポイントチェック

(1) 化合物　　(2) $C + O_2 \longrightarrow CO_2$　　(3) 陽イオン　　(4) 電離

(5) 陰極　　(6) 電池

１ (1) 単体：Cl_2, Zn, H_2　化合物：CO_2, $NaCl$, NH_3

　　(2) ① $2Mg + O_2 \longrightarrow 2MgO$　② $2H_2O \longrightarrow 2H_2 + O_2$

　　　　③ $2CuO + C \longrightarrow 2Cu + CO_2$

　　(3) ① $NaCl \longrightarrow Na^+ + Cl^-$　② $HCl \longrightarrow H^+ + Cl^-$

　　　　③ $NaOH \longrightarrow Na^+ + OH^-$

▶解説◀　(1)　1種類の元素からなる物質が単体で，2種類以上の元素からなる物質が化合物である。

(2)　矢印の左右で，原子の種類と数が同じになるようにする。

　　矢印の左側に反応前の物質(反応物)，右側に化学反応によってできた物質(生成物)を書き，原子の種類と数があうように，係数で調整する。

(3)　矢印の左右で，原子の種類と数，そして陽イオンの＋の和と陰イオンの－の和が同じになるようにする。

２ (1) 亜鉛板　　(2) ア：銅イオン　イ：電子　ウ：銅

▶解説◀　(1)　電子を放出する亜鉛板が－極，電子が向かう銅板が＋極になる。

(2)　亜鉛が放出した電子は，導線を通って銅板のほうへ移動する。銅板が浸っている硫酸銅水溶液中には銅イオン(Cu^{2+})があり，銅板から電子を受け取って，銅となって析出する

３ (1) $CuCl_2 \longrightarrow Cu^{2+} + 2Cl^-$　　(2) 銅　　(3) 塩素

　　(4) 電極A

▶解説◀　(1)　塩化銅は，電離して銅イオンと塩化物イオンを生じる。

(2)(3)(4)　銅イオンは，陰極で電子を受け取り，銅となる。塩化物イオンは，陽極で電子を放出して塩素となる。

単体…1種類の元素からなる物質

化合物…2種類以上の元素からなる物質

化学式…元素記号を用いて物質を表したもの

化学反応式…化学変化を化学式と矢印を用いて表したもの

電離…物質がイオンに分かれる現象

電解質…水に溶けて電離してイオンを生じる物質

非電解質…水に溶かしたときに電離しない物質

塩化銅の電気分解

陽極→塩素が発生する。

陰極→銅が付着する。

1章 物質の構成

1 物質の種類と性質 〈p.6〉

ポイントチェック

(1) 純物質　(2) 混合物　(3) 融点　(4) 沸点　(5) 密度

(6) 純物質　(7) 精製　(8) ろ過　(9) 蒸留　(10) 再結晶

(11) 抽出　(12) 昇華　(13) クロマトグラフィー

(14) 蒸留　(15) ろ液　(16) 分留(分別蒸留)

EXERCISE

1 (1) A　(2) A　(3) B　(4) A　(5) B

(6) A　(7) A　(8) B　(9) B　(10) A

▶**解説**◀ (3) 石油は，ガソリンや灯油などの混合物である。

(5) 空気は，窒素や酸素などが混じりあった混合物である。

(8) 海水は，塩化ナトリウムなどの塩分が水に溶けた混合物である。

(9) 塩酸は，気体の塩化水素を水に溶かした混合物である。

(10) ダイヤモンドは，炭素からなる純物質である。

2 (1) 水(蒸留水)　(2) B　リービッヒ冷却器　C　枝付きフラスコ

(3) 急激な沸騰(突沸)を防ぐため。　(4) ⑦

▶**解説**◀ (2) リービッヒは，ドイツの化学者で，有機化学の基礎を築いた。

(3) ガラス器具で液体を加熱するとき，急激な沸騰によって液体が吹き出る現象を突沸という。

(4) (イ)の方向に水を流すと冷却水が流れる部分に水がたまらず，十分に冷却することができない。

> (3) 蒸留中に突沸が起こると，枝を通って蒸留前の液体が出てきてしまうことがある。

3 (1) ⑦　(2) ⑦　(3) ⑦　(4) ⑦　(5) ⑦

▶**解説**◀ (1) 温度を上げていくとヨウ素が昇華するので，この気体に冷水が入ったフラスコなどを近づけると，ヨウ素だけが固体としてフラスコの底部に付着する。

(2) 結晶を高温の水に完全に溶かしてから温度を下げていくと，硝酸カリウムだけが結晶となって析出してくる。

(3) 原油を分留すると，30～180℃でガソリン，150～270℃で灯油が得られる。

(4) 食塩水の温度を上げていくと，水が沸騰して水蒸気になるので，気体の水蒸気だけを集めて温度を下げれば水(蒸留水)だけが得られる。

(5) ろ過することで，固体の炭酸カルシウムがろ紙上に得られる。

> **昇華しやすい物質**
>
> ヨウ素，ドライアイス，ナフタレンなどがある。

4 ⑦

▶**解説**◀ ヨウ素を昇華させるために，加熱する必要がある。また，気体になったヨウ素を冷却して固体にするので，冷水が必要である。

ポイントチェック

(1) 元素　　(2) 単体　　(3) 化合物

(4) (ア) 化合物　(イ) 混合物　(ウ) 単体
　　(エ) 混合物　(オ) 混合物　(カ) 化合物

(5) 同素体　　(6) (ア) 黒鉛　(イ) ダイヤモンド((ア), (イ)は順不同)

(7) オゾン　　(8) (ア) 赤リン　(イ) 黄リン((ア), (イ)は順不同)

(9) (ア) 斜方硫黄　(イ) 単斜硫黄　(ウ) ゴム状硫黄((ア)〜(ウ)は順不同)

(10) 炎色反応　(11) 黄　　(12) 赤　　(13) 青緑

(14) 赤紫　　(15) 橙赤　　(16) 塩素　　(17) 炭素

(6) グラフェン, グラファイト, カーボンナノチューブも可。

ドリル

1 (1) H　(2) K　(3) O　(4) Ar　(5) F　(6) Ag
　　(7) S　(8) P　(9) Ne　(10) N　(11) Na　(12) C
　　(13) Ca　(14) Cl　(15) Fe　(16) Al

2 (1) ヘリウム　(2) リチウム　(3) 水銀　(4) 金
　　(5) ケイ素　(6) 臭素　(7) スズ　(8) ホウ素
　　(9) ヨウ素　(10) 銅　(11) 白金　(12) マグネシウム
　　(13) バリウム　(14) ニッケル　(15) 鉛　(16) 亜鉛

E X E R C I S E

5 (1) 単体　(2) 元素　(3) 元素　(4) 単体　(5) 元素

▶解説◀　「単体」は具体的な物質を表し，「元素」は物質（単体や化合物）を構成する成分を表す。

(1) 単体名である。金という具体的な物質について述べている。

(2) 元素名である。食品に含まれる化合物の成分として使われている。

(3) 元素名である。地殻を構成する化合物の成分として使われている。

(4) 単体名である。酸素という具体的な物質について述べている。

(5) 元素名である。水をつくる化合物の成分として使われている。

6 (エ)

▶解説◀　同素体とは，同じ元素からなる単体で，性質が異なる物質どうしのことである。

(ア) ともに炭素Cからなる単体で，同素体である。

(イ) 酸素O_2，オゾンO_3で，同素体である。

(ウ) ともにリンPからなる単体で，同素体である。

(エ) 一酸化炭素COと二酸化炭素CO_2は，ともに化合物で同素体ではない。

7 (ア), (イ), (カ)

▶解説◀　(ウ) 誤り。純物質の化合物から単体を得るには，物理的方法ではなく，化学的方法（電気分解など）を使う。

(エ) 誤り。すべての元素に，同素体があるわけではない。

おもな同素体

S：斜方硫黄，単斜硫黄，ゴム状硫黄

C：ダイヤモンド，黒鉛（グラファイト），フラーレン

O：酸素O_2，オゾンO_3

P：黄リン，赤リン

「同素体はSCOP（スコップ）で掘る。」と覚えよう。

(ｵ) 誤り。酸素とオゾンは同素体で，同じ元素からできているが，性質は異なり，沸点も異なる。

←酸素の沸点 −183℃
オゾンの沸点 −112℃

8 (1) **ナトリウム**　(2) **塩素**

▶**解説**◀ (1) 炎色反応で黄色を示すのは，ナトリウムである。

(2) 化学反応式は，次のように表される。

$$AgNO_3 + NaCl \longrightarrow NaNO_3 + AgCl$$

白色沈殿は塩化銀 $AgCl$ である。

炎色反応
Li：赤　Na：黄
K：赤紫　Ca：橙赤
Sr：深赤　Ba：黄緑
Cu：青緑

---

3 物質の三態と熱運動　〈p.10〉

ポイントチェック

(1) 拡散　(2) 熱運動　(3) 高い　(4) 物理変化(状態変化)

(5) 化学変化　(6) (ｱ) 固体 (ｲ) 液体 (ｳ) 気体 ((ｱ)〜(ｳ)は順不同)

(7) 固体　(8) 液体　(9) 気体　(10) 融解　(11) 蒸発

(12) 凝縮　(13) 凝固　(14) 昇華　(15) 凝華　(16) 融点

(17) 沸点

EXERCISE

9 (ｱ) 拡散　(ｲ) 熱運動　(ｳ) 高

▶**解説**◀ 拡散は物質の温度が高いほど速く進む。これは，温度が高いほど熱エネルギーが大きく，多くの粒子が激しく熱運動するためである。

10 (1) 凝縮　(2) 凝固　(3) 昇華　(4) 蒸発　(5) 融解

▶**解説**◀ (3) ナフタレンは固体であり，昇華しやすい。よって，防虫剤は時間とともに小さくなる。

融解熱と蒸発熱
固体から液体への状態変化のときに必要なエネルギーを**融解熱**といい，液体から気体への状態変化のとき必要なエネルギーを**蒸発熱**という。

11 (ｱ) A　(ｲ) B　(ｳ) A

▶**解説**◀ 物質の状態が変化することを物理変化(状態変化)，物質が別の物質に変わることを化学変化という。

(ｱ) 水が酸素と水素という別の物質に変化している。

(ｲ) 液体が気体になるという状態変化(蒸発)である。

(ｳ) 鉄が酸化して酸化鉄という別の物質に変化している。

12 (ｱ), (ｲ), (ｵ)

▶**解説**◀ (ｱ) 正しい。物質を構成する粒子の間には引力がはたらく。一方，温度が高くなると熱運動が激しくなる。熱運動の激しさによって，粒子の集合状態が変わり状態変化が起こる。

(ｲ) 正しい。液体内部からも蒸発が起こる現象を沸騰といい，一定の圧力のもとで沸騰が起こる温度を沸点という。

(ｳ) 誤り。ドライアイスは，二酸化炭素が固体になった物質で，大気圧下で昇華しやすい。

(エ) 誤り。高温の分子は，低温の分子より熱運動が激しくなる。

(オ) 正しい。水は，外部より熱を吸収して，気体の水蒸気になる。

13 (1) 融点　　(2) 液体　　(3) 沸点　　(4) a　　(5) c

▶解説◀　(1)(3) 加えた熱エネルギーは，aでは固体が液体に変化するために，cでは液体が気体に変化するために使われるので，温度は一定となる。

4　原子の構造 〈p.12〉

ポイントチェック

(1) 原子　　　　(2) 10^{-10}　　　(3) 原子核　　(4) 陽子

(5) 中性子　　　(6) 10^5　　　　(7) 倍

(8) (ア) 等しく　(イ) 反対　　(9) (ア) もたず　(イ) 中性

(10) 原子番号　　(11) 質量数　　(12) 同位体　　(13) ほぼ同じである

(14) (ア) 左下　(イ) $_6C$　　(15) (ア) 左上　(イ) ^{16}O

(16) ^2H　　　　(17) 放射性　　(18) $\dfrac{1}{16}$（16分の1）

E X E R C I S E

14 (1) 11　　(2) 12　　(3) 11

▶解説◀　すべての原子において原子番号と陽子の数と電子の数は等しい。$_a^b$元素記号において，$a=$原子番号，$b=$質量数であり，陽子の数$=a$，電子の数$=a$，中性子の数$=b-a$となる。

Keypoint

陽子の数＝電子の数＝原子番号，中性子の数＝質量数－陽子の数

←すべての原子において，陽子の数と電子の数は等しい。したがって，原子は電気的に中性である。

15 (ア) 1　(イ) 1　(ウ) 1　(エ) 0　(オ) 1　(カ) 8　(キ) 8
　　 (ク) 8　(ケ) 8　(コ) 16　(サ) 17　(シ) 17　(ス) 17　(セ) 18
　　 (ソ) 35　(タ) 26　(チ) 26　(ツ) 26　(テ) 30　(ト) 56　(ナ) 82
　　 (二) 82　(ヌ) 82　(ネ) 126　(ノ) 208　(ハ) 92　(ヒ) 92　(フ) 92
　　 (ヘ) 146　(ホ) 238

▶解説◀　元素記号の左下の数字は原子番号を表し，この数字は陽子の数と電子の数に等しい。また，元素記号の左上の数字は質量数を表し，この数字は陽子の数と中性子の数の和である。

Keypoint

原子番号＝陽子の数＝電子の数，質量数＝陽子の数＋中性子の数

16 (ア) ○　(イ) ○　(ウ) ×　(エ) ×　(オ) ○

▶解説◀　(ウ) 誤り。^1Hは，例外的に中性子をもたない原子である。

(エ) 誤り。すべての原子で，陽子の数＝電子の数である。

17 (イ)

▶**解説**◀ 同位体とは，陽子の数が同じで，中性子の数が異なるため，質量数が異なる原子どうしのことである。化学的性質はよく似ている。

18 (1) (ウ)　　　(2) (ア)　　　(3) (イ)

▶**解説**◀ どの水素原子も，陽子を1個もつ。水素原子には，中性子の数が異なる同位体が3種類ある。(イ)は三重水素，(ウ)は重水素という。

参考までに，それぞれの存在比は，^1_1H軽水素（プロチウム）が99.9885％，^2_1H重水素（ジュウテリウム）が0.0115％，^3_1H三重水素（トリチウム）はごく微量である。

◀三重水素（トリチウム）は，放射性同位体である。

5 電子殻と電子配置　　　⟨p.14⟩

●ポイントチェック●

(1) 電子殻　　(2) (ア) K (イ) L (ウ) M (エ) N
(3) (ア) 2 (イ) 8 (ウ) 18 (エ) 32　　(4) (ア) 2 (イ) 8 (ウ) 1
(5) 価　　(6) (ア) 2 (イ) 8　　(7) (ア) 2 (イ) 8 (ウ) 8
(8) 安定　　(9) (ア) 2 (イ) 8　　(10) 0

原子番号順の元素記号の覚え方

水	兵	リーベ	ぼく
H	He	Li Be	B C

の	ふ	ね	なな
N	O	F	Ne Na

まがり	シップ	ス
Mg Al	Si P	S

クラーク	か
Cl Ar	K Ca

E X E R C I S E

19 (1) (イ)　　(2) (ウ)　　(3) (ア), (エ)　　(4) (エ)

▶**解説**◀ (ア)はフッ素，(イ)はネオン，(ウ)はナトリウム，(エ)は塩素である。
(3) 価電子の数が同じ原子は，化学的性質が似ている。

◀価電子の数が，原子の化学的性質を決めている。

20 (ア) 2−4　　(イ) 2−6　　(ウ) 2−8−1
　　(エ) 2−8−3　　(オ) 2−8−7

▶**解説**◀ 原子番号が，電子の数を表している。各電子殻に入る最大電子数は，K殻2個，L殻8個であり，内側のK殻から電子が入る。

21 (イ)

▶**解説**◀ (イ) 誤り。ヘリウムを除いた貴ガス原子の最外殻には8個の電子があるが，価電子の数は0とみなす（ヘリウム原子の最外殻には，2個の電子があるが，価電子の数は0とみなす）。

◀貴ガスは，

ヘリウム	He	
ネオン	Ne	
アルゴン	Ar	
クリプトン	Kr	6種類
キセノン	Xe	
ラドン	Rn	

22 (1) Si　　(2) Cl　　(3) 3

▶**解説**◀ (1) K殻2個，L殻8個，M殻4個の，原子番号14のケイ素である。
(2) フッ素は価電子を7個もつので，K殻2個，L殻8個，M殻7個の，原子番号17の塩素である。
(3) 原子番号が5なので，電子は5個であり，K殻2個，L殻3個で価電子の数は3となる。

23 (1)　(2)　(3)　(4)

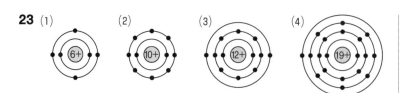

〈p.16〉

6　イオンの生成

ポイントチェック

(1)　陽イオン　　　　(2)　陰イオン　　　　(3)　(ア)　放出して　(イ)　陽

(4)　(ア)　受け取って　(イ)　陰　　　　(5)　単原子イオン

(6)　多原子イオン　　(7)　価数　　　　(8)　イオン化

(9)　電子親和力　　　(10)　1　　　　(11)　2　　　　(12)　3

(13)　2　　　　　　　(14)　1　　　　(15)　ネオン　　　(16)　アルゴン

ドリル

1 (1)　リチウムイオン　　(2)　鉄(Ⅱ)イオン　　(3)　カリウムイオン

(4)　鉄(Ⅲ)イオン　　　(5)　水素イオン　　　(6)　バリウムイオン

(7)　フッ化物イオン　　(8)　酸化物イオン　　(9)　炭酸イオン

(10)　リン酸イオン

2 (1)　Na^+　　(2)　Ca^{2+}　　(3)　Mg^{2+}　　(4)　Al^{3+}

(5)　Cu^+　　(6)　Cu^{2+}　　(7)　Cl^-　　(8)　S^{2-}

(9)　$NO_3{}^-$　(10)　$SO_4{}^{2-}$　(11)　OH^-　(12)　$NH_4{}^+$

E X E R C I S E

24 (1)　(オ)　　(2)　(エ)　　(3)　(ア)

▶解説◀　(ア)～(オ)は，原子の電子配置であるため，それぞれの電子の数は
原子番号である。したがって，(ア)ヘリウム，(イ)リチウム，(ウ)ホウ素，(エ)フッ
素，(オ)ナトリウムとなる。

(1)　1価の陽イオンになりやすいものは，(イ)リチウムと(オ)ナトリウムであ
　　るが，(イ)は，陽イオンになったとき，Ne ではなく，He と同じ電子配
　　置をとる。

(2)　電子親和力は，原子が1価の陰イオンになるときに放出するエネルギ
　　ーであり，このエネルギーが大きいほど陰イオンになりやすい。

(3)　貴ガスは，単原子分子として存在し，ほかの元素と反応しにくい傾向
　　がある。

> **イオンの電子配置**
> イオンの電子配置は，原子番号が最も近い貴ガスと同じ電子配置である。

Keypoint

> **イオンの電子の数**
> 　陽イオン　→　（原子番号－イオンの価数）
> 　陰イオン　→　（原子番号＋イオンの価数）

25 (1) (イ), (キ)　　(2) (エ), (カ)　　(3) (ア), (ウ), (オ)

▶解説◀　(1)　陽イオンになりやすいもの：LiやMgなど，原子番号が貴ガスに近く，その原子番号より大きい原子

(2)　陰イオンになりやすいもの：F，Clなど，原子番号が貴ガスに近く，その原子番号より小さい原子

(3)　単原子イオンになりにくいもの：Ne，Arなどの貴ガスや，C，Siなどの14〜15族元素

Keypoint

陽イオン…原子または原子団が電子を放出して正に帯電した粒子
陰イオン…原子または原子団が電子を受け取って負に帯電した粒子

周期表

H							He
Li	Be	B	C	N	O	F	Ne
Na	Mg	Al	Si	P	S	Cl	Ar

陽イオンになりやすい｜陽イオンになりにくい｜陰イオンになりやすい｜イオンになりにくい

26 (1)　$Na \longrightarrow Na^+ + e^-$　　(2)　$Ag \longrightarrow Ag^+ + e^-$

(3)　$Mg \longrightarrow Mg^{2+} + 2e^-$　　(4)　$Al \longrightarrow Al^{3+} + 3e^-$

(5)　$Cl + e^- \longrightarrow Cl^-$　　(6)　$O + 2e^- \longrightarrow O^{2-}$

▶解説◀　(1)〜(4)　価電子を1〜3個もつ原子は，その価電子を放出して陽イオンになる。このとき電子配置は，貴ガスと同じ安定な電子配置になる。

(5)(6)　価電子を6〜7個もつ原子は，最外殻電子が8個になるように電子を受け取って陰イオンになる。このとき電子配置は，貴ガスと同じ安定な電子配置になる。

←$Na - e^- \longrightarrow Na^+$
と書かないようにする。

7　周期表

〈p.18〉

ポイントチェック

(1)　周期律　　(2)　価電子　　(3)　周期　　(4)　7

(5)　族　　(6)　18　　(7)　同族元素　　(8)　アルカリ金属

(9)　アルカリ土類金属　　(10)　ハロゲン　　(11)　貴ガス(希ガス)

(12)　典型元素　　(13)　遷移元素　　(14)　右上

(15)　(ア)　陽性　(イ)　陽　　(16)　(ア)　陰性　(イ)　陰　　(17)　(ア)　1　(イ)　陽

(18)　(ア)　2　(イ)　陽　　(19)　(ア)　1　(イ)　陰

E X E R C I S E

27 (1)　a, b, c, e, f, g, h　　(2)　d

(3)　a, f, g, h　　(4)　b　　(5)　b, c, d, e

(6)　g　　　　　　(7)　h　　(8)　c

▶解説◀　dは遷移元素で，それ以外は典型元素である。aは水素で非金属元素である。

28 (1)　H, Li, Na　　(2)　F, Cl

(3)　O, S　　(4)　He, Ne, Ar

▶解説◀　(1)　1族は，1価の陽イオンになりやすい。

(2)　17族は1価の陰イオンになりやすい。

周期表では，性質の似た元素が縦に並ぶように配列されている。

(3) 16族は2価の陰イオンになりやすい。

(4) 18族は，電子配置が安定しているので，イオンになりにくい。

29 (1) B　(2) A　(3) B　(4) A　(5) B

▶解説◀　遷移元素は，すべて金属元素で，となりどうしの元素の性質が比較的似ている。典型元素は，同じ族の価電子の数が等しく，同じ族の元素の性質がよく似ている。

30 ㋐，㋒

▶解説◀　㋐　誤り。周期表では，元素は原子番号の順に並べられている。

㋒　誤り。遷移元素の価電子の数は，1〜2個のものが多い。また，貴ガスを除く典型元素の価電子の数は，族番号の下1桁の数字と一致する。

章末問題　　　　　　　　　　　　　　　　　　　　　　　　〈p20〉

❶ ①

▶解説◀　①　正しい。例として，大豆の油脂をヘキサンなどの有機溶媒で取り出す操作などがある。

②　誤り。沸点の差を利用して，液体の混合物から成分を分離する操作を「分留（蒸留）」という。

③　誤り。固体と液体の混合物から，ろ紙などを用いて固体を分離する操作を「ろ過」という。

④　誤り。不純物を含む固体を溶媒に溶かし，温度によって溶解度が異なることを利用して，より純粋な物質を析出させ分離する操作を「再結晶」という。

⑤　誤り。固体の混合物を加熱して，固体から直接気体になる成分を冷却して分離する操作を「昇華法（昇華）」という。

❷ ⑦

▶解説◀　a　ナフタレンには昇華性があるため，洋服ダンスに入れておくと，固体から直接気体になってタンス内に防虫効果が広がる。

b　ティーバッグに湯を注ぐと，茶葉から紅茶の成分が湯の中に抽出される。

c　ブランデーをつくる工程では，ぶどう酒を蒸留することによって，アルコール濃度を高めている。

❸ (1) ⑥　(2) ⑥　(3) a② b③　(4) ⑥

▶解説◀　(1)　①空気は，おもに窒素と酸素からなる混合物である。

②塩酸は，気体の塩化水素が水に溶けた混合物である。

③海水は，おもに塩化ナトリウムが水に溶けた混合物である。

④牛乳は，タンパク質などと水が混じりあった混合物である。

⑤石油は，ガソリンや灯油などが混じりあった混合物である。

⑥尿素$(NH_2)_2CO$は，化合物であるが，混合物ではない。

物質の分類

←ガソリンや灯油も混合物である。

10

(2) ⑥水晶は，二酸化ケイ素 SiO_2 の結晶であり，化合物である。

①黒鉛は炭素 C，②単斜硫黄は硫黄 S，④赤リンはリン P，⑤オゾンは酸素 O の同素体であり，単体である。

③水銀は Hg で表される金属の単体である。

(3) ① ダイヤモンドと黒鉛は，ともに炭素 C の同素体である。

② 塩素 Cl_2 は単体，塩化ナトリウム $NaCl$ は化合物である。

③ 塩化水素 HCl は純物質，塩酸は塩化水素の水溶液であるため混合物である。

④ メタン CH_4 とエタン C_2H_6 は，ともに化合物である。

⑤ 希硫酸は硫酸 H_2SO_4 の水溶液，アンモニア水はアンモニア NH_3 の水溶液であり，ともに混合物である。

(4) 同素体であるものは，⑥黄リンと赤リンである。

①は同族元素であるが別の物質，②は同位体の関係にある同じ元素，③はどちらも「アルコール」とよばれる別の化合物である。

④はどちらも「窒素酸化物」とよばれる別の化合物である。

⑤は価数の異なる鉄イオンからなる塩化物（$FeCl_2$ と $FeCl_3$）である。

❹ ②
▶解説◀ 元素は物質の成分を表すが，単体は具体的な物質を表す。②水を電気分解して生じる水素と酸素は，どちらも気体としての具体的な物質を指しているので，単体である。

❺ ⑥
▶解説◀ 実験より，黄色の炎色反応を示したことから，ナトリウム Na が含まれていることがわかる。また，水溶液に硝酸銀水溶液を加えると，白色沈殿を生じたことから，塩素 Cl が確認できる。よって，ある物質の固体は塩化ナトリウム $NaCl$ である。

❻ ③
▶解説◀ aは固体が気体に変化する「昇華」，bは気体が液体に変化する「凝縮」，cは固体が液体に変化する「融解」である。よって，③が正解となる。

❼ ③
▶解説◀ 同じ元素の同位体は，陽子の数，電子の数が同じで，質量数が異なるものである。したがって，中性子の数（＝質量数－陽子の数）は異なる。よって，③が正解となる。

❽ (1) ④ (2) ② (3) ③ (4) ④
▶解説◀ (1) ^{14}C の陽子の数は6，中性子の数は $14-6=8$ となる。よって，陽子の数：中性子の数＝$6:8=3:4$ となり，④が正解となる。

同素体の覚え方
「同素体はSCOP（スコップ）で掘る。」と覚えよう。
S：単斜硫黄，斜方硫黄，ゴム状硫黄
C：ダイヤモンド，黒鉛，フラーレン
O：酸素，オゾン
P：黄リン，赤リン

物質の三態

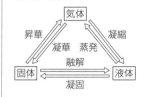

❽ 原子番号と質量数の表し方（例 He）

質量数＝陽子の数＋中性子の数

$^{4}_{2}He$

原子番号＝陽子の数＝電子の数

(2) ① ^{38}Ar の中性子の数は 38－18＝20 となる。

　　② ^{40}Ar の中性子の数は 40－18＝22 となる。

　　③ ^{40}Ca の中性子の数は 40－20＝20 となる。

　　④ ^{37}Cl の中性子の数は 37－17＝20 となる。

　　⑤ ^{39}K の中性子の数は 39－19＝20 となる。

　　⑥ ^{40}K の中性子の数は 40－19＝21 となる。　　よって，②が正解となる。

(3) それぞれの陽子の数と中性子の数は，次表のようになる。

	①	②	③	④	⑤
元素記号	$^{3}_{1}$H	$^{14}_{6}$C	$^{32}_{16}$S	$^{37}_{17}$Cl	$^{39}_{19}$K
陽子の数	1	6	16	17	19
中性子の数	2	8	16	20	20

　　よって，③が正解となる。

(4) それぞれの中性子の数と電子の数，そしてその差は次表のようになる。

	①	②	③	④	⑤
元素記号	$^{1}_{1}$H	$^{4}_{2}$He	$^{23}_{11}$Na^{+}	$^{25}_{12}$Mg^{2+}	$^{32}_{16}$S^{2-}
中性子の数	0	2	12	13	16
電子の数	1	2	10	10	18
差	1	0	2	3	2

　　よって，④が正解となる。

❾　③

▶解説◀　ホウ素の原子番号は5であるから，陽子の数は5となる。また，電子の数は5となり，K殻に2個，L殻に3個の電子配置となる。

❿　①

▶解説◀　イオン化エネルギー(第一イオン化エネルギー)とは，気体状態の原子の最外殻から1個の電子を取り去って，1価の陽イオンにするのに必要な最小のエネルギーのことである。同じ周期において，原子番号の小さい1族(アルカリ金属)の原子は，イオン化エネルギーが小さく，原子番号の大きい18族(貴ガス)の原子は，イオン化エネルギーが大きい。また，同族の原子では，原子番号が大きいほど原子半径が大きくなり，最外殻電子が中心の原子核からより遠くに位置するため，引力が小さくなり，イオン化エネルギーは小さくなる。そのため，18族の原子番号の位置でピークをむかえ，なおかつ，徐々に減衰していくグラフ①が正しい。

　　②は，①のグラフからB，C，Oなどを除いたグラフ

　　③は，イオン化エネルギーではなく，原子半径を示したグラフ

　　④は，イオン化エネルギーではなく，電子親和力を示したグラフ

　　⑤は，イオン化エネルギーではなく，価電子数を示したグラフ

　　⑥は，①のグラフを上下に反転させたグラフ

⓫ ②

▶解説◀　水分子H_2Oの水素原子^1Hは，陽子1個，電子1個，中性子0個からなり，酸素原子^{16}Oは，陽子8個，電子8個，中性子8個からなる。よって，水分子H_2O中には，陽子10個，電子10個，中性子8個がある。したがって，陽子の数a，電子の数b，および中性子の数cの大小関係を正しく表しているものは，② $a = b > c$ となる。

⓬ (1) ④　(2) ③　(3) ④

▶解説◀　(1)　① Heは K 殻に2個電子をもつ。

② Liは K 殻に2個，L 殻に1個電子をもつが，Li^+は L 殻の電子がないため，K 殻にある2個の電子が最外殻電子となる。

③ Beは K 殻に2個，L 殻に2個電子をもつ。

④ Naは K 殻に2個，L 殻に8個，M 殻に1個電子をもつ。

⑤ Mgは K 殻に2個，L 殻に8個，M 殻に2個電子をもつ。

⑥ Caは K 殻に2個，L 殻に8個，M 殻に8個，N 殻に2個電子をもつ。よって，④ Naが正解となる。

(2)　① 2族元素のベリリウム Beは，2価の陽イオン Be^{2+} になりやすい。

② 17族元素のフッ素 Fは，1価の陰イオン F^- になりやすい。

③ 1族元素のリチウム Liは，1価の陽イオン Li^+ になりやすい。

④ 18族元素のネオン Neは，イオンになりにくい。

⑤ 16族元素の酸素 Oは，2価の陰イオン O^{2-} になりやすい。

(3)　①　正しい。炭素の原子番号は6であり，K 殻に2個，L 殻に4個の電子が存在する。

②　正しい。硫黄の原子番号は16であり，K 殻に2個，L 殻に8個，M 殻に6個の電子が存在する。したがって，価電子の数は6である。

③　正しい。ナトリウムとフッ素の原子番号はそれぞれ11と9である。これらの原子が Na^+ と F^- になると，いずれも原子番号の最も近い貴ガス元素であるネオン Neと同じ電子配置となる。

④　誤り。窒素とリンはともに15族元素であり，最外殻電子の数はいずれも5個である。

⓭ ④

▶解説◀　^4_2He には陽子2個，電子2個，中性子2個あり，電子配置は K 殻に2個である。

①　誤り。原子の質量のほとんどを，原子核の質量が占めている。

②　誤り。中性子は，水素原子^1_1H には存在しないが，ヘリウム原子には中性子が2個存在する。

③　誤り。ヘリウム原子の電子は，K 殻に入っている。

④　正しい。ヘリウム原子のもつ電子は K 殻に2個あり，K 殻は2個で満たされている。

⑤　誤り。原子の大きさは，ヘリウム原子よりも，ネオン原子のほうが大きい。

⓬ 原子番号1~20の電子配置

	K	L	M	N
H	1			
He	2			
Li	2	1		
Be	2	2		
B	2	3		
C	2	4		
N	2	5		
O	2	6		
F	2	7		
Ne	2	8		
Na	2	8	1	
Mg	2	8	2	
Al	2	8	3	
Si	2	8	4	
P	2	8	5	
S	2	8	6	
Cl	2	8	7	
Ar	2	8	8	
K	2	8	8	1
Ca	2	8	8	2

ネオンの電子配置

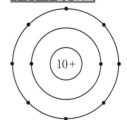

単原子イオンの電子配置は，最も原子番号の近い貴ガスの電子配置である。

⓮ ③

▶**解説**◀ ① 正しい。**ア**は水素，**イ**はアルカリ金属，**ウ**はアルカリ土類金属であり，いずれも典型元素である。

② 正しい。3族～12族の元素を遷移元素という。

③ 誤り。**オ**は典型元素である。

④ 正しい。**カ**は典型元素である。なお，**オ**と**カ**の境界線は，金属元素と非金属元素の境目を示している。

⑤ 正しい。**キ**はハロゲン，**ク**は貴ガスで，典型元素である。

2章　物質と化学結合

8 イオン結合 〈p.24〉

ポイントチェック

(1) 正　　(2) クーロン力　　(3) イオン結合

(4) 非金属元素　　(5) 結晶　　(6) イオン結晶

(7) 組成式　　(8) 高　　(9) かたく

(10) (ア) 通さない　(イ) 通す　　(11) 水酸化ナトリウム

(12) 塩化カルシウム　　(13) KCl：塩化カリウム

(14) $BaSO_4$：硫酸バリウム　　(15) $AlCl_3$：塩化アルミニウム

(16) NaCl　　(17) $NaHCO_3$　　(18) $CaCO_3$

ドリル

1　(1) NaCl：塩化ナトリウム　　(2) KBr：臭化カリウム

(3) NH_4Cl：塩化アンモニウム　　(4) $AgNO_3$：硝酸銀

(5) CaO：酸化カルシウム　　(6) $MgCl_2$：塩化マグネシウム

(7) $CaCl_2$：塩化カルシウム　　(8) $FeSO_4$：硫酸鉄(Ⅱ)

(9) $Cu(OH)_2$：水酸化銅(Ⅱ)　　(10) $FeCl_3$：塩化鉄(Ⅲ)

(11) $Al_2(SO_4)_3$：硫酸アルミニウム

(12) Na_2CO_3：炭酸ナトリウム

2　(1) NaCl　(2) $CaCl_2$　(3) NaOH　(4) $Al(OH)_3$

(5) $Cu(OH)_2$　(6) $FeCl_2$　(7) $FeCl_3$　(8) MgO

(9) Ag_2O　(10) K_2SO_4　(11) $(NH_4)_2SO_4$

(12) Na_2CO_3　(13) $NaHCO_3$　(14) $(NH_4)_2CO_3$

(15) K_3PO_4　(16) $Ca_3(PO_4)_2$

E X E R C I S E

31 (1) KOH　(2) K_2CO_3　(3) $MgCl_2$　(4) $Mg(OH)_2$

(5) $MgCO_3$

▶解説◀ 組成式を構成する陽イオンと陰イオンは，正負の電荷を打ち消しあう割合で結合している。組成式を書くときは，陽イオンを先に，陰イオンを後に書き，多原子イオンが2個以上結合している場合は，( )をつけて，右下にその数を示す。

32 (1) 物質：(イ)　　組成式：Na_2S

(2) ・水に溶かして水溶液にする。

　　・加熱して融解し，液体にする。

▶解説◀ (1) ネオンと同じ電子配置である1価の陽イオンはNa^+である。また，総電子数が18個の2価の陰イオンは，S^{2-}である。したがって，固体Aは，Na^+とS^{2-}のイオン結晶である。

(2) イオン結晶が電気を通すためには，水に溶かしたり，融解させればよい。

組成式のつくり方と読み方

ナトリウム　塩化物
イオン　　　イオン
Na^+　と　Cl^-

↓　　　　　↓

$1×1＝1×1$　　+－が等しくなる数をさがす

↓

Na_1Cl_1　　見つけた数字を元素記号の右下に書く

1は省略

↓

NaCl　　組成式陰イオン→陽イオンの順に読む
塩化ナトリウム

アンモニウム　硫酸
イオン　　　　イオン
NH_4^+　と　SO_4^{2-}

↓　　　　　↓

$1×2＝2×1$　　+－が等しくなる数をさがす

↓

$(NH_4)_2(SO_4)_1$　　見つけた数字を元素記号の右下に書く

多原子イオンは集団としてかっこで示す。1のときはかっこも省略。

↓

$(NH_4)_2SO_4$　　組成式陰イオン→陽イオンの順に読む
硫酸アンモニウム

イオン結晶の電気伝導性

固体では電気を通さないが，融解液や水溶液は電気を通す。

9 共有結合と分子間力 〈p.26〉

ポイントチェック

(1) 共有結合　(2) 電子式　(3) 単結合　(4) 二重結合

(5) 構造式　(6) 配位結合　(7) 電気陰性度　(8) 極性

(9) 極性分子　(10) 無極性分子　(11) 分子結晶　(12) 通さない

ドリル

1

価電子の数	1	2	3	4	5	6	7	0
最外殻電子の数	1	2	3	4	5	6	7	8
電子式 周期 1	例 H·							He:
2	Li·	Be·	·B·	·C·	·N·	·O:	:F:	:Ne:
3	Na·	Mg·	·Al·	·Si·	·P·	·S:	:Cl:	:Ar:

2　(1) H_2　(2) O_2　(3) N_2　(4) Cl_2　(5) F_2

(6) H_2O　(7) CO_2　(8) HCl　(9) H_2S　(10) NH_3

(11) CH_4　(12) C_2H_4　(13) C_2H_5OH （C_2H_6O）

(14) CH_3COOH （$C_2H_4O_2$）

単結合…原子が不対電子を1個ずつ出しあう結合

二重結合…原子が不対電子を2個ずつ出しあう結合

三重結合…原子が不対電子を3個ずつ出しあう結合

電子式では，元素記号の上下左右に最外殻電子をなるべく分散させて配置する。

○ ·C·　　× :C:

必要に応じて点の位置を変えて表してもよい。

○ ·O·　　○ :O·

16

物質名	例水素	水	アンモニア	メタン	二酸化炭素
分子式	H_2	H_2O	NH_3	CH_4	CO_2
電子式	H:H	H:O:H	H:N:H（下にH）	H:C:H（上下にH）	:O::C::O:
構造式	H−H	H−O−H	H−N−H（下にH）	H−C−H（上下にH）	O＝C＝O
共有電子対の数	1	2	3	4	4
非共有電子対の数	0	2	1	0	4
分子の形	直線　形	折れ線　形	三角錐　形	正四面体　形	直線　形
極性の有無	有 ⦿無	⦿有 無	⦿有 無	有 ⦿無	有 ⦿無

物質名	窒素	エチレン	アセチレン	塩化水素	塩素
分子式	N_2	C_2H_4	C_2H_2	HCl	Cl_2
電子式	:N:::N:	H:C::C:H（上下にH）	H:C:::C:H	H:Cl:	:Cl:Cl:
構造式	N≡N	H−C＝C−H（上下にH）	H−C≡C−H	H−Cl	Cl−Cl
共有電子対の数	3	6	5	1	1
非共有電子対の数	2	0	0	3	6
分子の形	直線　形	平面　形	直線　形	直線　形	直線　形
極性の有無	有 ⦿無	有 ⦿無	有 ⦿無	⦿有 無	有 ⦿無

E X E R C I S E

33 (1) (ア), (イ), (エ)　(2) (オ)　(3) (ア)

▶解説◀ (ア)～(オ)の電子式および構造式，それぞれの共有電子対と，非共有電子対の数は，次のようになる。

(ア) :Ö::C::Ö:　　O＝C＝O　　　　共有電子対：4
　　　　　　　　　　　　　　　　　　非共有電子対：4

(イ) H:S:H　　　H−S−H　　　　　共有電子対：2
　　　　　　　　　　　　　　　　　　非共有電子対：2

(ウ) :N::N:　　　N≡N　　　　　　共有電子対：3
　　　　　　　　　　　　　　　　　　非共有電子対：2

(エ) H:Ö:H　　　H−O−H　　　　　共有電子対：2
　　　　　　　　　　　　　　　　　　非共有電子対：2

(オ) H:C:H（上下にH）　H−C−H（上下にH）　共有電子対：4
　　　　　　　　　　　　　　　　　　非共有電子対：0

したがって，(1)では上記の電子式より，(ア)二酸化炭素が4組ずつ，(イ)硫化水素が2組ずつ，(エ)水が2組ずつと，共有電子対と非共有電子対の数が等しい。(2)ではすべての最外殻電子が共有結合している(オ)メタンのみ正答と

なる。(3)では構造式より，(ｱ)のみが二重結合をもつ。

34 (ｱ) 共有電子対　(ｲ) 非共有電子対　(ｳ) 配位結合
　　(ｴ) 錯イオン　　　(ｵ) 配位子　　　(ｶ) [Zn(NH₃)₄]²⁺

▶解説◀　一方の原子の非共有電子対が，もう一方の原子に電子対のまま
で提供されている共有結合を配位結合という。例えば，アンモニアは分子
内の非共有電子対を水素イオンに一方的に提供して配位結合をつくりアン
モニウムイオンになる。

$$H:\overset{\cdot\cdot}{\underset{H}{N}}:H \ + \ \overset{\cdot\cdot}{O}H^+ \longrightarrow \left[H:\overset{H}{\underset{H}{N}}:H\right]^+$$

NH₄⁺では，配位結合ともともとある共有結合は，結合ができるしくみが
異なるだけで，互いに区別できない。
また，[Zn(NH₃)₄]²⁺はテトラアンミン亜鉛(Ⅱ)イオンと読む。

35 (ｴ)
▶解説◀　電気陰性度の異なる原子どうしが共有結合している場合，結合
に極性が生じる。したがって，(ｱ)F₂と(ｳ)Ar以外の分子には極性が生じて
いる。しかし，極性分子とは，分子全体として電荷のかたよりをもつ分子
であるため，分子の形から極性が打ち消されないものとなる。すなわち，
(ｴ)水H₂Oが正答となる。

Keypoint

極性分子と無極性分子
　極性分子…結合に極性があり，全体として電荷のかたよりをもつ分子
　無極性分子…結合に極性がない，または分子の形から結合の極性が
　　　　　　　打ち消され，全体として電荷のかたよりをもたない分子

36 (ｲ), (ｴ)
▶解説◀　(ｱ)　正しい。無極性分子は無極性分子の溶媒と混ざりやすく，
　極性分子は極性分子の溶媒と混ざりやすい性質がある。ベンゼンは無極
　性分子であり，水は極性分子である。
(ｲ)　誤り。分子間力は，イオン結合や共有結合の結合力に比べるとはるか
　に弱い。
(ｳ)　正しい。極性分子は，分子間で静電気的な引力がはたらくため，無極
　性分子よりも分子間力が強くなる。
(ｴ)　誤り。分子結晶はやわらかく，融点は低いものが多い。また昇華性を
　もつものもある。
(ｵ)　正しい。分子結晶は構成粒子が電荷をもたない分子からなるため，電
　気伝導性を示さない。

37 (ｱ) 大きい　(ｲ) 陰性　(ｳ) 貴ガス(希ガス)
　　(1) F　(2) O　(3) Li

分子が次の立体的な形を
とるとき，分子全体とし
て極性が打ち消されるこ
とがある。
・直線形
・正六角形
・正四面体形

▶**解説◀** 同じ族で比較すると，周期表の上にあるほど電気陰性度が大きい。同じ周期で比較すると，貴ガスを除き，周期表の右にあるほど電気陰性度が大きい。

10 共有結合からなる物質 〈p.30〉

ポイントチェック
(1) 有機化合物　　　(2) 酢酸　　　(3) 無機物質

(4) 水素　　　(5) 窒素　　　(6) 高分子化合物

(7) 単量体(モノマー)　　　(8) 付加重合　　　(9) 縮合重合

(10) 高　　　(11) 通す

E X E R C I S E

38 (1) (エ)　　(2) (イ), (ウ)　　(3) (カ)

▶**解説◀** (1) ドライアイスは二酸化炭素の固体であるが，常温・常圧では気体であるためここでは該当せず，該当するのはヨウ素のみである。

(2) エチレンは，かすかに甘いにおいのある，水に溶けにくい無色の気体である。

(3) ポリエチレンタレフタラート(polyethylene terephthalate)は，その頭文字をとって，通称「PET」とよばれている。同様にポリエチレン(polyethylene)「PE」と略すことがある。高分子化合物は，共有結合によって，特定の構造がくり返しつながることで大きな分子となったものである。

39 (ウ)

▶**解説◀** (ア) 正しい。常温・常圧で気体である物質は，ほとんどが分子からできており，それぞれの気体には，特有の製法や性質がある。

(イ) 正しい。分子間力により，分子が規則正しく配列してできた結晶を，分子結晶という。分子間力は非常に弱い引力であるため，分子結晶はやわらかく，融点の低いものが多い。

(ウ) 誤り。有機化合物は，おもに炭素・水素・酸素からなる分子で生物を構成する物質に多い。また，石油化学製品の原料や燃料として用いられる化合物である。炭素と水素のみで構成されている分子は，炭化水素とよばれる。

(エ) 正しい。高分子化合物は，単量体(モノマー)という小さな分子がくり返し共有結合されて重合した大きな分子である。

(オ) 正しい。共有結合の結晶は，原子どうしが次々と共有結合してできた結晶となっており，巨大分子とみなすことができる。

40 (1) (エ)　　(2) (ウ)　　(3) (ア)　　(4) (イ)　　(5) (オ)

▶**解説◀** (ア)〜(オ)の有機化合物(分子からなる物質)には，次のような性質・利用方法がある。

分子間力…分子間にはたらく力。共有結合やイオン結合に比べて，非常に弱い。

(ア)　メタン(CH_4)　無色無臭可燃性の気体で，空気より軽く水に溶けにくい。都市ガスの主成分として利用されている。

(イ)　エチレン(C_2H_4)　かすかに甘い匂いの気体で，空気より軽く水に溶けにくい。植物に含まれ，果物の成熟を早める効果がある。

(ウ)　エタノール(C_2H_5OH)　特有のにおいをもつ無色の液体で，水によく溶ける。消毒剤に利用されている。

(エ)　酢酸(CH_3COOH)　特有の刺激臭をもつ無色の液体で，水によく溶け，水溶液は酸性を示す。食酢中に4～5％含まれている。

(オ)　ポリエチレン　エチレンを付加重合して得られる高分子化合物。ラップなどの包装材やプラスチック容器に利用されている。

41　(ア)　炭素　　　　(イ)　炭素　　　(ウ)　黒色・不透明
　　(エ)　非常にかたい　(オ)　やわらかい　(カ)　なし
　　(キ)　あり　　　　(ク)　3つの価電子が共有結合

▶解説◀　ダイヤモンドも黒鉛（グラファイト）も，炭素からなる単体で，互いに同素体の関係にある。ともに共有結合の結晶であるが，その性質には大きな違いがある。それぞれの構造を示すと，右の側注の図のようになる。ダイヤモンドは，炭素原子の4つの価電子がすべて共有結合した正四面体構造である。黒鉛は，4つの価電子のうち3つが共有結合してできた平面が重なった構造である。性質の違いは，この構造の違いによるものである。黒鉛の層と層の間は，分子間力で結ばれているため，層間がずれることができ，やわらかい性質を示す。

　また，ダイヤモンドが無色透明であるのは，価電子がすべて共有結合され，不安定な電子がなく，光を吸収しないからである。黒鉛は，価電子4個のうち1個が面内を動くことができるため，電気伝導性があり光を吸収して黒色となる。

ダイヤモンドの構造

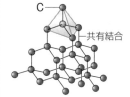

黒鉛の構造

すぐ上の面のC原子と位置がずれている

11 金属結合／結晶の分類　　〈p.32〉

ポイントチェック

(1)　金属光沢　　　(2)　通す　　(3)　展性
(4)　延性　　　　　(5)　鉄　　　(6)　銅
(7)　アルミニウム　(8)　水銀　　(9)　合金
(10)　アルミニウム　(11)　黄銅　　(12)　イオン結晶

EXERCISE

42　(エ)

▶解説◀　金属原子は，自由電子によって結合している。この電子は，金属原子間を動き，熱や電気をよく伝えるだけでなく，金属光沢や展性・延性も示す。また，金属の融点は高いものから低いものまであり，水銀は常温・常圧で液体である。

(ア)　正しい。多くの金属が金属光沢をもつ。

展性…うすく広げたりできる状態
延性…線状に延ばすことができる性質

(イ)(ウ)　正しい。金属のおもな性質である。

(エ)　誤り。水銀の融点は−39℃であり，常温で液体である。

43 (ア)　価電子　(イ)　陽イオン　　(1)　金属結合　　(2)　自由電子

44 (1) (ウ), (オ)　　(2) (イ), (ク)　　(3) (エ), (キ)　　(4) (ア), (カ)

▶解説◀　(1)　銅は金属である。したがって，金属結晶であり，電気をよく通す。

(2)　塩化ナトリウムは，Na^+とCl^-からなるイオン結晶であり，固体の状態では電気伝導性はないが，加熱融解すると電気伝導性が生じる。

(3)　ダイヤモンドは，炭素原子からなる共有結合の結晶であり，融点が非常に高い(3500℃以上)。

(4)　ヨウ素は，I_2の分子からなる分子結晶であり，昇華性がある。

Keypoint

分子結晶…分子からなり，電気伝導性がなく，融点が低い。
イオン結晶…結晶では電気を通さないが，加熱融解すると電気を通す。
金属結晶…電気伝導性がある。
共有結合の結晶…共有結合が連続した結晶で，融点が非常に高い。

45 (1)　A群：(ウ)　B群：(カ)　C群：(シ), (セ)

　　(2)　A群：(エ)　B群：(キ)　C群：(ケ), (タ)

　　(3)　A群：(イ)　B群：(オ)　C群：(サ), (ス)

　　(4)　A群：(ア)　B群：(ク)　C群：(コ), (ソ)

▶解説◀　C群の物質群にあるナフタレンは，$C_{10}H_8$の分子で，防虫剤などに利用され，昇華性がある。

Keypoint

いろいろな結晶の構成粒子

イオン結晶　　　→　陽イオンと陰イオン

分子結晶　　　　→　分子

共有結合の結晶　→　原子

金属結晶　　　　→　原子（自由電子を含む）

結合の強さ

共有結合>イオン結合・
　　金属結合≫分子間力

❶ (1) ②　　　(2) ①　　　(3) ④　　　(4) ④　　　(5) ③

　　(6) ①　　　(7) ②・⑤　　　(8) ①　　　(9) ②

▶**解説**◀　(1) 各原子に含まれる電子数は原子番号と等しく，各分子に含まれる電子の総数は，分子式に書かれている各原子の原子番号の合計になる。陽イオンに含まれる電子の総数は，「イオンの化学式に書かれている各原子の原子番号の合計」－「陽イオンの価数」となる。陰イオンに含まれる電子の総数は，「イオンの化学式に書かれている各原子の原子番号の合計」＋「陰イオンの価数」となる。

　　各分子・イオンに含まれる電子の総数は，

　　　N_2：$7 \times 2 = 14$

　①　H_2O：$1 \times 2 + 8 = 10$　　　　②　CO：$6 + 8 = 14$

　③　OH^-：$8 + 1 +$ イオンの価数$1 = 10$　　④　O_2：$8 \times 2 = 16$

　⑤　Mg^{2+}：$12 -$ イオンの価数$2 = 10$

　　よって，電子の総数が $N_2 = 14$ と同じものは②

(2) 共有結合の結晶であるものには黒鉛，ダイヤモンド，ケイ素，二酸化ケイ素などがある。よって，①となる。

(3) それぞれの電子式と非共有電子対の数は，次表のようになる。

	①	②	③	④	⑤	⑥
電子式	H:Ö: H	[H:Ö:]⁻	H:N̈:H H	[H:N̈:H]⁺ H	H:C̈l:	:C̈l:C̈l:
非共有電子対の数	2	3	1	0	3	6

したがって，非共有電子対が存在しないのは，④ NH_4^+ である。

(4) 各分子の電子式は次のようになる

　①　:N::N:　　　　②　H:N̈:H　　　　③　H:Ö:H
　　　　　　　　　　　　　H

　④　:C̈l:C̈l:　　　　⑤　H　　H
　　　　　　　　　　　　C::C
　　　　　　　　　　　　H　　H

非共有電子対の数は，

　①　2　　　②　1　　　③　2　　　④　6　　　⑤　0

よって，非共有電子対の数が最も多い分子は，④ Cl_2 となる。

(5) 各分子の構造式は，

　①　N≡N　　　②　O=O　　　③　H－O－H

　④　O=C=O　　⑤　H－C≡C－H　　⑥　H　　　　　H
　　　　　　　　　　　　　　　　　　　　C＝C
　　　　　　　　　　　　　　　　　　H　　　　H

よって，単結合のみからなる分子は，③ H_2O となる。

おもな原子の原子価

水素	H· 　H－ 1価
塩素	:C̈l· 　Cl－ 1価
酸素	·Ö· 　－O－ 2価
窒素	·N̈· 　－N̈－ 3価
炭素	·C̈· 　－C̈－ 4価

(6) 各分子の構造式は,

① N≡N　② I−I　③
$$H\underset{H}{\overset{H}{}}C=C\underset{H}{\overset{H}{}}H$$
④
$$H-\underset{H}{\overset{H}{C}}-\underset{H}{\overset{H}{C}}-H$$

よって，三重結合をもつ分子は，①N_2となる。

(7) ① 水は折れ線形で極性分子。

② 二酸化炭素は左右対称の直線形で無極性分子。

③ アンモニアは三角錐形で極性分子。

④ エタノールは非対称形で極性分子。

⑤ メタンは正四面体形で，原子間にある結合の極性がすべて打ち消し合い，分子全体として極性がない無極性分子。

(8) ① イオン結合を含まないのはHClのみ。水溶液中でH^+とCl^-に電離するが，構造式が$H-Cl$で書かれる共有結合でできている分子。

②〜⑥は，金属（またはアンモニウムイオン）の陽イオンと非金属イオンの陰イオンによるイオン結合。

(9) ① カリウムはアルカリ金属で金属結晶。

② ナフタレンは昇華性のある分子結晶。

③ 硝酸ナトリウムは陽イオンのナトリウムイオンと陰イオンの硝酸イオンのイオン結晶。

④ 二酸化ケイ素は共有結合の結晶。

❷ ⑥

▶解説◀ ア 塩化ナトリウムは組成式$NaCl$で書かれるイオン結晶。

イ ケイ素は組成式Siで書かれる，非金属の共有結合の結晶。

ウ カリウムは組成式Kで書かれる金属結晶。

エ ヨウ素は分子式I_2で書かれる，共有結合でできた分子の分子結晶。

オ 酢酸ナトリウムは組成式CH_3COONaで書かれるイオン結晶。ただし，酢酸イオンは右のような構造式で書かれ，共有結合を含んでいる。

よって，結晶内に共有結合があるものは，イ，エ，オ。

酢酸イオン
$$H-\underset{\underset{O}{\parallel}}{\overset{\overset{H}{|}}{C}}-C-O^{\ominus}$$

❸ ③

▶解説◀ 各分子・イオンの電子式は右欄の通り。

① 正しい。アンモニア分子は，3組の共有電子対と1組の非共有電子対をもつ。

② 正しい。アンモニウムイオンは，4組の共有電子対をもつ。

③ 誤り。オキソニウムイオンは，3組の共有電子対と1組の非共有電子対をもつ。

④ 正しい。二酸化炭素分子は，4組の共有電子対と4組の非共有電子対をもつ。

アンモニア 二酸化炭素

$$H \!:\! \overset{..}{\underset{H}{N}} \!:\! H \qquad \overset{..}{:}\overset{..}{O} \!:\!:\! C \!:\!:\! \overset{..}{\underset{..}{O}}\overset{..}{:}$$

アンモニウムイオン

$$\left[H \!:\! \overset{H}{\underset{..}{\underset{H}{N}}} \!:\! H \right]^+$$

オキソニウムイオン

$$\left[H \!:\! \overset{..}{\underset{..}{O}} \!:\! H \atop H \right]^+$$

❹ ⑥

▶解説◀　水は折れ線形，アンモニアは三角錐形，メタンは正四面体形である。

❺　a　①　　b　④

▶解説◀　a　アの電子配置をもつ1価の陽イオンは，1個の電子を失って2個の電子をもつことから，3個の電子をもつLi原子の陽イオンLi⁺になる。

　ウの電子配置をもつ1価の陰イオンは，1個の電子を受け取って10個の電子をもつことから，9個の電子をもつF原子の陰イオンF⁻になる。1価の陽イオンと1価の陰イオンからなるイオン結晶の組成式なので，①のLiFになる。

b　① 正しい。アの電子配置をもつ原子は，電子を2個もつヘリウムHeになる。ヘリウムは18族元素の貴ガスで他の原子と結合をつくりにくい。

② 正しい。イの電子配置をもつ原子は，電子を6個もつ炭素Cになる。炭素は4個の不対電子をもち，他の原子と結合をつくる際，単結合(例：エタン)だけでなく，二重結合(例：エチレン)や三重結合(例：アセチレン)もつくることができる。

③ 正しい。ウの電子配置をもつ原子は，電子を10個もつネオンNeになる。ネオンは18族の貴ガスで，常温常圧で気体として存在する。

④ 誤り。エの電子配置をもつ原子は，電子を11個もつナトリウムNaになる。また，オの電子配置をもつ原子は，電子を17個もつ塩素Clになる。エのナトリウムはイオン化エネルギーが小さく，1価の陽イオンになりやすいアルカリ金属の一つで，オの塩素と比べてイオン化エネルギーが小さい。

⑤ 正しい。オの電子配置をもつ原子は，電子を17個もつ塩素Clになる。水素原子と共有結合をつくり塩化水素HClになる。塩化水素は水溶液中ではH⁺とCl⁻に電離するが，構造式がH−Clで書かれる共有結合でできている分子。

❻ ⑤

▶解説◀　結合の種類は，構成される原子の種類によって判断する。

① 正しい。たとえば，二酸化炭素分子のように，C＝O結合間において電気陰性度の差から極性が生じるが，分子の形が直線形であるため，電荷のかたよりが打ち消され，分子全体としては無極性分子となっている。

② 正しい。塩化ナトリウムは，陽イオンのナトリウムイオンと陰イオン塩化物イオンの静電気的な力(クーロン力)によるイオン結合でできている。

③ 正しい。金属の価電子は，自由電子とよばれ，金属イオンの間を自由に動くことができる。そのため，金属は金属光沢があり，展性・延性を示している。

極性分子と無極性分子

極性分子

…結合に極性があり，全体として電荷のかたよりをもつ分子

無極性分子

…結合に極性がない，または分子の形から結合の極性が打ち消され，全体として電荷のかたよりをもたない分子

④ 正しい。2つの原子がそれぞれもつ価電子(不対電子)を互いに出しあって共有してできる結合を共有結合という。

⑤ 誤り。一方の原子の非共有電子対が，他方の原子に提供されてできている共有結合を配位結合という。配位結合と分子中にもとからある共有結合とは，それぞれ結合ができるしくみが異なるが，たがいに区別することはできない。

❼ ⑤

▶解説◀ ① 正しい。青銅の原料として用いられる金属は，スズ Sn 2～35％・残り銅 Cu。

② 正しい。ジュラルミンの原料として用いられる金属は，アルミニウム Al 94％・銅 Cu 5％・残りマグネシウム Mg，マンガン Mn。

③ 正しい。鉄は湿った空気中では酸化されて赤さび(酸化鉄(Ⅲ)Fe_2O_3)を生じる。

④ 正しい。金は化学的に最も安定していて変化しにくく，宝飾品に用いられる。また，金は展性・延性が大きい。

⑤ 誤り。銀は電気伝導性や熱伝導性が金属の中で最も大きい。

❽ ①

▶解説◀ ① 誤り。塩素系漂白剤の主成分は次亜塩素酸ナトリウムである。塩化ナトリウムは，日常では調味料(食塩)などに利用されている。

② 正しい。アルミニウムは銀白色の軽くやわらかい金属で，1円硬貨・飲料用の缶・食品などの包装材(アルミホイル)として用いられている。

③ 正しい。銅は高い電気伝導性をいかし，電線として用いられている。また，青銅・白銅・黄銅などの合金の材料として用いられている。

④ 正しい。ポリエチレンテレフタラート(PET)は，エチレングリコールとテレフタル酸を縮合重合して得られる高分子化合物で，飲料用ボトル(ペットボトル)や合成繊維に用いられている。

⑤ 正しい。メタンは，無色無臭の空気より軽い可燃性の気体で都市ガスに利用されている。

❾ ⑤

▶解説◀ ア 自由電子をもち電気をよく通す結晶は金属結晶。

イ ナフタレンは分子結晶。分子結晶は一般に自由電子をもたず電気を通さない。また，融点・沸点が低いものが多く，ヨウ素・ナフタレン・ドライアイスは昇華性をもつ分子結晶である。

ウ 黒鉛は共有結合の結晶。共有結合の結晶にはダイヤモンド(C 無色透明のかたい結晶で電気伝導性なし)，黒鉛(C 黒色不透明のやわらかい結晶で電気伝導性あり)，ケイ素(Si 半導体として太陽電池パネルなどに利用されいる)，二酸化ケイ素(SiO_2 石英・水晶などとして存在する固い結晶)がある。

ダイヤモンドの構造

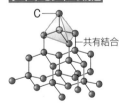

電気伝導性：なし

黒鉛の構造

すぐ上の面の C 原子と位置がずれている

電気伝導性：あり

3章　物質の変化

化学計算の基礎 ⟨p.38⟩

ポイントチェック

(1) ① ㋐ 100　㋑ 6　(㋐, ㋑は順不同)
　　② ㋐ 100　㋑ 6　㋒ 300　(㋐, ㋑は順不同)
(2) ㋐ 6　㋑ 23
(3) ㋐ 3　㋑ −11
(4) ① ㋐ 2＋3　㋑ 10^5
　　② ㋐ 2×4　㋑ 3＋5　㋒ $8×10^8$
　　③ ㋐ 6÷3　㋑ 3−5　㋒ $2×10^{-2}$
(5) ㋐ 18(17)　㋑ 2　㋒ 17.9(17.8)　㋓ 3
(6) ① 4桁　② 2桁
(7) ① 7.4　② 0.23　③ $6.0×10^{23}$

ドリル

1 (1) 0.45　(2) 2.5　(3) 0.3　(4) 2　(5) 0.5　(6) 1

▶解説◀ (1) $\dfrac{\overset{3}{9}×\overset{3}{6}×10}{\underset{1}{3}×\underset{2}{4}×\underset{1}{100}}=\dfrac{3×3}{2×10}=\dfrac{9}{20}=0.45$

(2) $\dfrac{\overset{1}{1.5}×10×\overset{1}{1000}}{\underset{2}{3}×\underset{1}{100}×\underset{2}{20}}=\dfrac{10}{2×2}=2.5$

(3) $\dfrac{\overset{1}{1.6}×\overset{1}{1.2}×(0.2+1.6)}{\underset{2}{2.4}×\underset{3}{4.8}}=\dfrac{1.8}{2×3}=\dfrac{1.8}{6}=0.3$

(4) $\dfrac{\overset{2}{16}×4×\overset{1}{5.6}×1000}{\underset{4}{8}×22.4×1000}=\dfrac{2×4}{4}=2$

(5) $\dfrac{\overset{5}{\cancel{20}}}{500}×1000=\dfrac{\overset{1}{5}×\overset{2}{1000}}{\underset{4}{20}×\underset{1}{500}}=\dfrac{2}{4}=0.5$

(6) $\dfrac{\overset{11.7}{\cancel{58.5}}}{200}×1000=\dfrac{\overset{1}{11.7}×\overset{5}{1000}}{\underset{5}{58.5}×\underset{1}{200}}=\dfrac{5}{5}=1$

2 (1) 36　(2) 64　(3) 32

▶解説◀ (1) $6:24=9:x$
$$6×x=24×9$$
$$x=\dfrac{\overset{4}{24}×9}{\underset{1}{6}}=36$$

(2) $965:0.64=96500:x$
$$965×x=0.64×96500$$
$$x=\dfrac{0.64×\overset{100}{96500}}{\underset{1}{965}}=0.64×100=64$$

(3) $11.2:16=22.4:x$

---

(6) ① 11.20
小数の場合, 後ろの0も有効数字に入る。
整数の場合, 最後の0は有効数字に入るかは不明確である。有効数字を明確にするため, 次のように表す。
9000は
3桁の場合　$9.00×10^3$
2桁の場合　$9.0×10^3$
② 0.050
小数の場合, はじめにある0は有効数字に入らない(位取り)が, 後ろにある0は有効数字に入る。

(7) ① 7.365
3桁目の6を四捨五入
② 0.2349
3桁目の4を四捨五入
4桁目の9は考えない。
③ $6.02×10^{23}$
3桁目の2を四捨五入
指数の10^{23}はそのままにする。

(5) $\dfrac{\dfrac{a}{b}}{c}×d=\dfrac{\dfrac{a×\cancel{b}}{\cancel{b}}}{c×b}×d$

より, $\dfrac{a×d}{c×b}$

←$a:b=c:d$のとき,
$a×d=b×c$

26

$$11.2 \times x = 16 \times 22.4$$
$$x = \frac{16 \times 22.\overset{2}{\cancel{4}}}{\underset{1}{\cancel{11.2}}} = 16 \times 2 = 32$$

3 (1) **58.5** (2) **32**

▶解説◀ (1) $\dfrac{11.7}{200} = \dfrac{x}{1000}$

$$11.7 \times 1000 = 200 \times x$$
$$x = \frac{11.7 \times \overset{5}{\cancel{1000}}}{\underset{1}{\cancel{200}}} = 11.7 \times 5 = 58.5$$

(2) $\dfrac{8}{5.6} = \dfrac{x}{22.4}$

$$8 \times 22.4 = 5.6 \times x$$
$$x = \frac{8 \times 22.\overset{4}{\cancel{4}}}{\underset{1}{\cancel{5.6}}} = 8 \times 4 = 32$$

4 (1) 1.2×10^3 (2) 9.65×10^4 (3) -2.73×10^2
(4) 6.0×10^5 (5) 1.2×10^{-3} (6) 1.64×10^{-2}
(7) 1.60×10^{-3}

▶解説◀ (1) $1230 = 1.23 \times 1000 = 1.23 \times 10^3 \fallingdotseq 1.2 \times 10^3$
(2) $96490 = 9.649 \times 10000 = 9.6\overset{5}{\cancel{4}}9 \times 10^4 \fallingdotseq 9.65 \times 10^4$
(3) $-273.15 = -2.73\underset{}{\cancel{1}}5 \times 100 \fallingdotseq -2.73 \times 10^2$
(4) $602200 = 6.022 \times 100000 = 6.022 \times 10^5 \fallingdotseq 6.0 \times 10^5$
(5) $0.00123 = \dfrac{1.23}{1000} = 1.23 \times 10^{-3} \fallingdotseq 1.2 \times 10^{-3}$
(6) $0.01636 = \dfrac{1.636}{100} = 1.63\overset{4}{\cancel{6}} \times 10^{-2} \fallingdotseq 1.64 \times 10^{-2}$
(7) $0.001602 = \dfrac{1.602}{1000} = 1.602 \times 10^{-3} \fallingdotseq 1.60 \times 10^{-3}$

5 (1) 3.0×10^{24} (2) 1.9×10^7 (3) 9.6×10^4
(4) 1.5×10^5 (5) 3.0×10^{-22} (6) 5.0×10^3

▶解説◀ (1) $6.0 \times 10^{23} \times 5.0 = 6.0 \times 5.0 \times 10^{23} = 30 \times 10^{23}$
$$= 3.0 \times 10^1 \times 10^{23} = 3.0 \times 10^{24}$$
(2) $2.0 \times 10^2 \times (9.65 \times 10^4) = 2.0 \times 9.65 \times 10^{2+4} = 19.3 \times 10^6$
$$= 1.93 \times 10^1 \times 10^6 \fallingdotseq 1.9 \times 10^7$$
(3) $6.0 \times 10^{23} \times (1.6 \times 10^{-19}) = 6.0 \times 1.6 \times 10^{23-19} = 9.6 \times 10^4$
(4) $6.0 \times 10^9 \div (4.0 \times 10^4) = 6.0 \div 4.0 \times 10^{9-4} = 1.5 \times 10^5$
(5) $1.8 \times 10^2 \div (6.0 \times 10^{23}) = 1.8 \div 6.0 \times 10^{2-23} = 0.30 \times 10^{-21}$
$$= 3.0 \times 10^{-1} \times 10^{-21} = 3.0 \times 10^{-22}$$
(6) $2.0 \times 10^{-2} \div (4.0 \times 10^{-6}) = 2.0 \div 4.0 \times 10^{-2-(-6)} = 0.50 \times 10^4$
$$= 5.0 \times 10^{-1} \times 10^4 = 5.0 \times 10^3$$

（右欄）

← $\dfrac{a}{b} = \dfrac{c}{d}$ のとき，
$$a \times d = b \times c$$

$\underbrace{abc00\cdots 0}_{a \text{ の後ろに } n \text{ 個}} = a.bc \times 10^n$

$\underbrace{0.0\cdots 00abc}_{a \text{ の前に } n \text{ 個}} = a.bc \times 10^{-n}$

(3) 有効数字と正・負の数値とは無関係である。

$a \times 10^b \times (c \times 10^d)$
$$= a \times c \times 10^{b+d}$$
$a \times 10^b \div (c \times 10^d)$
$$= a \div c \times 10^{b-d}$$
$A \times 10^b$ という形のとき，
A は $1 \leqq |A| < 10$ の数値

6 (1)　23.0　　(2)　6.5　　(3)　28　　(4)　1.3×10^{23}

(5)　9.5×10^{-1}

▶解説◀　(1)　$1.01 + 12.0 + 14.05 - 4.03 = 23.03 \fallingdotseq 23.0$

(2)　$1.66 + 2.0 + 7.36 - 4.54 = 6.\overset{5}{4}8 \fallingdotseq 6.5$

(3)　$2.0 \times 22.4 \times 3.48 \div 5.6 = \dfrac{2.0 \times \overset{4.0}{22.4} \times 3.48}{\underset{1.0}{5.6}} = 2.0 \times 4.0 \times 3.48$

$= 27.\overset{8}{8}4 \fallingdotseq 28$

(4)　$2.0 \times 6.02 \times 10^{23} \div 9.6 = \dfrac{2.0 \times 6.02 \times 10^{23}}{9.6} = 1.\overset{3}{2}5 \cdots \times 10^{23}$

$\fallingdotseq 1.3 \times 10^{23}$

(5)　$(16 \times 60 + 5.0) \times 1.5 \div (9.65 \times 10^{4}) \times 63.5$

$= \dfrac{965 \times 1.5 \times 63.5}{9.65 \times 10^{4}} = \dfrac{9.65 \times 10^{2} \times 1.5 \times 63.5}{9.65 \times 10^{4}}$

$= 95.25 \times 10^{2-4} \fallingdotseq 9.5 \times 10^{1} \times 10^{-2} = 9.5 \times 10^{-1}$

7 (1)　0.125 (kg)　　(2)　0.15 (m)　　(3)　0.56 (L)

▶解説◀　(1)　$125\,\mathrm{g} = \dfrac{125}{1000}\,\mathrm{kg} = 0.125\,(\mathrm{kg})$

(2)　$15\,\mathrm{cm} = \dfrac{15}{100}\,\mathrm{m} = 0.15\,(\mathrm{m})$

(3)　$560\,\mathrm{mL} = \dfrac{560}{1000}\,\mathrm{L} = 0.56\,(\mathrm{L})$

8 (1)　117 (g)　　(2)　4.0 (g)　　(3)　8.0 (g)

▶解説◀　(1)　$1.00\,\mathrm{cm}^{3} : 1.17\,\mathrm{g} = 100\,\mathrm{cm}^{3} : x\,(\mathrm{g})$　　$1.00x = 1.17 \times 100$

$x = 117\,(\mathrm{g})$

(2)　$22.4\,\mathrm{L} : 32\,\mathrm{g} = 2.8\,\mathrm{L} : x\,(\mathrm{g})$　　$22.4x = 32 \times 2.8$

$x = \dfrac{32 \times \overset{1}{2.8}}{\underset{8}{22.4}} = 4.0\,(\mathrm{g})$

(3)　$12\,\mathrm{g} : 32\,\mathrm{g} = 3.0\,\mathrm{g} : x\,(\mathrm{g})$　　$12x = 32 \times 3.0$　　$x = \dfrac{32 \times \overset{1}{3.0}}{\underset{4}{12}} = 8.0\,(\mathrm{g})$

12 原子量と分子量・式量　　〈p.42〉

◉ポイントチェック

(1)　炭素　　(2)　12　　(3)　12　　(4)　1.0

(5)　同位体　　(6)　原子量　　(7)　㋐　99　　㋑　1　　㋒　12.01

(8)　分子量　　(9)　和

(10)　㋐　1.0　　㋑　2　　㋒　16　　㋓　18　　　(11)　式量

(12)　㋐　23　　㋑　1　　㋒　35.5　　㋓　1　　㋔　58.5

(13)　できる　　　(14)　㋐　16　　㋑　1　　㋒　1.0　　㋓　1　　㋔　17

(15)　②　　　　　　　(12)(14)の㋐と㋑，㋒と㋓はそれぞれ順不同）

(5)　0.95でも正解である。

←前から順に計算せず，約分してから計算する。

(3)　560 mL

$= 5.60 \times 10^{2}\,\mathrm{mL}$

の有効数字3桁とすれば0.560でも正解である。

質量　1 kg = 1000 g

　　　1 g = 1000 mg

体積　1 L = 1000 mL

　　　　= 1000 cm^{3}

▨密度▨

1 g/cm^{3} = 1 g/mL

▨比例式をつくるときの注意▨

(2)の場合

体積：質量＝体積：質量

のように，同じ項目のものを順番に書く。

体積：質量＝質量：体積

のように，逆に書かない。

(15)　分子式で表される物質は分子量を用い，組成式で表される物質は式量を用いる。

①　金 Au，組成式

②　アンモニア NH$_3$，分子式

③　水酸化ナトリウム NaOH，組成式

46 27

▶**解説**◀ 相対質量は，^{12}C の質量＝12 を基準としているので，
^{12}C の質量：Al の質量＝12：Al の相対質量 の関係がなりたつ。

$$2.0 \times 10^{-23} : 4.5 \times 10^{-23} = 12 : x$$
$$2.0 \times 10^{-23} \times x = 4.5 \times 10^{-23} \times 12$$
$$x = \frac{4.5 \times 10^{-23} \times 12}{2.0 \times 10^{-23}} = 27$$

←相対質量は，実際の質量
ではないので，「g」の
単位はつけない。

47 10.8

▶**解説**◀ 同位体のある原子の原子量は，同位体の存在比から計算した相
対質量の平均値である。

元素 X の原子量＝$M_1 \times \dfrac{a}{100} + M_2 \times \dfrac{b}{100} + \cdots\cdots$ の式より，

$$10.0 \times \frac{20.0}{100} + 11.0 \times \frac{80.0}{100} = 10.8$$

Keypoint

原子量の求め方

　　　　　　　　↓元素 X の　　　↓元素 X の
　　　　　　　　同位体1の存在比　同位体2の存在比

元素 X の原子量＝$M_1 \times \dfrac{a}{100} + M_2 \times \dfrac{b}{100} + \cdots\cdots$

　　　　　↑元素 X の同位体1　↑元素 X の同位体2
　　　　　の相対質量　　　　　の相対質量

48 (1) 28　(2) 18　(3) 44　(4) 98　(5) 180

▶**解説**◀ 分子式に含まれる原子の原子量の総和で，分子量が求められる。

(1)　N_2　　　　　$14 \times 2 = 28$
(2)　H_2O　　　　$1.0 \times 2 + 16 = 18$
(3)　CO_2　　　　$12 + 16 \times 2 = 44$
(4)　H_2SO_4　　　$1.0 \times 2 + 32 + 16 \times 4 = 98$
(5)　$C_6H_{12}O_6$　$12 \times 6 + 1.0 \times 12 + 16 \times 6 = 180$

49 (1) 40　(2) 100　(3) 40　(4) 62　(5) 262

▶**解説**◀ 組成式・イオン式に含まれる原子量の総和で，式量が求められ
る。イオン式の式量を求めるとき，原子・分子に比べて電子は非常に軽い
ので，電子の授受による質量の変化は無視できる。

(1)　NaOH　　　　$23 + 16 + 1.0 = 40$
(2)　$CaCO_3$　　　$40 + 12 + 16 \times 3 = 100$
(3)　Ca^{2+}　　　　40
(4)　NO_3^-　　　　$14 + 16 \times 3 = 62$
(5)　$Mg_3(PO_4)_2$　$24 \times 3 + (31 + 16 \times 4) \times 2 = 262$

50 (1) 160　(2) 70.0 (%)

▶解説◀　(1)　組成式・イオン式に含まれる原子の原子量の総和で，式量が求められる。

$$56 \times 2 + 16 \times 3 = 160$$

(2)　Fe_2O_3 の中の Fe の含有率は，

$$\frac{Fe_2O_3 \text{に含まれる} Fe \text{の式量}}{Fe_2O_3 \text{の式量}} \times 100 = \frac{56 \times 2}{160} \times 100 = 70.0(\%)$$

Keypoint

$$\text{化合物 A 中の原子 B の含有率}(\%) = \frac{B \text{の原子量} \times B \text{の数}}{\text{化合物 A の式量}} \times 100$$

13 物質量

〈p.44〉

ポイントチェック

(1)　1 mol　　(2)　物質量　　(3)　6.0×10^{23}　　(4)　アボガドロ

(5)　2　　(6)　原子量　　(7)　27　　(8)　分子量

(9)　18　　(10)　式量　　(11)　23　　(12)　式量

(13)　58.5　　(14)　モル質量　　(15)　g/mol　　(16)　アボガドロ

(17)　22.4　　(18)　6.0×10^{23}，32，22.4　　(19)　14(14.0)

ドリル

1　(1)　1.0(mol)　　(2)　1.5(mol)　　(3)　10(mol)

　　(4)　2.5(mol)　　(5)　1.5×10^{-1}(mol)

▶解説◀　(1)　$\dfrac{\overset{1}{\cancel{6.0 \times 10^{23}}}}{\underset{1}{\cancel{6.0 \times 10^{23}}}/\text{mol}} = 1.0(\text{mol})$

(2)　$\dfrac{9.0 \times 10^{23}}{\underset{1}{\cancel{6.0 \times 10^{23}}}/\text{mol}} = \dfrac{9.0}{6.0} = 1.5(\text{mol})$

(3)　$\dfrac{\overset{1}{\cancel{6.0 \times 10^{24}}}}{\underset{1}{\cancel{6.0 \times 10^{23}}}/\text{mol}} = 1.0 \times 10^{24-23} = 1.0 \times 10^{1} = 10(\text{mol})$

(4)　$\dfrac{\overset{1}{\cancel{1.5 \times 10^{24}}}}{\underset{4}{\cancel{6.0 \times 10^{23}}}/\text{mol}} = \dfrac{1}{4} \times 10^{24-23} = 0.25 \times 10^{1} = 2.5(\text{mol})$

(5)　$\dfrac{\overset{3}{\cancel{9.0 \times 10^{22}}}}{\underset{2}{\cancel{6.0 \times 10^{23}}}/\text{mol}} = \dfrac{3}{2} \times 10^{22-23} = 1.5 \times 10^{-1}(\text{mol})$

2　(1)　6.0×10^{23}(個)　　(2)　1.8×10^{23}(個)

　　(3)　1.2×10^{24}(個)　　(4)　6.0×10^{22}(個)

　　(5)　6.0×10^{21}(個)

▶解説◀　(1)　$6.0 \times 10^{23}/\text{mol} \times 1.0\,\text{mol} = 6.0 \times 10^{23}$(個)

(2)　$6.0 \times 10^{23}/\text{mol} \times 0.30\,\text{mol} = 1.8 \times 10^{23}$(個)

(3)　$6.0 \times 10^{23}/\text{mol} \times 2.0\,\text{mol} = 12 \times 10^{23} = 1.2 \times 10^{24}$(個)

(4)　$6.0 \times 10^{23}/\text{mol} \times 0.10\,\text{mol} = 0.60 \times 10^{23} = 6.0 \times 10^{22}$(個)

(5)　$6.0 \times 10^{23}/\text{mol} \times 1.0 \times 10^{-2}\,\text{mol} = 6.0 \times 10^{23-2} = 6.0 \times 10^{21}$(個)

(5)　0.15でも正解である。

$$\text{物質量}(\text{mol})$$
$$= \frac{\text{粒子の数}}{6.0 \times 10^{23}/\text{mol}}$$

粒子の数
$= 6.0 \times 10^{23}/\text{mol}$
　　$\times$物質量(mol)
$a \times 10^{b} \times (c \times 10^{d})$
　　$= a \times c \times 10^{b+d}$
$A \times 10^{b}$ という形のとき，
A は $1 \leqq |A| < 10$ の数値

3 (1) 1.0(mol)　　(2) 0.20(mol)　　(3) 4.0(mol)

(4) 9.0×10^{23}(個)　　(5) 1.2×10^{23}(個)

▶解説◀ (1) 水素分子 H_2 1分子中には2個の水素原子がある。

$0.50\,\mathrm{mol} \times 2 = 1.0$(mol)

(2) 硫酸分子 H_2SO_4 1分子中には2個の水素原子がある。

$0.10\,\mathrm{mol} \times 2 = 0.20$(mol)

(3) 塩化カルシウム $CaCl_2$ 1個あたり2個の塩化物イオンがある。

$2.0\,\mathrm{mol} \times 2 = 4.0$(mol)

(4) アンモニア NH_3 1分子中には3個の水素原子があるので，$0.50\,\mathrm{mol}$ の

アンモニア中にある水素原子の物質量は　$0.50\,\mathrm{mol} \times 3 = 1.5\,\mathrm{mol}$

水素原子 $1.5\,\mathrm{mol}$ の原子の数は，

$6.0 \times 10^{23}/\mathrm{mol} \times 1.5\,\mathrm{mol} = 9.0 \times 10^{23}$(個)

(5) 水酸化カルシウム $Ca(OH)_2$ 1個あたり2個の水酸化物イオンがある

ので0.10mol の水酸化カルシウム中にある水酸化物イオンの物質量は，

$0.10\,\mathrm{mol} \times 2 = 0.20\,\mathrm{mol}$

水酸化物イオン $0.20\,\mathrm{mol}$ のイオンの数は，

$6.0 \times 10^{23}/\mathrm{mol} \times 0.20\,\mathrm{mol} = 1.2 \times 10^{23}$(個)

4 (1) 12(g)　(2) 34(g)　(3) 5.9(g)

▶解説◀ (1) マグネシウム Mg のモル質量は，$24\,\mathrm{g/mol}$

よって，$24\,\mathrm{g/mol} \times 0.50\,\mathrm{mol} = 12$(g)

(2) アンモニア分子 NH_3 のモル質量は，$14 + 1.0 \times 3 = 17\,\mathrm{g/mol}$

よって，$17\,\mathrm{g/mol} \times 2.0\,\mathrm{mol} = 34$(g)

(3) 塩化ナトリウム $NaCl$ のモル質量は，$23 + 35.5 = 58.5\,\mathrm{g/mol}$

よって，$58.5\,\mathrm{g/mol} \times 0.10\,\mathrm{mol} = 5.85 \fallingdotseq 5.9$(g)

5 (1) 0.50(mol)　　(2) 2.0(mol)　　(3) 0.20(mol)

(4) 2.5×10^{-2}(mol)

▶解説◀ (1) 水分子 H_2O のモル質量は，$1.0 \times 2 + 16 = 18\,\mathrm{g/mol}$ より，

$\dfrac{9.0\,\mathrm{g}}{18\,\mathrm{g/mol}} = 0.50$(mol)

(2) アルミニウム Al のモル質量は，$27\,\mathrm{g/mol}$ より，

$\dfrac{54\,\mathrm{g}}{27\,\mathrm{g/mol}} = 2.0$(mol)

(3) 塩化ナトリウム $NaCl$ のモル質量は，$23 + 35.5 = 58.5\,\mathrm{g/mol}$ より，

$\dfrac{11.7\,\mathrm{g}}{58.5\,\mathrm{g/mol}} = 0.20$(mol)

(4) 硫酸イオン $SO_4{}^{2-}$ のモル質量は，$32 + 16 \times 4 = 96\,\mathrm{g/mol}$ より，

$\dfrac{2.4\,\mathrm{g}}{96\,\mathrm{g/mol}} = 2.5 \times 10^{-2}$(mol)

【参考】 下の図のような
計算方法もある。

グリコ：g，L，個

（グ）（リ）（コ）

基本：

モル質量〔g/mol〕

＝原子量，分子量，式量

モル体積〔L/mol〕

＝22.4L/mol

アボガドロ定数

＝$6.0 \times 10^{23}/\mathrm{mol}$

(4) 0.025でも正解で
ある。

6 (1) 4.48(L)　(2) 33.6(L)　(3) 5.60(L)

▶解説◀ (1) 水素0.200 mol の体積は，22.4 L/mol×0.200 mol＝4.48(L)

(2) アンモニア1.50 mol の体積は，22.4 L/mol×1.50 mol＝33.6(L)

(3) ヘリウム0.250 mol の体積は，22.4 L/mol×0.250 mol＝5.60(L)

7 (1) 0.500(mol)　(2) 0.125(mol)　(3) 0.300(mol)
　　(4) $2.50×10^{-2}$(mol)

(4) 0.0250でも正解で
ある。

▶解説◀ (1) 水素H_2 11.2 L の物質量は，$\dfrac{\overset{1}{11.2}L}{\underset{2}{22.4}L/mol}＝0.500$(mol)

(2) アルゴンAr 2.80 L の物質量は，$\dfrac{\overset{1}{2.80}L}{\underset{8}{22.4}L/mol}＝0.125$(mol)

(3) 二酸化炭素CO_2 6.72 L の物質量は，$\dfrac{6.72L}{22.4L/mol}＝0.300$(mol)

(4) メタンCH_4 560 mL＝0.560 L

よって，$\dfrac{0.560L}{22.4L/mol}＝2.50×10^{-2}$(mol)

8 (1) 45(L)　(2) 2.2(L)

▶解説◀ (1) 水素H_2 のモル質量は，1.0×2＝2.0 g/mol より，水素4.0 g
の物質量は，

$$物質量〔mol〕＝\dfrac{質量〔g〕}{モル質量〔g/mol〕}＝\dfrac{4.0g}{2.0g/mol}＝2.0 mol$$

よって，気体の体積〔L〕＝22.4 L/mol×物質量〔mol〕
$$＝22.4L/mol×2.0mol＝4\overset{5}{4}.8≒45(L)$$

(2) アンモニアNH_3 のモル質量は，14＋1.0×3＝17 g/mol より，アンモ
ニア1.7 g の物質量は，

$$物質量〔mol〕＝\dfrac{質量〔g〕}{モル質量〔g/mol〕}＝\dfrac{1.7g}{17g/mol}＝0.10 mol$$

よって，気体の体積〔L〕＝22.4 L/mol×物質量〔mol〕
$$＝22.4L/mol×0.10mol＝2.24≒2.2(L)$$

9 (1) 8.5(g)　(2) 5.5(g)

▶解説◀ (1) アンモニアNH_3 11.2 L の物質量は，

$$物質量〔mol〕＝\dfrac{気体の体積〔L〕}{22.4L/mol}＝\dfrac{\overset{1}{11.2}L}{\underset{2}{22.4}L/mol}＝0.500 mol$$

アンモニアNH_3 のモル質量は，14＋1.0×3＝17 g/mol より，

$$質量〔g〕＝モル質量〔g/mol〕×物質量〔mol〕$$
$$＝17g/mol×0.500mol＝8.5(g)$$

(2) プロパンC_3H_8 2.80 L の物質量は，

$$物質量〔mol〕＝\dfrac{気体の体積〔L〕}{22.4L/mol}＝\dfrac{\overset{1}{2.80}L}{\underset{8}{22.4}L/mol}＝0.125 mol$$

プロパンC_3H_8 のモル質量は，12×3＋1.0×8＝44 より，

$$質量〔g〕=モル質量〔g/mol〕×物質量〔mol〕$$
$$=44\,g/mol×0.125\,mol=5.5(g)$$

E X E R C I S E

51 (1) (ア) H_2SO_4　(イ) 98(g/mol)　(ウ) 0.050(mol)

(エ) 0.10(mol)

(2) (ア) $Ca(OH)_2$　(イ) 74(g/mol)　(ウ) 0.10(mol)

(エ) 0.20(mol)　(オ) $1.2×10^{23}$(個)

▶解説◀　(1) (イ) $1.0×2+32+16×4=98$

(ウ)　物質量〔mol〕$=\dfrac{質量〔g〕}{モル質量〔g/mol〕}=\dfrac{4.9\,g}{98\,g/mol}=0.050(mol)$

(エ)　硫酸 H_2SO_4 1 mol 中に水素原子 H は 2 mol 含まれるので，硫酸 0.050 mol 中に水素原子は 0.050 mol×2＝0.10 mol 含まれる。

(2) (イ)　$40+(16+1.0)×2=74$

(ウ)　物質量〔mol〕$=\dfrac{質量〔g〕}{モル質量〔g/mol〕}=\dfrac{7.4\,g}{74\,g/mol}=0.10(mol)$

(エ)　水酸化カルシウム $Ca(OH)_2$ 1 mol 中に水酸化物イオンは 2 mol 含まれるので，水酸化カルシウム 0.10 mol 中に水酸化物イオンは，

0.10 mol×2＝0.20 mol 含まれる。

(オ)　イオンの数〔個〕$=6.0×10^{23}/mol×物質量〔mol〕$
$$=6.0×10^{23}/mol×0.20\,mol=1.2×10^{23}(個)$$

52 (1) $7.3×10^{-23}(g)$　(2) 27

▶解説◀　(1) 二酸化炭素 CO_2 1 mol の質量は，

　　モル質量＝$12+16×2=44\,g/mol$

二酸化炭素 1 mol＝44 g 中に $6.0×10^{23}$ 個の分子が含まれるので，二酸化炭素分子 1 個の質量は，

$$\dfrac{44\,g/mol}{6.0×10^{23}/mol}=7.33\cdots×10^{-23}≒7.3×10^{-23}(g)$$

(2)　アルミニウムが 1 mol あれば，そのときの質量の値が原子量であり，その中に $6.0×10^{23}$ 個の原子を含んでいる。

よって，$6.0×10^{23}/mol×$原子 1 個の質量から原子量が求められる。

$$6.0×10^{23}/mol×4.5×10^{-23}\,g=27\,g/mol$$

Keypoint

$$分子1個の質量〔g〕=\dfrac{分子量〔g/mol〕}{6.0×10^{23}/mol}$$

原子量・分子量＝原子・分子 1 個の質量〔g〕$×6.0×10^{23}/mol$
　（原子量・分子量は，相対質量なので，単位はない。）

53 (1) 物質量：0.50(mol)　質量：8.0(g)

(2) 物質量：0.25(mol)　質量：11(g)

▶解説◀　(1) メタン CH_4 のモル質量は，$12+1.0×4=16\,g/mol$ より，

(1) (ウ)　$5.0×10^{-2}$ でも可。

(2)　原子量は単位がない。

$$物質量〔mol〕 = \frac{11.2\,L}{22.4\,L/mol} = 0.50\,(mol)$$

$$質量〔g〕 = 16\,g/mol \times 0.50\,mol = 8.0\,(g)$$

【別解】 標準状態で22.4Lの気体＝1mol＝分子量にgをつけて表す質量
メタン CH_4 のモル質量は，$12 + 1.0 \times 4 = 16\,g/mol$ なので，11.2Lのメタンを x〔mol〕，y〔g〕とすると，

$$物質量は，22.4\,L : 1\,mol = 11.2\,L : x〔mol〕 \quad x = \frac{11.2}{22.4} = 0.50\,(mol)$$

$$質量は，22.4\,L : 16\,g = 11.2\,L : y〔g〕 \quad y = \frac{11.2 \times 16}{22.4} = 8.0\,(g)$$

(2) プロパン C_3H_8 のモル質量は，$12 \times 3 + 1.0 \times 8 = 44\,g/mol$ より，

$$物質量〔mol〕 = \frac{5.6\,L}{22.4\,L/mol} = 0.25\,(mol)$$

$$質量〔g〕 = 44\,g/mol \times 0.25\,mol = 11\,(g)$$

【別解】 プロパン C_3H_8 のモル質量は，$12 \times 3 + 1.0 \times 8 = 44\,g/mol$ なので，5.6Lのプロパンを x〔mol〕，y〔g〕とすると，

$$物質量は，22.4\,L : 1\,mol = 5.6\,L : x〔mol〕 \quad x = \frac{5.6}{22.4} = 0.25\,(mol)$$

$$質量は，22.4\,L : 44\,g = 5.6\,L : y〔g〕 \quad y = \frac{5.6 \times 44}{22.4} = 11\,(g)$$

Keypoint

$$物質量〔mol〕 = \frac{標準状態の気体の体積〔L〕}{22.4\,L/mol}$$

54 (1) $\dfrac{w}{M}$(mol)　　(2) $\dfrac{22.4w}{M}$(L)　　(3) $\dfrac{6.0 \times 10^{23}w}{M}$(個)

▶**解説**◀ (1) モル質量〔g/mol〕＝ M から，

$$物質量〔mol〕 = \frac{質量〔g〕}{モル質量〔g/mol〕} = \frac{w}{M}〔mol〕$$

(2) (1)の答えを用いて，

$$気体の体積〔L〕 = 22.4\,L/mol \times 物質量〔mol〕 = \frac{22.4w}{M}〔L〕$$

(3) (1)の答えを用いて，

$$分子の数〔個〕 = 6.0 \times 10^{23}/mol \times 物質量〔mol〕 = \frac{6.0 \times 10^{23}w}{M}〔個〕$$

55 (1) 16　　(2) 28.0

▶**解説**◀ 標準状態で22.4Lの気体＝分子量gの質量 の関係から，分子
量を M とすると，次の比例式がなりたつ。

$$22.4\,L : M = 気体の体積〔L〕 : 気体の質量〔g〕$$

(1) $22.4\,L : M = 2.8\,L : 2.0\,g \quad M = \dfrac{22.4 \times 2.0}{2.8} = 16$

(1)(2) 分子量は単位がな
い。

(2) $22.4\,\text{L} : M = 1.00\,\text{L} : 1.25\,\text{g}$　$M = \dfrac{22.4 \times 1.25}{1.00} = 28.0$

14 溶液の濃度 〈p.50〉

ポイントチェック

(1) 溶解　　(2) 溶媒　　(3) 溶質　　(4) 溶液

(5) 水溶液　　(6) 質量パーセント濃度　　(7) (ア) 溶質 (イ) 溶液

(8) (ア) 10 (イ) 10 (ウ) 90 (エ) 10　　(9) モル濃度

(10) (ア) 溶質 (イ) 溶液　　(11) 体積

(12) 溶解度　　(13) 100　　(14) 溶解度曲線

(15) 飽和溶液　　(16) 大きく

((8)の(イ)，(ウ)は順不同)

ドリル

(1) 1.0(mol/L)　　(2) 4.0(mol/L)　　(3) 0.25(mol/L)

(4) 0.20(mol/L)　　(5) 1.0(mol)　　(6) 0.40(mol)

(7) 18(g)　　(8) 8.0(g)

▶解説◀　(1)　$200\,\text{mL} = \dfrac{200}{1000} = 0.200\,\text{L}$ より，

$$\dfrac{0.20\,\text{mol}}{0.200\,\text{L}} = 1.0\,(\text{mol/L})$$

(2)　$250\,\text{mL} = \dfrac{250}{1000} = 0.250\,\text{L}$ より，

$$\dfrac{1.0\,\text{mol}}{0.250\,\text{L}} = 4.0\,(\text{mol/L})$$

(3)　水酸化ナトリウム NaOH の式量は，$23 + 16 + 1.0 = 40$ より，
　　溶質の物質量は，

$$\dfrac{1.0\,\text{g}}{40\,\text{g/mol}} = 0.025\,\text{mol}$$　　また，$100\,\text{mL} = 0.100\,\text{L}$ より，

　　求めるモル濃度は，$\dfrac{0.025\,\text{mol}}{0.100\,\text{L}} = 0.25\,(\text{mol/L})$

(4)　塩化ナトリウム NaCl の式量は，$23 + 35.5 = 58.5$ より，
　　溶質の物質量は，

$$\dfrac{5.85\,\text{g}}{58.5\,\text{g/mol}} = 0.100\,\text{mol}$$

　　求めるモル濃度は，$\dfrac{0.100\,\text{mol}}{0.500\,\text{L}} = 0.20\,(\text{mol/L})$

(5)　$500\,\text{mL} = \dfrac{500}{1000} = 0.500\,\text{L}$ より，

　　　$2.0\,\text{mol/L} \times 0.500\,\text{L} = 1.0\,(\text{mol})$

(6)　$200\,\text{mL} = \dfrac{200}{1000} = 0.200\,\text{L}$ より，

$$2.0\,\text{mol/L} \times 0.200\,\text{L} = 0.40\,(\text{mol})$$

(7) $100\,\text{mL} = \dfrac{100}{1000} = 0.100\,\text{L}$ より，

$$1.0\,\text{mol/L} \times 0.100\,\text{L} = 0.10\,\text{mol}$$

グルコース $C_6H_{12}O_6$ の分子量は，$12 \times 6 + 1.0 \times 12 + 16 \times 6 = 180$ なので，求める質量は，$180\,\text{g/mol} \times 0.10\,\text{mol} = 18\,(\text{g})$

(8) $200\,\text{mL} = \dfrac{200}{1000} = 0.200\,\text{L}$ より，

$$1.0\,\text{mol/L} \times 0.200\,\text{L} = 0.20\,\text{mol}$$

水酸化ナトリウム $NaOH$ の式量は，$23 + 16 + 1.0 = 40$ なので，求める質量は，$40\,\text{g/mol} \times 0.20\,\text{mol} = 8.0\,(\text{g})$

E X E R C I S E

56 (1) $1.2 \times 10^3\,(\text{g})$ (2) $4.3 \times 10^2\,(\text{g})$ (3) $12\,(\text{mol/L})$

▶解説◀ (1) 密度から濃塩酸 1 L ($= 1000\,\text{mL} = 1000\,\text{cm}^3$) の質量を求める。

密度 $[\text{g/mol}] \times$ 体積 $[\text{cm}^3] =$ 質量 $[\text{g}]$ より，

$$1.2\,\text{g/cm}^3 \times 1000\,\text{cm}^3 = 1200\,\text{g} = 1.2 \times 10^3\,(\text{g})$$

(2) 質量パーセント濃度から溶質の質量を求める。

溶質の質量 $[\text{g}] =$ 溶液の質量 $[\text{g}] \times \dfrac{\text{質量パーセント濃度}\,[\%]}{100}$ より，

$$1.2 \times 10^3\,\text{g} \times \frac{36}{100} = 432\,\text{g} = 4.32 \times 10^2\,(\text{g})$$

(3) 濃塩酸 1 L 中に溶けている塩化水素の物質量の値がモル濃度の値にあたるので，(2)で求めた塩化水素の質量を物質量に換算する。

物質量 $[\text{mol}] = \dfrac{\text{質量}\,[\text{g}]}{\text{モル質量}\,[\text{g/mol}]}$ より，

$$\frac{432\,\text{g}}{36.5\,\text{g/mol}} = 11.8\cdots \fallingdotseq 12\,\text{mol}$$

← 四捨五入する前の値 432 を用いる。

したがって，濃塩酸のモル濃度は $12\,\text{mol/L}$ となる。

Keypoint

質量パーセント濃度 x 〔%〕からモル濃度 y 〔mol/L〕への換算の手順

① 密度 d 〔g/cm³〕の溶液 1 L 中の溶質の質量は，

$$\left(d \times 1000 \times \frac{x}{100}\right)\,[\text{g}] = \left(10 \times d \times x\right)\,[\text{g}]$$

② 溶質の分子量または式量を M とすると，溶質のモル質量は M 〔g/mol〕なので，

溶液 1 L 中の溶質の物質量は，$\dfrac{10 \times d \times x}{M}$ 〔mol〕

③ よって，モル濃度は，$y = \dfrac{10 \times d \times x}{M}$ 〔mol/L〕

57 (エ)

▶解説◀　塩化ナトリウムのモル質量は58.5 g/molである。したがって，0.10 molの質量は5.85 gとなり，これを水に溶かして水溶液の体積を1Lにする。

58 間違い：モル濃度で10倍に希釈するところを，質量パーセント濃度で希釈している点。

　　　作り方：10 mol/Lの塩酸100 mLに水を加えて1.0 Lにする。

▶解説◀　溶液を希釈する場合，モル濃度と質量パーセント濃度で希釈の方法が異なる。モル濃度で10倍に希釈する場合，10 mol/Lの塩酸100 mLを1Lのメスフラスコに入れ，さらに水を加えて全体で1Lとなるように調製する。このとき，加えた水の量は900 mLではないことに注意が必要である。また，質量パーセント濃度で10倍に希釈する場合，10 %の塩酸100 gに水900 gを加え，全体で1000 gとなるように調製する。

（右欄） 溶液を希釈する場合，モル濃度の溶液では体積を，質量パーセント濃度の溶液では質量をはかり希釈する。

59 (1)　144(g)　(2)　28(g)

▶解説◀　(1)　60℃の水100 gに硝酸ナトリウムを飽和させ，これを20℃にすると，$(124-88)$ gの結晶が析出する。析出する結晶をx〔g〕とすると，

$$\frac{(析出量)}{(溶媒の質量)}=\frac{(124-88)\,\text{g}}{100\,\text{g}}=\frac{x\,\text{〔g〕}}{400\,\text{g}}\quad よって，\ x=144(g)$$

(2)　60℃で溶かした硝酸ナトリウムの質量は，$124\,\text{g}\times\dfrac{200}{100}=248\,\text{g}$

　ここで水の量は，200 g＋50 g＝250 gになったので，析出する硝酸ナトリウムをx〔g〕とすると，

$$\frac{(溶質の質量)}{(溶媒の質量)}=\frac{88\,\text{g}}{100\,\text{g}}=\frac{248\,\text{g}-x\,\text{〔g〕}}{250\,\text{g}}$$

よって，$x=28(g)$

（右欄） ←再結晶の析出量は，水100 gの場合の析出量と比較して求める。

（右欄） ←60℃で溶かした溶質の質量と，20℃で溶けている溶質の質量の差が析出量となる。

60 (1)　184(g)　(2)　3.4(mol/L)

▶解説◀　(1)　27℃の飽和水溶液$(100+40)$ gを80℃まで上昇させると，$(169-40)$ gの結晶がさらに溶解する。溶解する結晶をx〔g〕とすると，

$$(100+40)\,\text{g}:(169-40)\,\text{g}=200\,\text{g}:x\,\text{〔g〕}\quad x=184.2\cdots≒184(g)$$

(2)　飽和水溶液1L（＝1000 mL）中のKNO₃の物質量を求める。

　飽和水溶液1Lの質量は，$1.2\,\text{g/cm}^3\times1000\,\text{mL}=1.2\,\text{g/cm}^3\times1000\,\text{cm}^3$

　よって，(1.2×1000) g

　飽和水溶液1L中のKNO₃の質量は，$\left(1.2\times1000\times\dfrac{40}{100+40}\right)$ g

　硝酸カリウムKNO₃の式量は，$39+14+16\times3=101$なので，モル質量は101 g/molである。

　飽和水溶液1L中のKNO₃の物質量は，

$$\left(1.2\times1000\times\frac{40}{100+40}\right)\text{g}\times\frac{1}{101\,\text{g/mol}}=3.39\cdots≒3.4(mol)$$

（右欄） ←水100 gの場合と比較する。

（右欄） 飽和溶液1Lの質量を求める。
↓
飽和溶液1L中の溶質の質量を求める。
↓
飽和溶液1L中の溶質の物質量を求める。

よって，モル濃度は3.4mol/Lとなる。

【別解】 溶液の体積〔cm³〕$= \dfrac{質量〔g〕}{密度〔g/cm³〕}$，

物質量〔mol〕$= \dfrac{溶質の質量〔g〕}{モル質量〔g/mol〕}$ より，

モル濃度〔mol/L〕$= \dfrac{溶質の物質量〔mol〕}{溶液の体積〔L〕}$ に，溶液の質量 $= (100+40)$g,

溶質のモル質量101g/mol，質量40gを代入する。

$$モル濃度〔mol/L〕 = \dfrac{\dfrac{40}{101}mol}{\dfrac{100+40}{1.2} \times 10^{-3}L} = 3.3\overset{4}{9}\cdots \fallingdotseq 3.4(mol/L)$$

15 化学反応式 〈p.54〉

ポイントチェック

(1) 化学変化(化学反応)   (2) 物理変化(状態変化)

(3) 化学変化(化学反応)   (4) 物理変化(状態変化，三態変化)

(5) 原子   (6) 反応物   (7) 生成物   (8) 化学反応式

(9) 反応物   (10) 生成物   (11) 原子   (12) 整数の比

(13) 1   (14) イオン反応式   (15) 原子   (16) 電荷

(17) ↑   (18) ↓

E X E R C I S E

61 ㋐ 3 ㋑ 4 ㋒ 2 ㋓ 1 ㋔ 10 ㋕ 5

▶解説◀ 反応式の係数を求める問題では，まず最も複雑な物質の係数を仮に1とし，順次両辺の原子の数が一致するように係数を決める方法が一般的である。この問題では，まず左辺のプロパンC_3H_8の係数を1とすると，左辺のCとHの原子の数が定まり，右辺のCO_2とH_2Oの係数が決まる。すると，右辺のO原子の数が定まるので，最後に左辺のO_2の係数が決まる。この問題では，これらの係数の比は，最後に整数倍しなくても，すでに最も簡単な整数の比になっている。

Keypoint

化学反応式では，
・各物質の係数は，最も簡単な整数の比になる。
・両辺の各原子の総数は等しい。

62 (1) 2, 1, 2   (2) 4, 3, 2   (3) 2, 7, 4, 6

(4) 2, 6, 2, 3   (5) 1, 2, 1, 1   (6) 1, 2, 1, 2, 1

(7) 2, 1, 1, 2, 2   (8) 1, 1, 1   (9) 1, 2, 1, 1

(10) 1, 2, 1, 1

▶解説◀ 係数が最も簡単な整数の比になるようにする。また，両辺で各

元素の原子の総数が等しくなるようにする。

(1) MgO の係数を 1 とし，Mg，O_2 の順に決めていく。O_2 の係数が $\frac{1}{2}$ になるので，最後に全体を 2 倍して整数の比にする。

←一般的に，複雑な物質の係数を 1 とする。1 と決めた物質の化学式に含まれる元素のうち，使われている元素の数が少ないものから順にあわせる。

(2) Al_2O_3 の係数を 1 とし，Al，O_2 の順に係数を決める。O_2 の係数が $\frac{3}{2}$ になるので，最後に全体を 2 倍して整数の比にする。

(3) C_2H_6 の係数を 1 とし，CO_2，H_2O，O_2 の順に係数を決める。O_2 の係数が $\frac{7}{2}$ になるので，最後に全体を 2 倍して整数の比にする。

係数が分数になったときには，最後に係数の比が最も簡単な整数の比になるように，両辺を整数倍する。

(4) $AlCl_3$ の係数を 1 とし，Al，HCl，H_2 の順に係数を決める。H_2 の係数が $\frac{3}{2}$ になるので，最後に全体を 2 倍して整数の比にする。

(5) $Ca(OH)_2$ の係数を 1 とし，Ca，H_2O，H_2 の順に係数を決める。

(6) $a\mathrm{Cu} + b\mathrm{H_2SO_4} \longrightarrow c\mathrm{CuSO_4} + d\mathrm{H_2O} + e\mathrm{SO_2}$ とおく。
・両辺の Cu の数が等しいことから，$a = c$ ……①
・両辺の H の数が等しいことから，$2b = 2d$　よって，$b = d$ ……②
・両辺の S の数が等しいことから，$b = c + e$ ……③
・両辺の O の数が等しいことから，$4b = 4c + d + 2e$ ……④
$a = c = 1$ とする。
③より，$b = 1 + e$ ……⑤
②と④より，$4b = 4 + b + 2e$　したがって，$3b = 4 + 2e$ ……⑥
⑤と⑥より，$b = 2$，$e = 1$，②より，$d = 2$
したがって，$a : b : c : d : e = 1 : 2 : 1 : 2 : 1$

←このような方法を未定係数法という。

(7) NH_4Cl の係数を 1 とし，$CaCl_2$，NH_3，$Ca(OH)_2$，H_2O の順に決める。この方法で係数を求めるのがむずかしい場合は，(6)のように，式中の各物質の係数を a，b，c，…とし，各原子の数が両辺で等しいことからいくつかの等式を求め，係数の比（$a : b : c : \cdots$）を求める（未定係数法）。

(8) イオン反応式では，両辺の各原子の数が等しくなるほかに，両辺の電荷の総和が等しくなる。$BaSO_4$ の係数を 1 とすると，Ba^{2+} と SO_4^{2-} の係数はともに 1 となる。電荷の総和は両辺とも 0 である。

←未定係数法によって，係数を求めることができるが，時間と手間が必要になる。

(9) FeS の係数を 1 とすると，Fe^{2+} と H_2S の係数はともに 1 となり，次に H^+ の係数は 2 となる。電荷の総和は両辺とも +2 である。

(10) (9)と同様に Zn^{2+} の係数が 1 となるので，H^+ の係数が 2 となる。

Keypoint

イオン反応式では，両辺の電荷の総和は等しい。

63 (1) $2\mathrm{CH_4O} + 3\mathrm{O_2} \longrightarrow 2\mathrm{CO_2} + 4\mathrm{H_2O}$

(2) $\mathrm{Zn} + \mathrm{H_2SO_4} \longrightarrow \mathrm{ZnSO_4} + \mathrm{H_2}$

(3) $\mathrm{Fe_2O_3} + 3\mathrm{CO} \longrightarrow 2\mathrm{Fe} + 3\mathrm{CO_2}$

(4) $2\mathrm{NaHCO_3} \longrightarrow \mathrm{Na_2CO_3} + \mathrm{CO_2} + \mathrm{H_2O}$

(1) 「燃焼」では酸素が必要である。

(4) 加熱だけなら酸素は使わない。

▶解説◀　まず化学式（分子式や組成式）で反応物を左辺に，生成物を右辺に書き，次に両辺で各元素の原子の数が等しくなるように係数を求める。

16　化学反応式の量的関係 〈p.56〉

ポイントチェック

(1)　①　⑦　H₂(水素)　⑦　O₂(酸素)　(⑦，⑦は順不同)

$\quad$②　H₂O(水)　　　③　2，1，2　　　④　2，1，2

$\quad$⑤　2，1，2　　　⑥　1，8，9　　　⑦　質量

$\quad$⑧　2，1

(2)　⑨　1，2，1，1　　⑩　1，2，1，1　　⑪　1(L)

$\quad$⑫　22.4(L)

(3)　⑬　質量保存の法則　　⑭　定比例の法則

$\quad$⑮　気体反応の法則　　⑯　アボガドロの法則

EXERCISE

64 (1)　4.0(mol)　(2)　66(g)　(3)　67(L)　(4)　11(L)

▶解説◀　化学反応式の係数の比は，物質量の比である。

(1)　CH₄の係数：H₂Oの係数＝1：2 より，CH₄が2.0molならば，H₂O は4.0molとなる。

(2)　CH₄(分子量16)のモル質量は16g/molなので，CH₄24gの物質量は，

$$\frac{24\,\mathrm{g}}{16\,\mathrm{g/mol}} = 1.5\,\mathrm{mol}$$

◀分子のモル質量(1molあたりの質量)は，分子量にgをつけた値である。

CH₄の係数：CO₂の係数＝1：1 より，生成するCO₂の物質量は，1.5mol となる。この質量は，CO₂(分子量44)のモル質量が44g/molなので，

$$44\,\mathrm{g/mol} \times 1.5\,\mathrm{mol} = 66(\mathrm{g})$$

(3)　CH₄の係数：O₂の係数＝1：2 より，生成するO₂の物質量は，

$$1.5\,\mathrm{mol} \times 2 = 3.0\,\mathrm{mol}$$

標準状態での体積は，$22.4\,\mathrm{L/mol} \times 3.0\,\mathrm{mol} = 67.2 \fallingdotseq 67(\mathrm{L})$

◀気体のモル体積(1molあたりの体積)は，標準状態(0℃，1気圧)で22.4L/molである。

(4)　CO₂22gの物質量は，$\dfrac{22\,\mathrm{g}}{44\,\mathrm{g/mol}} = 0.50\,\mathrm{mol}$

CH₄の係数：CO₂の係数＝1：1 より，燃焼したメタンの標準状態での体積は，

$$22.4\,\mathrm{L/mol} \times 0.50\,\mathrm{mol} = 11.2 \fallingdotseq 11(\mathrm{L})$$

Keypoint

化学反応式の係数の比＝物質量の比
標準状態での気体1molの体積＝22.4L

65 17(g)

▶解説◀　$4\mathrm{Al} + 3\mathrm{O_2} \longrightarrow 2\mathrm{Al_2O_3}$

Al(式量27)のモル質量は，27g/molより，

◀金属の単体のモル質量(1molあたりの質量)は，原子量にgをつけた値である。

40

$9.0\,\mathrm{g}$ の Al の物質量は，$\dfrac{9.0\,\mathrm{g}}{27\,\mathrm{g/mol}}=\dfrac{1}{3}\,\mathrm{mol}$

また，$\mathrm{Al_2O_3}$ の式量 $=27\times2+16\times3=102$ より，
$\mathrm{Al_2O_3}$ のモル質量は，$102\,\mathrm{g/mol}$ となる。
Al の係数：$\mathrm{Al_2O_3}$ の係数 $=4:2=2:1$ より，
$9.0\,\mathrm{g}$ の Al の燃焼によって生じる $\mathrm{Al_2O_3}$ の質量は，

$$102\,\mathrm{g/mol}\times\dfrac{1}{3}\,\mathrm{mol}\times\dfrac{1}{2}=17\,(\mathrm{g})$$

Al_2O_3 は Al3+ と O2- からなるイオン性物質なので、モル質量…

←$\mathrm{Al_2O_3}$ は $\mathrm{Al^{3+}}$ と $\mathrm{O^{2-}}$ からなるイオン性物質なので，モル質量（1mol あたりの質量）は，式量に g をつけた値である。

←割り切れることがあるので，途中の計算は分数のままにしておき，最後に計算するとよい。

66 (1) $\mathrm{CuO+H_2\longrightarrow Cu+H_2O}$ (2) $32\,(\mathrm{g})$

▶解説◀ (2) $\mathrm{H_2O}$（分子量18）のモル質量は，$18\,\mathrm{g/mol}$ より，

$9.0\,\mathrm{g}$ の $\mathrm{H_2O}$ の物質量は，$\dfrac{9.0\,\mathrm{g}}{18\,\mathrm{g/mol}}=\dfrac{1}{2}\,\mathrm{mol}$ となる。

Cu の係数：$\mathrm{H_2O}$ の係数 $=1:1$ より，生成した Cu の物質量も，

$\dfrac{1}{2}\,\mathrm{mol}$ となる。

Cu（式量63.5）のモル質量は，$63.5\,\mathrm{g/mol}$ より，生成した Cu の質量は，

$$63.5\,\mathrm{g/mol}\times\dfrac{1}{2}\,\mathrm{mol}=31.75\fallingdotseq32\,(\mathrm{g})$$

67 (1) $\mathrm{MgCl_2+2AgNO_3\longrightarrow 2AgCl\!\downarrow+Mg(NO_3)_2}$
(2) $0.95\,(\mathrm{g})$

▶解説◀ (1) 沈殿を示す↓はなくてもよい。
(2) AgCl の式量は，$108+35.5=143.5$ より，
モル質量は，$143.5\,\mathrm{g/mol}$ となる。

$2.87\,\mathrm{g}$ の AgCl の物質量は，$\dfrac{2.87\,\mathrm{g}}{143.5\,\mathrm{g/mol}}=0.0200\,\mathrm{mol}$

$\mathrm{MgCl_2}$ の係数：AgCl の係数 $=1:2$ より，

反応した $\mathrm{MgCl_2}$ の物質量は，$0.0200\,\mathrm{mol}\times\dfrac{1}{2}=0.0100\,\mathrm{mol}$

$\mathrm{MgCl_2}$ の式量は，$24+35.5\times2=95$ より，
モル質量は，$95\,\mathrm{g/mol}$ となる。
よって，反応した $\mathrm{MgCl_2}$ の質量は，$95\,\mathrm{g/mol}\times0.0100\,\mathrm{mol}=0.95\,(\mathrm{g})$

←イオン反応式では，
$\mathrm{Ag^++Cl^-\longrightarrow AgCl\!\downarrow}$
係数の比から，
$\mathrm{Ag^+:Cl^-}=1:1$
ゆえに，
$\mathrm{MgCl_2:AgNO_3}=1:2$

68 $1.1\,(\mathrm{L})$

▶解説◀ $\mathrm{2Na+2H_2O\longrightarrow 2NaOH+H_2}$
Na（式量23）のモル質量は，$23\,\mathrm{g/mol}$ より，$2.3\,\mathrm{g}$ の Na の物質量は，

$$\dfrac{2.3\,\mathrm{g}}{23\,\mathrm{g/mol}}=0.10\,\mathrm{mol}$$

Na の係数：$\mathrm{H_2}$ の係数 $=2:1$ より，生成する $\mathrm{H_2}$ の物質量は，

$$0.10\,\mathrm{mol}\times\dfrac{1}{2}=0.050\,\mathrm{mol}$$

←Na などのアルカリ金属は，水と反応して水素を発生し，水酸化物になる。

標準状態で，1molの気体の体積は，22.4Lなので，生成したH₂の標準状態での体積は，

$$22.4\,\text{L/mol} \times 0.050\,\text{mol} = 1.12 \fallingdotseq 1.1\,\text{(L)}$$

69 (1) 8.0(g)　(2) 5.0(L)

▶解説◀　$2H_2 + O_2 \longrightarrow 2H_2O$

(1) H₂の係数：O₂の係数＝2：1 より，H₂とO₂は体積比2：1で反応する。したがって，H₂ 10LとO₂ 5Lが反応する。

標準状態で気体1molの体積は，22.4Lなので，

H₂の物質量は，$\dfrac{10}{22.4}$mol となる。

H₂の係数：H₂Oの係数＝2：2＝1：1 より，生成するH₂Oの物質量も，$\dfrac{10}{22.4}$mol となる。

H₂O（分子量18）のモル質量は，18g/molより，生成するH₂Oの質量は，

$$18\,\text{g/mol} \times \frac{10}{22.4}\,\text{mol} = 8.03\cdots \fallingdotseq 8.0\,\text{(g)}$$

(2) H₂ 10LとO₂ 5.0Lが反応して，水が生成するので，燃焼後に残る気体は未反応のO₂ 5.0Lである。

←同温・同圧での気体の反応では，体積比は係数の比になる。

$$\begin{array}{lccc} & 2H_2 & + O_2 & \rightarrow 2H_2O \\ \text{反応前} & 10L & 10L & \\ \hline \text{反応量} & -10L & -5.0L & -^* \\ \hline \text{反応後} & 0L & 5.0L & -^* \end{array}$$

※標準状態で水 H₂O は液体または固体である。

70 8.5(g)

▶解説◀　$2H_2O_2 \longrightarrow 2H_2O + O_2$

標準状態で，1molの気体の体積は，22.4Lなので，標準状態で，2.8Lの酸素の物質量は，

$$\frac{2.8\,\text{L}}{22.4\,\text{L/mol}} = 0.125\,\text{mol}$$

O₂の係数：H₂O₂の係数＝1：2 より，反応したH₂O₂の物質量は，

$$0.125\,\text{mol} \times 2 = 0.250\,\text{mol}$$

H₂O₂（分子量34）のモル質量は，34g/molより，H₂O₂の質量は，

$$34\,\text{g/mol} \times 0.250\,\text{mol} = 8.5\,\text{(g)}$$

←まず，標準状態の気体の体積から，酸素の物質量を求める。化学反応式を書き，化学反応式の係数から過酸化水素の物質量を求め，これを質量に換算する。

71 (1) 炭酸カルシウム：2.5(g)　　二酸化炭素：1.1(g)
　　 (2) 炭酸カルシウム：2.5×10^{-2}(mol)
　　　　二酸化炭素：2.5×10^{-2}(mol)
　　 (3) 2.0(mol/L)

▶解説◀　(1) 一定量の塩酸HClに炭酸カルシウムCaCO₃を加えていくと，最初のうちは加えたCaCO₃の量に比例して二酸化炭素CO₂が発生する。反応できるHClが全て消費されるとCO₂はそれ以上発生しなくなるので，CO₂の発生量は一定になる。よって，グラフの傾きが変わって0（水平）になった点がHClとCaCO₃が過不足なく反応した点である。グラフより，HClとCaCO₃が過不足なく反応したときのCaCO₃の質量は2.5gで，このとき発生したCO₂は1.1gである。

(2) $CaCO_3$（式量100）2.5g，CO_2（分子量44）1.1gの物質量は，

$CaCO_3$の物質量：$\dfrac{2.5\,\mathrm{g}}{100\,\mathrm{g/mol}} = 2.5 \times 10^{-2}\,\mathrm{(mol)}$

CO_2の物質量：$\dfrac{1.1\,\mathrm{g}}{44\,\mathrm{g/mol}} = 2.5 \times 10^{-2}\,\mathrm{(mol)}$

(3) $CaCO_3$とHClの化学反応式は次のようになる。

$$CaCO_3 + 2HCl \longrightarrow CaCl_2 + CO_2 + H_2O$$

化学反応式の量的関係より，過不足なく反応したHClの物質量は，

$2.5 \times 10^{-2}\,\mathrm{mol} \times 2 = 5.0 \times 10^{-2}\,\mathrm{mol}$　である。

$25\,\mathrm{mL} = 2.5 \times 10^{-2}\,\mathrm{L}$であるので，この塩酸のモル濃度は，

$\dfrac{5.0 \times 10^{-2}\,\mathrm{mol}}{2.5 \times 10^{-2}\,\mathrm{L}} = 2.0\,\mathrm{(mol/L)}$

72　MgがAlより3.0g多い

▶解説◀　発生させる水素H_2の物質量は，

$\dfrac{11.2\,\mathrm{L}}{22.4\,\mathrm{L/mol}} = 0.500\,\mathrm{mol}$

H_2 0.500 molを発生させるのに必要なマグネシウム Mg およびアルミニウム Al の物質量は，化学反応式の係数の比から，

Mg：$0.500\,\mathrm{mol} \times 1 = 0.500\,\mathrm{mol}$　　Al：$0.500\,\mathrm{mol} \times \dfrac{2}{3} = \dfrac{1.00}{3}\,\mathrm{mol}$

質量に換算すると，

Mg：$24\,\mathrm{g/mol} \times 0.500\,\mathrm{mol} = 12\,\mathrm{g}$

Al：$27\,\mathrm{g/mol} \times \dfrac{1.00}{3}\,\mathrm{mol} = 9.0\,\mathrm{g}$

$12\,\mathrm{g} - 9.0\,\mathrm{g} = 3.0\,\mathrm{(g)}$より，MgがAlより3.0g多い。

〈p.60〉

節 末 問 題

❶　④

▶解説◀　①　正しい。Na^+は Na 原子より電子1個だけ少ない粒子である。電子の質量は，原子の質量に比べて無視できるほど小さいので，単原子イオンの式量には原子量を用いる。

②　正しい。原子量は，同位体の相対質量と存在比から求めた原子の相対質量の平均値である。同位体が存在しなければ，その原子の相対質量が原子量になる。

③　正しい。原子量は質量数12の炭素原子^{12}Cの相対質量を12.00としたときの原子の相対質量の平均値で単位はない。分子量は原子量の総和で表した相対質量なので，原子量と同様に単位はない。

④　誤り。原子量の基準は，質量数12の炭素原子^{12}Cである。炭素には^{13}Cという同位体が存在する。原子量はこれら同位体の相対質量と存在比から求めた平均値である。炭素には，相対質量12.00の^{12}Cが98.93％，

❶　単原子イオンの式量は，その原子量に等しい。多原子イオンの場合は，式量が原子量の総和になる。

◀原子量の基準として，^{12}Cを12.00としているが，同位体が存在するので，炭素の原子量はちょうど12.00にはならない。

相対質量13.00の^{13}Cが1.07％存在するので，その原子量は，

$$12.00 \times \frac{98.93}{100} + 13.00 \times \frac{1.07}{100} \fallingdotseq 12.01 \, となる。$$

⑤　正しい。ホウ素Bの相対質量を近似的に，^{10}B = 10，^{11}B = 11とみなすと，原子量は，$10 \times \frac{20}{100} + 11 \times \frac{80}{100} = 10.8$となる。

したがって，ホウ素の原子量は10より11に近い。

❷　⑤

▶解説◀　質量数の総和Mが70であるCl_2分子は，質量数が35のCl原子2個から構成されている。質量数が35であるCl原子の存在比は76％であるので，質量数の総和が70であるCl_2分子の割合は，

$$\frac{76}{100} \times \frac{76}{100} = 0.5776 \fallingdotseq 0.58 = 58 \, \%$$

❸　④

▶解説◀　①　水酸化ナトリウムは，Na^+とOH^-のイオンからなる物質である。

②　黒鉛は，炭素の同素体の一つで，共有結合の結晶である。

③　硝酸アンモニウムは，NH_4^+とNO_3^-のイオンからなる物質である。

④　アンモニアは，分子式NH_3で表される分子からなる物質である。

⑤　酸化アルミニウムは，Al^{3+}とO^{2-}のイオンからなる物質である。

⑥　金は，組成式Auで表される金属の結晶である。

イオン結合からなる物質の$NaOH$，NH_4NO_3，Al_2O_3と共有結合の結晶であるC，金属であるAuはそれぞれ組成式であり，式量となる。分子からなる物質のNH_3は分子式であり，分子量となる。

❸　金属の単体は，元素記号が組成式であり，原子量が式量となる。

❹　③

▶解説◀　①　正しい。分子量は，COが28，N_2が28，NOが30である。COとN_2の分子量が等しいので混合気体の平均分子量は28になる。アボガドロの法則により，同温・同圧で同体積の中に同数の分子が含まれるので，同温・同圧・同体積において気体の質量は分子量で比較できる。混合気体の平均分子量28とNOの分子量30より，NOの質量は必ず大きくなる。

②　正しい。0.10 mol/Lの$CaCl_2$水溶液2.0Lに含まれる$CaCl_2$の物質量は，

$$0.10 \, mol/L \times 2.0 \, L = 0.20 \, mol$$

$CaCl_2 \longrightarrow Ca^{2+} + 2Cl^-$ のように電離するので，Cl^-の物質量は，

$$0.20 \, mol \times 2 = 0.40 \, mol$$

③　誤り。水H_2O（分子量18）18gに含まれるH原子の数は，H_2O 1分子中にH原子は2個含まれているので，

①　COの割合をa％として平均分子量を求めると，N_2の割合は$(100 - a)$％となり，平均分子量は次のようになる。

平均分子量

$$= 28 \times \frac{a}{100} + 28 \times \frac{100 - a}{100}$$

$$= 28$$

$$\frac{18\,g}{18\,g/mol} \times 2 \times 6.0 \times 10^{23}/mol = 1.2 \times 10^{24} 個$$

メタノールCH_3OH(分子量32)32gに含まれるH原子の数は，CH_3OH
1分子中にH原子は4個含まれているので，

$$\frac{32\,g}{32\,g/mol} \times 4 \times 6.0 \times 10^{23}/mol = 2.4 \times 10^{24} 個$$

④　正しい。炭素(黒鉛)の燃焼の化学反応式($C + O_2 \longrightarrow CO_2$)におい
て，その量的関係より，O_2とCO_2の物質量は等しくなる。

❺　②

▶解説◀　物質Aは水中で一層の膜(単分子膜)を形成する。このとき，w〔g〕
の物質A(分子量M〔g/mol〕)の粒子の数は，物質Aの物質量にアボガドロ
定数N_A〔/mol〕をかけたものになるので，

$$\frac{w〔g〕}{M〔g/mol〕} \times N_A〔/mol〕$$

分子1個の断面積がs〔cm^2〕であるので，全体の面積X〔cm^2〕は，

$$\frac{w〔g〕}{M〔g/mol〕} \times N_A〔/mol〕 \times s〔cm^2〕 = X〔cm^2〕$$

よって，

$$s = X \times \frac{M}{w} \times \frac{1}{N_A} = \frac{XM}{wN_A}$$

❻　②

▶解説◀　標準状態($0℃$，$1.013 \times 10^5\,Pa$)において，1molの気体の体積
は22.4Lを占める。1molの質量〔g〕，すなわちモル質量〔g/mol〕が小さい
気体ほど，1gの体積は大きくなる。①〜④のモル質量は，次のようになる。

　　①　32 g/mol　　②　16 g/mol　　③　30 g/mol　　④　34 g/mol

よって，モル質量の最も小さい②CH_4の体積が最も大きくなる。

❼　②

▶解説◀　アボガドロの法則によれば，物質量の大きな気体ほど，大きな
体積を占める。したがって，①〜⑤の物質量を比較すると，次のようにな
る。

　　①　1.5 mol　　②　2.0 mol　　③　1.0 mol　　④　1.0 mol
　　⑤　1.0 mol

よって，最も体積の大きい気体は，②8gのヘリウムである。

❽　③

▶解説◀　この$MgCl_2$水溶液50mLの質量は，密度が$1.2\,g/cm^3$なので，
次のようになる。

　　$1.2\,g/cm^3 \times 50\,cm^3 = 60\,g$

質量パーセント濃度が20％なので，含まれる$MgCl_2$の質量は，

$$60\,g \times \frac{20}{100} = 12\,g$$

❺　分子の数は，その分
子の物質量にアボガドロ
定数をかけると得られる。

←分子量Mの気体1gの標
準状態における体積は，
$22.4\,L/mol \times \dfrac{1\,g}{M〔g/mol〕}$
となる。

アボガドロの法則

同温・同圧のもとでは，
気体の種類によらず，同
体積の気体には同数の分
子が含まれる。

❽　1mL＝1cm^{3}である。
$MgCl_2$の水溶液の密度
と質量パーセント濃度か
ら溶質の物質量を求め，
含まれているイオンの物
質量を求める。

$MgCl_2$の物質量は，$MgCl_2$の式量が95なので，

$$\frac{12\,g}{95\,g/mol} = 0.1263\cdots \fallingdotseq 0.126\,mol$$

$MgCl_2 \longrightarrow Mg^{2+} + 2Cl^-$と電離するので，$Cl^-$の物質量は，

$$0.126\,mol \times 2 = 0.252 \fallingdotseq 0.25\,mol$$

❾ ③

←1L = 1000cm³

▶解説◀ この溶液を1.0Lと仮定すると，溶液全体の質量は，密度 1.0g/cm³より，次のようになる。

$$1.0\,g/cm^3 \times 1000\,cm^3 = 1000\,g$$

溶液全体の質量の5.0％が溶質（ブドウ糖）の質量であるから，溶質の質量は，次のようになる。

$$1000\,g \times \frac{5.0}{100} = 50\,g$$

ブドウ糖のモル質量は，180g/molであるから，ブドウ糖の物質量は，次のようになる。

$$\frac{50\,g}{180\,g/mol} = 0.27\overset{8}{7}\cdots \fallingdotseq 0.28\,mol$$

よって，$\dfrac{0.28\,mol}{1.0\,L} = 0.28\,mol/L$となり，③が正解となる。

❿ ②

▶解説◀ グラフより，60℃では水100gに硝酸カリウムを110g溶かすことができる。したがって，55gの硝酸カリウムを含む60℃の飽和水溶液中の水の質量は，

$$100\,g \times \frac{55}{110} = 50\,g$$

蒸発させた水をx〔g〕とすると，残った水の質量は，$(50-x)$〔g〕

20℃まで冷却したとき，溶けている硝酸カリウムの質量は，

$$55\,g - 41\,g = 14\,g$$

グラフより，20℃では水100gに硝酸カリウムを32g溶かすことができるので，

$$\frac{14\,g}{(50-x)\,〔g〕} = \frac{32\,g}{100\,g} \qquad \text{したがって，} x = 6.25 \fallingdotseq 6\,(g)$$

よって，選択肢の中で最も数値が近い②が正解となる。

❿ 溶解度曲線から各温度での飽和溶液の濃度（溶媒と溶質の割合）がわかる。

⓫ ③

▶解説◀ 化学反応の前後で，原子の種類と数は変わらない。メタンCH_4の係数aを1（$a=1$）とすると，化学反応式は次のようになる。

$$1CH_4 + bH_2O \longrightarrow cH_2 + dCO_2$$

両辺のC原子が等しいことから，$1 = d$　　　　…①

両辺のH原子が等しいことから，$4 + 2b = 2c$　　　…②

⓫ 化学反応式中の最も複雑な物質の係数を仮に1とし，他の係数を決めていく。この問題の場合，CH_4が最も複雑である。

なお，$a = 1$とせず，そのままaとし，方程式から導く解法もある。

両辺の O 原子が等しいことから，$b = 2d$　　　…③

①〜③より，$b = 2$，$c = 4$，$d = 1$

（別解）CH_4 の係数 $a = 1$ として C 原子，O 原子，H 原子の順に求めることもできる。

⑫ ④

▶解説◀　$1.0L$（$= 1000 cm^3$）の燃料中に含まれる炭素の質量は，次のようになる。

$$0.70 \, g/cm^3 \times 1000 \, cm^3 \times \frac{85}{100} = 595 \, g$$

$C + O_2 \longrightarrow CO_2$ より，C が $1 \, mol$ 燃焼すると，CO_2 も $1 \, mol$ 発生する。

C の物質量は，$\frac{595}{12} \, mol$ なので，発生した CO_2 の物質量も，$\frac{595}{12} \, mol$ である。

したがって，$1 \, km$ 走行したときに発生した CO_2 の質量〔g〕は，次のようになる。

$$44 \, g/mol \times \frac{595}{12} \, mol \times \frac{1}{10} = 2\overset{20}{1}8.1 \cdots \fallingdotseq 220 \, (g)$$

よって，選択肢の中で最も数値が近い④が正解となる。

⑬ ③

▶解説◀　金属 M の酸化物を MO_x と仮定すると，MO_x の式量は $55 + 16x$ となる。この酸化物を金属に還元したとき，質量が37％減少したことから，次の関係がなりたつ。

$$\frac{55}{55 + 16x} \times 100 = 100 - 37$$

よって，$x = 2.01 \cdots \fallingdotseq 2$　　したがって，酸化物の組成式は，③ MO_2 となる。

⑬　酸化物に含まれる金属の質量の割合は，$100 - 37 = 63\%$

⑭ ②

▶解説◀　亜鉛 Zn と塩酸 HCl が反応して水素 H_2 が発生する化学反応において，塩酸を加え始めると加えた塩酸の量に比例して水素が発生する。加えた塩酸が多くなり，亜鉛が全て反応してしまうと，いくら塩酸を加えても水素はそれ以上発生しない。グラフで過不足なくちょうど反応したとき，化学反応式の量的関係が成り立つ。

亜鉛と塩酸が反応して水素が発生する化学反応式は，

$$Zn + 2HCl \longrightarrow ZnCl_2 + H_2$$

化学反応式の量的関係より，亜鉛 $0.020 \, mol$ と過不足なく反応する HCl の物質量は $0.020 \times 2 = 0.040 \, mol$ であり，このとき発生する H_2 の物質量は $0.020 \, mol$ である。

したがって，過不足なく反応する塩酸の体積 V_1〔L〕は，

$$2.0 \, mol/L \times V_1 \, \text{〔L〕} = 0.040 \, mol　　　V_1 = 0.020 \, L$$

発生する H_2 の $0℃$，$1.013 \times 10^5 \, Pa$ における体積は，

$$V_2 = 0.020 \, mol \times 22.4 \, L = 0.448 \fallingdotseq 0.45 \, L$$

⑭　グラフで過不足なく反応したときの塩酸の体積が V_1，発生した水素の $0℃$，$1.013 \times 10^5 \, Pa$ における体積が V_2 である。

ポイントチェック

(1) 酸 　(2) 塩基 　(3) 酸 　　　(4) 塩基

(5) 塩基 　(6) 通す 　(7) 水素イオン(H^+)

(8) 水酸化物イオン(OH^-) 　(9) 水素イオン(H^+)

(10) 水素イオン(H^+) 　(11) 価数 　　　(12) (ア) 1 (イ) 酸

(13) (ア) 2 (イ) 酸 　(14) (ア) HSO_4^- (イ) SO_4^{2-}

(15) (ア) 1 (イ) 塩基 　(16) (ア) 2 (イ) 塩基 　(17) (ア) 3 (イ) 酸

(18) 大きい 　　　(19) 強酸とは限らない

EXERCISE

73 (1) HCl 　(2) H_2SO_4 　(3) HNO_3 　(4) CH_3COOH

　　(5) $NaOH$ 　(6) NH_3 　(7) KOH 　(8) $Ca(OH)_2$

> 酸は化学式に「H」を含み，塩基は「OH」を含む場合が多い。アンモニアのように例外もある。

74 (1) (ア) NO_3^- 　(2) (イ) H^+ (ウ) Cl^- ((イ)，(ウ)は順不同)

　　(3) (エ) KOH (オ) OH^- (4) (カ) $Ba(OH)_2$ (キ) $2OH^-$

75 (ア) ②，④，⑧ 　(イ) ③ 　　　(ウ) ⑥

　　(エ) ①，⑦，⑨ 　(オ) ⑤，⑩

▶解説◀ ① アンモニアは，水溶液中で一部が水と反応してOH^-が生じるので，塩基である。

76 (1) (ア) 　(2) (イ) 　(3) (オ) 　(4) (ク)

　　(5) (キ) 　(6) (エ) 　(7) (ウ) 　(8) (カ)

▶解説◀ 代表的な強酸は，塩酸，硝酸，硫酸である。代表的な強塩基は，アルカリ金属(Li，Na，K)と一部のアルカリ土類金属(Ca，Sr，Ba)の水酸化物である。価数は，下表のとおりである。

	強酸	強塩基
1価	HCl，HNO_3	$NaOH$，KOH
2価	H_2SO_4	$Ca(OH)_2$，$Ba(OH)_2$

> 代表的な強酸(HCl，HNO_3，H_2SO_4)，強塩基($NaOH$，KOH，$Ca(OH)_2$，$Ba(OH)_2$)以外は，弱酸，弱塩基と考えよう。ただし，リン酸は中程度の酸である。

77 (1) 酸 　(2) 塩基 　(3) 酸

▶解説◀ (1) $NH_3 + H_2O \rightleftharpoons NH_4^+ + OH^-$ 　H^+を与えている ⇒ 酸

(2) $NH_3 + HCl \longrightarrow NH_4Cl$ 　　　H^+を受け取っている ⇒ 塩基

(3) $2NH_4Cl + Ca(OH)_2 \longrightarrow 2NH_3 + CaCl_2 + 2H_2O$

　　　　　　　H^+を与えている ⇒ 酸

> ブレンステッド・ローリーの定義では，水H_2Oは相手によって，酸にも塩基にもなる。

Keypoint

ブレンステッド・ローリーの定義

酸　：水素イオンH^+を与える分子・イオン

塩基：水素イオンH^+を受け取る分子・イオン

18 水素イオン濃度とpH

〈p.66〉

ポイントチェック

(1) 水素イオン濃度　　　　(2) 水酸化物イオン濃度

(3) 大きい　　(4) 小さい　　(5) 大きい　　(6) 大きい

(7) 1.0×10^{-7}　(8) 3　　(9) 1.0×10^{-6}　(10) 4

(11) 1.0×10^{-5}　　　　(12) 酸性

(13) (ア) 1　(イ) 大きく　(14) 1000

ドリル

1 (1) 2.0×10^{-3}(mol/L)　(2) 2.0×10^{-2}(mol/L)

　　(3) 2.0×10^{-5}(mol/L)

▶解説◀ (1) $1 \times 0.0020\,\mathrm{mol/L} \times 1.0 = 0.0020 = 2.0 \times 10^{-3}(\mathrm{mol/L})$

(2) $2 \times 0.010\,\mathrm{mol/L} \times 1.0 = 0.020 = 2.0 \times 10^{-2}(\mathrm{mol/L})$

(3) $1 \times 0.020\,\mathrm{mol/L} \times 0.0010 = 0.000020 = 2.0 \times 10^{-5}(\mathrm{mol/L})$

2 (1) 1.0×10^{-2}(mol/L)　(2) 8.0×10^{-3}(mol/L)

　　(3) 1.0×10^{-3}(mol/L)

▶解説◀ (1) $1 \times 0.010\,\mathrm{mol/L} \times 1.0 = 0.010 = 1.0 \times 10^{-2}(\mathrm{mol/L})$

(2) $2 \times 0.0040\,\mathrm{mol/L} \times 1.0 = 0.0080 = 8.0 \times 10^{-3}(\mathrm{mol/L})$

(3) $1 \times 0.10\,\mathrm{mol/L} \times 0.010 = 0.0010 = 1.0 \times 10^{-3}(\mathrm{mol/L})$

3 (1) (pH＝)2　(2) (pH＝)2　(3) (pH＝)3　(4) (pH＝)5

▶解説◀ (1) $[\mathrm{H^+}] = 1 \times 0.010\,\mathrm{mol/L} \times 1.0 = 0.010$
$$= 1.0 \times 10^{-2}\,\mathrm{mol/L}$$

　したがって，pH＝2

(2) $[\mathrm{H^+}] = 2 \times 0.0050\,\mathrm{mol/L} \times 1.0 = 0.010 = 1.0 \times 10^{-2}\,\mathrm{mol/L}$

　したがって，pH＝2

(3) $[\mathrm{H^+}] = 1 \times 0.040\,\mathrm{mol/L} \times 0.025 = 0.0010 = 1.0 \times 10^{-3}\,\mathrm{mol/L}$

　したがって，pH＝3

(4) $[\mathrm{H^+}] = 1 \times 0.00020\,\mathrm{mol/L} \times 0.050 = 0.000010$
$$= 1.0 \times 10^{-5}\,\mathrm{mol/L}$$

　したがって，pH＝5

4 (1) (α＝)0.025　(2) (α＝)1.0

▶解説◀ (1) pHが3であることから，$[\mathrm{H^+}] = 1.0 \times 10^{-3}\,\mathrm{mol/L}$
　　$1.0 \times 10^{-3} = 1 \times 0.040\,\mathrm{mol/L} \times$ 電離度 α

　よって，電離度 $\alpha = 0.025$

(2) pHが3であることから，$[\mathrm{H^+}] = 1.0 \times 10^{-3}\,\mathrm{mol/L}$
　　$1.0 \times 10^{-3} = 1 \times 0.0010\,\mathrm{mol/L} \times$ 電離度 α

　よって，電離度 $\alpha = 1.0$

←答えはそれぞれ
(1) 0.0020
(2) 0.020
(3) 0.000020
でも正解である。
$[\mathrm{H^+}] =$ 酸の価数
　　　×濃度×電離度

←答えはそれぞれ
(1) 0.010
(2) 0.0080
(3) 0.0010
でも正解である。
$[\mathrm{OH^-}] =$ 塩基の価数
　　　×濃度×電離度

$[\mathrm{H^+}] = 1.0 \times 10^{-n}$ のとき，pH＝n となる。
$[\mathrm{H^+}] =$ 酸の価数
　　　×濃度×電離度

$[\mathrm{H^+}] =$ 酸の価数×濃度
　　　　　×電離度

78 (ア)

▶**解説**◀　水溶液を1Lや100mLにすることがポイントである。

(イ)(ウ)(エ)　水溶液の体積が正確な100mLにならない。

79 (1)　**酸性**　　(2)　**中性**　　(3)　**酸性**　　(4)　**塩基性**

▶**解説**◀　$[H^+]>1.0\times10^{-7}\,mol/L\,(>[OH^-])$のとき酸性

$[H^+]=1.0\times10^{-7}\,mol/L\,(=[OH^-])$のとき中性

$[H^+]<1.0\times10^{-7}\,mol/L\,(<[OH^-])$のとき塩基性

(1)　$[H^+]=1.0\times10^{-3}\,mol/L>1.0\times10^{-7}\,mol/L$　⇒　酸性

(3)　$[H^+]=1.0\times10^{-a}\,mol/L$,　$[OH^-]=1.0\times10^{-b}\,mol/L$のとき,

　　$a+b=14$ より $a=14-b$

　　$[OH^-]=1.0\times10^{-10}\,mol/L$のとき,

　　　　$[H^+]=1.0\times10^{-(14-10)}=1.0\times10^{-4}\,mol/L>1.0\times10^{-7}\,mol/L$

　　　　　　　　　　　　　　　　　　　　　　　⇒　酸性

(4)　$[OH^-]=1.0\times10^{-5}\,mol/L$のとき,

　　　$[H^+]=1.0\times10^{-(14-5)}=1.0\times10^{-9}\,mol/L<1.0\times10^{-7}\,mol/L$

　　　　　　　　　　　　　　　　　　　　　　　⇒　塩基性

$[H^+]>1.0\times10^{-7}>[OH^-]$
　⇒酸性水溶液
$[H^+]=1.0\times10^{-7}=[OH^-]$
　⇒中性水溶液
$[H^+]<1.0\times10^{-7}<[OH^-]$
　⇒塩基性水溶液

80 (1)　**100(倍)**　　(2)　**(pH＝)10**　　(3)　**(pH≒)7**

▶**解説**◀　(1)　$[H^+]=1.0\times10^{-n}\,[mol/L]$のときに「$n$」で表される数字がpHである。pHが2小さくなると, n の値が2小さくなるので,

　　　$[H^+]=1.0\times10^{-(n-2)}=1.0\times10^{-n+2}=1.0\times10^{-n}\times10^2\,[mol/L]$

よって, $[H^+]$は$10^2=100$倍大きくなる。

(2)　pH12の水酸化カリウムは, $[H^+]=1.0\times10^{-12}\,mol/L$

⇒$[OH^-]=1.0\times10^{-2}\,mol/L$　これを水で100倍にうすめると, $[OH^-]$
$=1.0\times10^{-4}\,mol/L$になるので,

　　　$[H^+]=1.0\times10^{-(14-4)}=1.0\times10^{-10}\,mol/L$　　　　→ pH＝10

(3)　pH6の希塩酸は, $[H^+]=1.0\times10^{-6}\,mol/L$であり, これを1000倍にうすめると, 塩酸から生成した水素イオン濃度は,

　　　$[H^+]=1.0\times10^{-6}\times\dfrac{1}{1000}=1.0\times10^{-9}\,mol/L$

しかし, 酸をどんなにうすめてもpHが7より大きくなる(塩基性)ことはない。うすい酸になるだけである。　　　　　　　　　　→ pH≒7

Keypoint

水で10倍ずつうすめていくときのpHの変化

　強酸　→1ずつ大きくなる。中性付近では, pHの変化は小さくなり,
　　　　　7に近づくが7より大きくならない。

　強塩基→1ずつ小さくなる。中性付近では, pHの変化は小さくなり,
　　　　　7に近づくが7より小さくならない。

←強酸も強塩基も, 水でうすめると, pHが7に近づく。比較的濃い強酸や強塩基では10倍にうすめると, pHは1ずつ変化するが, 中性に近づくにつれ, pHの変化量は小さくなる。

←酸・塩基の水溶液をうすめればうすめるほど, 中性(pH＝7)に近づく。

←極めてうすい水溶液では, 水の電離によって生じるH⁺も考慮する必要がある。塩酸から生じたH⁺の濃度の値だけでpH＝9としてはいけない。

81 1000(倍)

▶解説◀ pHが5の塩酸の水素イオン濃度は，$[H^+] = 1.0 \times 10^{-5}\,mol/L$ であり，pHが8の水酸化ナトリウム水溶液の水素イオン濃度は，

$$[H^+] = 1.0 \times 10^{-8}\,mol/L$$

よって，$\dfrac{1.0 \times 10^{-5}\,mol/L}{1.0 \times 10^{-8}\,mol/L} = 1.0 \times 10^3 = 1000$　　よって，1000倍となる。

82 (オ)＞(ウ)＞(カ)＞(イ)＞(ア)＞(エ)

←$[H^+] = 1.0 \times 10^{-a}\,mol/L$

$\Rightarrow pH = a$

▶解説◀ pHの値が小さい水溶液ほど，酸性は強い。

(ウ) 塩酸は強酸なので，電離度$\alpha = 1$とすると，

$$[H^+] = 1 \times 0.001\,mol/L \times 1$$
$$= 1 \times 10^{-3}\,mol/L \quad よって，pH = 3$$

(エ) 水酸化ナトリウムは強塩基なので，電離度$\alpha = 1$とすると，

$$[OH^-] = 1 \times 0.01\,mol/L \times 1 = 1 \times 10^{-2}\,mol/L$$
$$pH = 14 - 2 = 12$$

(オ) $[OH^-] = 10^{-13}\,mol/L$なので，$[H^+] = 10^{-1}\,mol/L$　よって，pH = 1

(カ) pH = 5

←$[OH^-] = 1.0 \times 10^{-b}\,mol/L$

$\Rightarrow pH = 14 - b$

と考えてもよい。

83 (1) 塩酸　　(2) 酢酸水溶液　　(3) 水酸化ナトリウム水溶液

▶解説◀ (1) 硫酸も塩酸も強酸で同じモル濃度であるが，塩酸は1価，硫酸は2価の酸なので，$[H^+]$は塩酸のほうが小さく，pHは塩酸のほうが大きい。

(2) 塩酸も酢酸も1価の酸であるが，塩酸は強酸で酢酸は弱酸なので，電離度は塩酸のほうが大きく，同じモル濃度なら$[H^+]$は酢酸水溶液のほうが小さく，pHは酢酸水溶液のほうが大きい。

(3) 水酸化ナトリウムもアンモニアも1価の塩基であるが，水酸化ナトリウムは強塩基でアンモニアは弱塩基なので，電離度は水酸化ナトリウムのほうが大きい。同じモル濃度なら$[OH^-]$は水酸化ナトリウムのほうが大きく，pHは水酸化ナトリウムのほうが大きい。

84 (1) (pH =)11　　(2) (pH =)10

(1) 水酸化カリウムは，1価の強塩基である。

$$KOH \longrightarrow K^+ + OH^-$$

(2) アンモニアは，NH_3の一部が電離する1価の弱塩基である。

$$NH_3 + H_2O$$
$$\rightleftharpoons NH_4^+ + OH^-$$

▶解説◀ (1) 水酸化カリウムの価数は1，電離度は1.0なので，

$$[OH^-] = 1 \times 0.0010\,mol/L \times 1.0 = 1.0 \times 10^{-3}\,mol/L$$

よって，pH = 14 - 3 = 11

(2) アンモニアの価数は1，電離度は0.010なので，

$$[OH^-] = 1 \times 0.010\,mol/L \times 0.010 = 1.0 \times 10^{-4}\,mol/L$$

よって，pH = 14 - 4 = 10

Keypoint

$[H^+] = 10^{-pH}$，$[OH^-] = 10^{14-pH}$

$[H^+] = 酸の価数 \times モル濃度 \times 電離度$

$[OH^-] = 塩基の価数 \times モル濃度 \times 電離度$

85 (1) 8.0×10^{-4}(mol/L)　　(2) 1.3×10^{-11}(mol/L)

▶解説◀　[OH$^-$]＝塩基の価数×塩基のモル濃度×電離度から考える。

(1)　[OH$^-$]＝$1 \times 0.020\,\text{mol/L} \times 0.040 = 8.0 \times 10^{-4}$(mol/L)

(2)　$[\text{H}^+] = \dfrac{1.0 \times 10^{-14}(\text{mol/L})^2}{[\text{OH}^-]} = \dfrac{1.0 \times 10^{-14}}{8.0 \times 10^{-4}} = 1.\overset{3}{2}5 \times 10^{-11}$

　　　　　$\fallingdotseq 1.3 \times 10^{-11}$(mol/L)

Keypoint

🔼^{発展} どんな水溶液でも，25℃において，

　　[H$^+$]×[OH$^-$]＝1.0×10^{-14}(mol/L)^2　（水のイオン積）

86 (1) 2.0×10^{-4}(mol/L)，1.0×10^{-5}(mol)

　　 (2) 1.0×10^{-3}(mol/L)，5.0×10^{-4}(mol)

▶解説◀　(1)　[H$^+$]＝価数×モル濃度×電離度α

　　　　　　　　＝$1 \times 0.020\,\text{mol/L} \times 0.010 = 0.00020$

　　　　　　　　＝2.0×10^{-4}(mol/L)

　H$^+$の物質量〔mol〕＝[H$^+$]×体積〔L〕

　　　　　　　　＝$2.0 \times 10^{-4}\,\text{mol/L} \times \dfrac{50}{1000}\,\text{L} = 1.0 \times 10^{-5}$(mol)

(2)　[OH$^-$]＝価数×モル濃度×電離度α

　　　　　＝$1 \times 0.10\,\text{mol/L} \times 0.010 = 0.0010 = 1.0 \times 10^{-3}$(mol/L)

　OH$^-$の物質量〔mol〕＝[OH$^-$]×体積〔L〕

　　　　　　　　＝$1.0 \times 10^{-3}\,\text{mol/L} \times \dfrac{500}{1000}\,\text{L}$

　　　　　　　　＝5.0×10^{-4}(mol)

19 中和反応と塩　　〈p.70〉

ポイントチェック

(1)　中和(中和反応)　(2)　㋐　塩　㋑　水　(㋐，㋑は順不同)

(3)　NaCl＋H$_2$O　(4)　H$_2$O　(5)　㋐　陰イオン　㋑　陽イオン

(6)　㋐　水素イオン(H$^+$)　㋑　水酸化物イオン(OH$^-$)

(7)　㋐　2　㋑　2　　(8)　㋐　1.5　㋑　1.0　　(9)　中和滴定

(10)　pH(水素イオン指数)　(11)　フェノールフタレイン　(12)　酸

(13)　塩基

E X E R C I S E

87 (1)　HNO$_3$＋KOH $\longrightarrow$ KNO$_3$＋H$_2$O，硝酸カリウム

　　 (2)　2HCl＋Ca(OH)$_2$ $\longrightarrow$ CaCl$_2$＋2H$_2$O，塩化カルシウム

　　 (3)　H$_2$SO$_4$＋2NaOH $\longrightarrow$ Na$_2$SO$_4$＋2H$_2$O，硫酸ナトリウム

　　 (4)　2H$_3$PO$_4$＋3Mg(OH)$_2$ $\longrightarrow$ Mg$_3$(PO$_4$)$_2$＋6H$_2$O，リン酸マグネシウム

▶解説◀　酸と塩基の価数によって，中和反応の係数の比が決まる。

酸と塩基が過不足なく反応するときの条件は，「酸からのH$^+$と塩基からの

OH⁻の物質量が等しい」ことである。

88 (1) ㋐ D ㋑ ホールピペット ㋒ A ㋓ メスフラスコ
    (2) ㋐ E ㋑ ビュレット

▶解説◀ 中和滴定で用いる器具

ホールピペット，ビュレット→使用前に共洗い（使用する試薬で洗うこと）が必要である。

メスフラスコ，コニカルビーカー→水洗後そのまま使用してよい。

89 (1) 図D，中性   (2) 図B，塩基性   (3) 図C，酸性
    (4) 図A，中性

▶解説◀ 滴定曲線では，滴下前のpH，中和点のpHと滴下量，滴下終了時のpHに着目する。

(1) 0.10 mol/Lの塩酸HClのpHは1である。塩酸，水酸化ナトリウムNaOHともに1価であることから，同体積の10 mLを加えたところでpHが急に変化する。強酸と強塩基の中和滴定であるため，中和点はpH＝7付近で大きく変化し，中和で得られる塩（塩化ナトリウムNaCl）の水溶液は中性を示す。

(2) 0.10 mol/Lの酢酸CH₃COOH水溶液のpHは3程度である。酢酸，水酸化ナトリウムNaOHともに1価であることから，同体積の10 mLを加えたところでpHが急に変化する。弱酸と強塩基の中和滴定であるため，中和点のpHは塩基性側にかたより，中和で得られる塩（酢酸ナトリウムCH₃COONa）の水溶液は塩基性を示す。

(3) 0.10 mol/LのアンモニアNH₃水のpHは11程度である。アンモニア，塩酸HClともに1価であることから，同体積の10 mLを加えたところでpHが急に変化する。強酸と弱塩基の中和滴定であるため，中和点のpHは酸性側にかたより，中和で得られる塩（塩化アンモニウムNH₄Cl）の水溶液は酸性を示す。

(4) 0.10 mol/Lの硫酸H₂SO₄のpHは1よりも小さい。硫酸は2価の酸，水酸化ナトリウムNaOHは1価の塩基であることから，10 mLの2倍の20 mLを加えたところで，pHが急に変化する。強酸と強塩基の中和滴定であるため，中和点はpH＝7付近で大きく変化し，中和で得られる塩（硫酸ナトリウムNa₂SO₄）の水溶液は中性を示す。

同じ濃度，同じ価数の酸・塩基であれば，同体積（10 mL）で中和する。強酸と強塩基の中和では，pH＝7の酸性側，塩基側の両方で大きく変化し，中和点はpH＝7のところである。
強酸と弱塩基の中和では，pH＝7より酸性側で大きく変化し，中和点は酸性側にある。
弱酸と強塩基の中和では，pH＝7より塩基性側で大きく変化し，中和点は塩基性側にある。

Keypoint

滴定曲線…中和滴定における滴下した塩基（酸）と混合水溶液のpHを示したグラフ

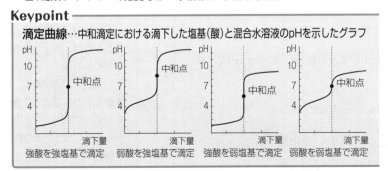

90 (1)　1.0(mol/L)　　(2)　物質量：0.10(mol)　質量：6.0(g)

▶解説◀　(1)　モル濃度〔mol/L〕$= \dfrac{\dfrac{溶質の質量〔g〕}{溶質のモル質量〔g/mol〕}}{溶液の体積〔L〕}$

$$\dfrac{\dfrac{20\,g}{40\,g/mol}}{\dfrac{500}{1000}\,L} = \dfrac{20}{40} \times \dfrac{1000}{500} = 1.0(mol/L)$$

(2)　溶質の物質量〔mol〕＝モル濃度〔mol/L〕×体積〔L〕

$$2.0\,mol/L \times \dfrac{50}{1000}\,L = 0.10(mol)$$

酢酸 CH_3COOH の分子量は60であるから，

$$60\,g/mol \times 0.10\,mol = 6.0(g)$$

91 (1)　4.0×10^{-4}(mol)　　(2)　1.0×10^{-4}(mol)
　　　(3)　2.0×10^{-4}(mol)

▶解説◀　（水溶液中の H^+ の物質量）＝（水溶液中の OH^- の物質量）を考える。

Keypoint

水溶液中の H^+ の物質量＝酸の価数×酸の水溶液のモル濃度
　　　　　　　　　　　　　　　×酸の水溶液の体積

水溶液中の OH^- の物質量＝塩基の価数×塩基の水溶液のモル濃度
　　　　　　　　　　　　　　　×塩基の水溶液の体積

(1)　硫酸は2価の酸，水酸化ナトリウムは1価の塩基であるから，

$$2 \times 0.010\,mol/L \times \dfrac{20.0}{1000}\,L = 1 \times x \quad x = 0.00040 = 4.0 \times 10^{-4}(mol)$$

(2)　水酸化ナトリウムは1価の塩基，硫酸は2価の酸であるから，

$$1 \times 0.010\,mol/L \times \dfrac{20.0}{1000}\,L = 2 \times x \quad x = 0.00010 = 1.0 \times 10^{-4}(mol)$$

(3)　水酸化バリウムは2価の塩基，硫酸は2価の酸であるから，

$$2 \times 0.010\,mol/L \times \dfrac{20.0}{1000}\,L = 2 \times x \quad x = 0.00020 = 2.0 \times 10^{-4}(mol)$$

92 (1)　2.0×10^2(mL)　　(2)　0.25(mol/L)

▶解説◀　(1)　求める体積を V'〔mL〕とすると，

$$2 \times 0.20\,mol/L \times \dfrac{50}{1000}\,L = 1 \times 0.10\,mol/L \times \dfrac{V'}{1000}〔L〕$$

$$V' = 200 = 2.0 \times 10^2(mL)$$

(2)　求めるモル濃度を c'〔mol/L〕とすると，

$$2 \times 0.10\,mol/L \times \dfrac{10}{1000}\,L = 1 \times c'〔mol/L〕\times \dfrac{8.0}{1000}\,L$$

$$c' = 0.25(mol/L)$$

←答えはそれぞれ
(1)　0.00040
(2)　0.00010
(3)　0.00020
でも正解である。

$acV = bc'V'$ の中で5つがわかれば，残りは計算で求められる。
(1)　硫酸：2価の酸
水酸化ナトリウム：1価の塩基
(2)　シュウ酸：2価の酸
水酸化ナトリウム：1価の塩基

93 (1) 16(mL)

化学反応式：$H_2SO_4 + 2NaOH \longrightarrow Na_2SO_4 + 2H_2O$

(2) 15(mL)

化学反応式：$2HCl + Ba(OH)_2 \longrightarrow BaCl_2 + 2H_2O$

▶**解説**◀ (1) 硫酸 H_2SO_4 は 2 価の酸，水酸化ナトリウム NaOH は 1 価の塩基なので，求める体積を V'〔mL〕とすると，

$$2 \times 0.20\,\text{mol/L} \times \frac{10}{1000}\text{L} = 1 \times 0.25\,\text{mol/L} \times \frac{V'}{1000}\,(\text{L})$$

$$V' = 16\,(\text{mL})$$

(2) 塩酸 HCl は 1 価の酸，水酸化バリウム $Ba(OH)_2$ は 2 価の塩基なので，求める体積を V'〔mL〕とすると，

$$1 \times 0.15\,\text{mol/L} \times \frac{20}{1000}\text{L} = 2 \times 0.10\,\text{mol/L} \times \frac{V'}{1000}\,(\text{L})$$

$$V' = 15\,(\text{mL})$$

94 (1) 8.0×10^{-2}(mol/L)　　(2) 8.0×10^{-2}(mol/L)

(1) 塩酸 HCl は 1 価の酸，水酸化ナトリウム NaOH は 1 価の塩基なので，求めるモル濃度を c〔mol/L〕とすると，

$$1 \times c\,(\text{mol/L}) \times \frac{10.0}{1000}\text{L} = 1 \times 0.10\,\text{mol/L} \times \frac{8.0}{1000}\text{L}$$

$$c = 0.080 = 8.0 \times 10^{-2}\,(\text{mol/L})$$

(2) 塩酸 HCl は 1 価の酸，水酸化カルシウム $Ca(OH)_2$ は 2 価の塩基なので，求めるモル濃度を c'〔mol/L〕とすると，

$$1 \times 0.20\,\text{mol/L} \times \frac{10}{1000}\text{L} = 2 \times c'\,(\text{mol/L}) \times \frac{12.5}{1000}\text{L}$$

$$c' = 0.080 = 8.0 \times 10^{-2}\,(\text{mol/L})$$

95 (1) 1.0×10^3(mL)　　(2) 2.5×10^3(mL)

(3) 6.0×10^2(mL)

▶**解説**◀ (1) 水酸化ナトリウム NaOH の式量は 40 なので，

NaOH の物質量は，$\dfrac{4.0\,\text{g}}{40\,\text{g/mol}} = 0.10\,\text{mol}$

塩酸 HCl の体積を V〔mL〕とすると，

$$1 \times 0.10\,\text{mol/L} \times \frac{V}{1000}\text{L} = 1 \times 0.10\,\text{mol}$$

$$V = 1000 = 1.0 \times 10^3\,(\text{mL})$$

(2) アンモニア NH_3 は，$\dfrac{11.2\,\text{L}}{22.4\,\text{L/mol}} = 0.500\,\text{mol}$

硫酸 H_2SO_4 の体積を V〔mL〕とすると，

$$2 \times 0.10\,\text{mol/L} \times \frac{V}{1000}\text{L} = 1 \times 0.500\,\text{mol}$$

$$V = 2500 = 2.5 \times 10^3\,(\text{mL})$$

←答えはそれぞれ
(1) 0.080
(2) 0.080
でも正解である。

←答えはそれぞれ
(1) 1000
(2) 2500
(3) 600
でも正解だが，有効数字を加味すると，2 桁で指数表示するほうがより望ましい。

H^+，OH^- の物質量〔mol〕
＝価数×モル濃度×体積

(3) (HClによるH$^+$の物質量＋H$_2$SO$_4$によるH$^+$の物質量)＝(NaOHによるOH$^-$の物質量)より,

NaOH水溶液の体積をV'〔mL〕とすると,

$$\left(1 \times 0.10\,\mathrm{mol/L} \times \frac{100}{1000}\,\mathrm{L}\right) + \left(2 \times 0.10\,\mathrm{mol/L} \times \frac{100}{1000}\,\mathrm{L}\right)$$

$$= 1 \times 0.050\,\mathrm{mol/L} \times \frac{V'}{1000}\,\mathrm{L}$$

$$V' = 600 = 6.0 \times 10^2\,\mathrm{(mL)}$$

96 (1) (イ)　　(2) (ア)　　(3) (ウ)　　(4) (ウ)

▶**解説**◀　(1)　HCl(強酸)とKOH(強塩基)の正塩　　　　　⇒中性

(2)　H$_2$SO$_4$(強酸)とNH$_3$(弱塩基)の正塩　　　　　⇒酸性

(3)　CH$_3$COOH(弱酸)とKOH(強塩基)の正塩　　　　⇒塩基性

(4)　CO$_2$(弱酸)とNaOH(強塩基)の正塩　　　　　　⇒塩基性

Keypoint

強酸・強塩基の正塩 ⇒	中性
強酸・弱塩基の正塩 ⇒	酸性
弱酸・強塩基の正塩 ⇒	塩基性

塩の水溶液の性質は，もとの酸・塩基の強弱の組み合わせで決まる。

(4)　二酸化炭素の水溶液は，炭酸H$_2$CO$_3$として示す場合もある。

$$\mathrm{H_2O + CO_2 \rightleftarrows H_2CO_3}$$

節末問題　　　　　　　　　　　　　　　　　　〈p.74〉

❶ ④

▶**解説**◀　青色リトマス紙が赤色に変色したことから，この水溶液は酸性であることがわかる。よって，酸性を示す塩(強酸と弱塩基からなる塩)を選べばよい。一般に，強酸と強塩基からなる正塩は中性，強酸と弱塩基からなる正塩は酸性，弱酸と強塩基からなる正塩は塩基性を示す。

①　中性の水溶液である。CaCl$_2$は，HCl(強酸)とCa(OH)$_2$(強塩基)の正塩である。

②　中性の水溶液である。Na$_2$SO$_4$は，H$_2$SO$_4$(強酸)とNaOH(強塩基)の正塩である。

③　塩基性の水溶液である。Na$_2$CO$_3$は，CO$_2$(H$_2$CO$_3$：弱酸)とNaOH(強塩基)の正塩である。

④　酸性の水溶液である。NH$_4$Clは，HCl(強酸)とNH$_3$(弱塩基)の正塩である。

⑤　中性の水溶液である。KNO$_3$は，HNO$_3$(強酸)とKOH(強塩基)の正塩である。

よって，酸性の塩として最も適当なものは④である。

❶ 正塩の水溶液
硫酸ナトリウム：中性
炭酸ナトリウム：塩基性

❷ ④

▶解説◀ ブレンステッド・ローリーの定義によると，相手に水素イオンを与える分子またはイオンが「酸」で，相手から水素イオンを受け取る分子またはイオンが「塩基」である。

反応Ⅰ $CH_3COOH + H_2O \rightleftarrows CH_3COO^- + H_3O^+$

反応Ⅱ $NH_3 + H_2O \rightleftarrows NH_4^+ + OH^-$

反応Ⅰでは，CH_3COOHがH_2OにH^+を与えているので，CH_3COOHが酸で，H^+を受け取るH_2Oが塩基である。また，逆向きの反応では，H_3O^+がCH_3COO^-にH^+を与えているので，H_3O^+が酸で，H^+を受け取るCH_3COO^-が塩基である。反応Ⅱでは，H_2OがNH_3にH^+を与えているので，H_2Oが酸で，H^+を受け取るNH_3が塩基である。また，逆向きの反応では，NH_4^+がOH^-にH^+を与えているので，NH_4^+が酸で，H^+を受け取るOH^-が塩基である。よって，下線を付した分子およびイオン(a～d)のうち，酸としてはたらくものは，④ b と c である。

❸ ④

▶解説◀ ① 誤り。塩化アンモニウムは強酸と弱塩基から生じる正塩であり，水溶液は弱酸性を示す。したがって，pHは7より小さい。

② 誤り。酢酸ナトリウムは弱酸と強塩基から生じる正塩であり，水溶液は弱塩基性を示す。したがって，pHは7より大きい。

③ 誤り。1価の酸の0.1mol/L水溶液がpH＝1となるときは，すべて電離している場合である。酢酸は弱酸なので，電離度は1より小さい。このとき，pHは1より大きくなる。

④ 正しい。pH＝2の塩酸の水素イオン濃度は，

$[H^+] = 1.0 \times 10^{-2}$mol/Lである。これを10倍にうすめると，

$[H^+] = \dfrac{1.0 \times 10^{-2}}{10} = 1.0 \times 10^{-3}$mol/Lとなる。よって，pH＝3となる。

一般に強酸の水溶液は，中性付近を除く酸性領域では，10倍にうすめるごとにpHが1ずつ増加する。

⑤ 誤り。一般に，強塩基の水溶液は，中性付近を除く塩基性領域では，10倍にうすめるごとにpHが1ずつ減少する。すなわち，$[OH^-]$が小さくなれば，$[H^+]$は大きくなる(pHは小さくなる)。したがって，pH＝11の水酸化ナトリウム水溶液を10倍にうすめるとpH＝10となる。

❹ ③

▶解説◀ pH＝1.0の塩酸の濃度は0.10mol/Lである。また，塩酸と水酸化ナトリウムはそれぞれ1価の強酸，1価の強塩基なので，

塩酸が出すH^+は，1×0.10mol/L$\times \dfrac{100}{1000}$L$= 0.010$mol

水酸化ナトリウムが出すOH^-は，

$$1 \times 0.010 \,\text{mol/L} \times \dfrac{900}{1000}\text{L} = 0.0090\,\text{mol}$$

❷ 酸・塩基の定義

アレニウスの定義

酸：水溶液中でH^+を生じる。

塩基：水溶液中でOH^-を生じる。

ブレンステッド・ローリーの定義

酸：H^+を与える分子・イオン

塩基：H^+を受け取る分子・イオン

❸ 水素イオン濃度とpHの関係

$[H^+] = 1.0 \times 10^{-n}$のとき，pH＝$n$となる。

H^+とOH^-それぞれ0.0090molずつが中和されて水になるので，H^+が，

$(0.010 - 0.0090)\,\text{mol} = 0.0010\,\text{mol}$ 残る。

溶液の全体量$(100 + 900)\,\text{mL} = 1000\,\text{mL}$に対して，生成した水はわずかであるとして，反応後の溶液もおよそ1.0Lであると考えると，

$$[H^+] = 0.0010\,\text{mol/L} = 1.0 \times 10^{-3}\,\text{mol/L} \qquad\qquad \to pH = 3$$

❺ a ③ b ②

▶**解説**◀ a ① 正しい。滴定前の開始点のpHが約10なので弱塩基。

② 正しい。酸Bを12mL滴下したときのpHは2であり，中和によりもとの酸Bの水素イオン濃度に比べ希釈されているので，酸BのpHは2より小さい。

③ 誤り。pHが急激に変化するのは滴下量が9.8mL～10.2mLであるため，中和点は10.0mL付近のpH5.2と推察される。

④ 正しい。1価の塩基Aを1価の酸Bで中和滴定したとき，終点に達するのに必要な体積は10.0mLと推察される。2価の塩基Cを1価の酸Bで中和滴定するには20.0mLを必要とする。

b pHが急激に変化する7.6～3.0の間に変色域がある，②の指示薬が適している。

❻ a ② b ③

▶**解説**◀ a 求める水酸化ナトリウム水溶液の濃度を$c'\,$〔mol/L〕とすると，中和反応の量的関係より，

$$1 \times 0.036\,\text{mol/L} \times \frac{10.0}{1000}\text{L} = 1 \times c'\,\text{〔mol/L〕} \times \frac{18.0}{1000}\text{L}$$

$$c' = 0.020\,\text{mol/L}$$

b $pH = 3$であるから，0.036mol/Lの酢酸水溶液の水素イオン濃度は，$[H^+] = 1.0 \times 10^{-3}\,\text{mol/L}$である。酢酸水溶液の価数が1で，モル濃度を$c\,$〔mol/L〕，電離度を$\alpha$とすると，$[H^+] = 1 \times c\alpha$より，

$$[H^+] = 1 \times 0.036\,\text{mol/L} \times \alpha = 1.0 \times 10^{-3}\,\text{mol/L}$$
$$\alpha = 0.027\overset{8}{7}\cdots \fallingdotseq 2.8 \times 10^{-2}$$

❼ ③

▶**解説**◀ 水酸化バリウムと二酸化炭素は，次のように反応する。

$$Ba(OH)_2 + CO_2 \longrightarrow BaCO_3 + H_2O$$

この化学反応式の係数の比から，混合気体に含まれていた二酸化炭素の物質量を$x\,$〔mol〕とすると，反応した水酸化バリウムも$x\,$〔mol〕となる。

したがって，$1.00 \times 10^{-2}\,\text{mol/L}$の$Ba(OH)_2$水溶液1.00L中の未反応量は，

$1.00 \times 10^{-2}\,\text{mol/L} \times 1.00\,\text{L} - x\,\text{〔mol〕} = 1.00 \times 10^{-2} - x\,\text{〔mol〕}$となる。

このとき水酸化バリウム水溶液の濃度は，次のようになる。

$$\frac{(1.00 \times 10^{-2} - x)\,\text{〔mol〕}}{1.00\,\text{L}} = 1.00 \times 10^{-2} - x\,\text{〔mol/L〕}$$

❻ 電離度α

$= \dfrac{\text{電離した電解質の物質量}}{\text{溶解した電解質の物質量}}$
$(0 < \alpha \leqq 1)$

中和反応の量的関係

$a \times c \times \dfrac{V}{1000}$

$\qquad = b \times c' \times \dfrac{V'}{1000}$

a：酸の価数
c：酸の濃度〔mol/L〕
V：酸の体積〔mL〕
b：塩基の価数
c'：塩基の濃度〔mol/L〕
V'：塩基の体積〔mL〕

残りの水酸化バリウムと硫酸は，次のように反応する。

$$Ba(OH)_2 + H_2SO_4 \longrightarrow BaSO_4 + 2H_2O$$

この水酸化バリウム水溶液100 mLと1.00×10^{-2} mol/Lの硫酸20.0 mLが過不足なく中和したので，中和反応の量的関係から，次の関係がなりたつ。

$$2 \times (1.00 \times 10^{-2} - x) \, [\text{mol/L}] \times \frac{100}{1000} \text{L} = 2 \times 1.00 \times 10^{-2} \text{mol/L} \times \frac{20.0}{1000} \text{L}$$

$$x = 8.00 \times 10^{-3} \, (\text{mol})$$

よって，この混合気体に含まれていた二酸化炭素の体積は，次のようになる。

$$22.4 \text{L/mol} \times 8.00 \times 10^{-3} \text{mol} = 179.2 \times 10^{-3} \text{L} = \overset{80}{179.2} \text{mL} \fallingdotseq 180 \text{mL}$$

したがって，③が正解となる。

20 酸化と還元 〈p.76〉

ポイントチェック

(1) 同時　(2) (ア) 酸化 (イ) 還元　(3) 酸化

(4) (ア) 還元 (イ) 酸化　(5) (ア) 酸化 (イ) 還元

(6) (ア) 還元 (イ) 酸化　(7) (ア) 酸化 (イ) 還元

(8) 0　(9) 0　(10) (ア) $+1$ (イ) -2　(11) $+1$　(12) 電荷

(13) $+3$　(14) 電荷　(15) $+5$　(16) (ア) 酸化 (イ) 還元

(17) (ア) $+2$ (イ) 0 (ウ) 減少 (エ) 還元

(18) (ア) 0 (イ) $+1$ (ウ) 増加 (エ) 酸化

酸化と還元の定義	酸化	還元
酸素	受け取る	失う
水素	失う	受け取る
電子	失う	受け取る
酸化数	増加	減少

酸化数が増加（減少）した原子を含む物質は，酸化（還元）されたという。

E X E R C I S E

97 (1) (ア) 還元 (イ) 酸化　(2) (ア) 酸化 (イ) 還元

▶解説◀　原子が酸素を受け取る変化が酸化，酸素を失う変化が還元である。原子が水素を失う変化が酸化，水素を受け取る変化が還元である。

98 (1) 0　(2) $+2$　(3) $+5$　(4) $+6$　(5) $+1$
(6) $+3$　(7) -1　(8) $+3$　(9) $+4$　(10) $+7$
(11) $+6$　(12) $+2$　(13) $+2$　(14) -3　(15) $+6$

▶解説◀　求める原子の酸化数をxとする。

(1) 単体の原子の酸化数は0。　　(2) $x + (-2) \times 1 = 0$ より，$x = +2$

(3) $(+1) \times 1 + x + (-2) \times 3 = 0$ より，$x = +5$

(4) $(+1) \times 2 + x + (-2) \times 4 = 0$ より，$x = +6$

(5) $x \times 2 + (-2) \times 1 = 0$ より，$x = +1$

(6) $x \times 2 + (-2) \times 3 = 0$ より，$x = +3$

(7) 過酸化水素H_2O_2のO原子の酸化数は，例外的に-1。

(8) 単原子イオンの酸化数は，イオンの電荷。

(9) $x + (-2) \times 3 = -2$ より，$x = +4$

(10) $x + (-2) \times 4 = -1$ より，$x = +7$

(11) $x \times 2 + (-2) \times 7 = -2$ より，$x = +6$

(12) $\underline{CuSO_4} \longrightarrow \underline{Cu^{2+}} + SO_4^{2-}$ より，$x = +2$

←単体ならば，原子の酸化数は0。化合物ならば，$H = +1$，$O = -2$を基準にして，各原子の酸化数の総和を0として計算。単原子イオンの場合，イオンの電荷。多原子イオンの場合，各原子の酸化数の総和がイオンの電荷となるように計算。H，O以外に複数の元素が存在する場合は，イオンに分解して酸化数を決める。

(13) $\underline{Fe}(NO_3)_2 \longrightarrow \underline{Fe}^{2+} + 2NO_3^-$ より，$x = +2$

(14) $\underline{N}H_4Cl \longrightarrow \underline{N}H_4^+ + Cl^-$ より，$x + (+1) \times 4 = +1 \quad x = -3$

(15) $K_2\underline{Cr}O_4 \longrightarrow 2K^+ + \underline{Cr}O_4^{2-}$ より，$x + (-2) \times 4 = -2 \quad x = +6$

99 (1) (エ)　(2) (ウ)　(3) (ア)

▶解説◀　それぞれの原子の酸化数は，次のとおりである。

(1) (ア) $\underline{Cl}_2$ (0)　(イ) $H\underline{Cl}$ (−1)　(ウ) $H\underline{Cl}O$ (+1)
　(エ) $H\underline{Cl}O_3$ (+5)

(2) (ア) $\underline{N}O_2$ (+4)　(イ) $\underline{N}_2$ (0)　(ウ) $H\underline{N}O_3$ (+5)
　(エ) $\underline{N}H_3$ (−3)

(3) (ア) $H_2\underline{S}O_4$ (+6)　(イ) $\underline{S}O_2$ (+4)　(ウ) $\underline{S}$ (0)
　(エ) $H_2\underline{S}$ (−2)

$HClO$	次亜塩素酸
$HClO_2$	亜塩素酸
$HClO_3$	塩素酸
$HClO_4$	過塩素酸

100 (1) +3→0で還元された　(2) 0→−3で還元された
(3) −2→0で酸化された　(4) 0→+2で酸化された
(5) +4→+2で還元された　(6) +1→0で還元された

▶解説◀　下線を引いた原子の酸化数を計算し，酸化数が増加していれば酸化，減少していれば還元である。

(1) $\underline{Fe}_2O_3 + 3CO \longrightarrow 2\underline{Fe} + 3CO_2$
　+3 → 0（酸化数）　…酸化数が減少→還元

(2) $3H_2 + \underline{N}_2 \longrightarrow 2\underline{N}H_3$
　0 → −3（酸化数）　…酸化数が減少→還元

(3) $2H_2\underline{S} + SO_2 \longrightarrow 3\underline{S} + 2H_2O$
　−2 → 0（酸化数）　…酸化数が増加→酸化

(4) $\underline{Zn} + 2HCl \longrightarrow \underline{Zn}Cl_2 + H_2$
　0 → +2（酸化数）　…酸化数が増加→酸化

(5) $4HCl + \underline{Mn}O_2 \longrightarrow \underline{Mn}Cl_2 + 2H_2O + Cl_2$
　+4 → +2（酸化数）　…酸化数が減少→還元

(6) $2\underline{Ag}NO_3 + Zn \longrightarrow Zn(NO_3)_2 + 2\underline{Ag}$
　+1 → 0（酸化数）　…酸化数が減少→還元

酸化数が増加
　→酸化された
酸化数が減少
　→還元された

101 (1) 酸化された物質：Mg　還元された物質：CO_2
(2) 酸化された物質：NH_3　還元された物質：O_2
(3) 酸化された物質：$FeCl_2$　還元された物質：Cl_2
(4) 酸化された物質：KI　還元された物質：H_2O_2
(5) 酸化された物質：SO_2　還元された物質：Cl_2
(6) 酸化された物質：KI　還元された物質：$KMnO_4$

▶解説◀　反応物と生成物それぞれの原子の酸化数を計算し，反応物の中で酸化数が増加している原子を含む物質が酸化され，減少している原子を含む物質が還元されている。

(1) $2Mg + CO_2 \longrightarrow 2MgO + C$

       0   +4−2   +2−2   0   (酸化数)

    酸化数が増加→酸化   酸化数が減少→還元

(2) $NH_3 + 2O_2 \longrightarrow HNO_3 + H_2O$

    −3+1   0   +1+5−2 +1−2   (酸化数)

    酸化数が増加→酸化   酸化数が減少→還元

(3) $2FeCl_2 + Cl_2 \longrightarrow 2FeCl_3$

    +2−1   0   +3−1   (酸化数)

    酸化数が増加→酸化   酸化数が減少→還元

(4) $H_2O_2 + 2KI + H_2SO_4 \longrightarrow K_2SO_4 + 2H_2O + I_2$

    +1−1   +1−1 +1+6−2   +1+6−2   +1−2   0   (酸化数)

    酸化数が減少→還元   酸化数が増加→酸化

(5) $SO_2 + Cl_2 + 2H_2O \longrightarrow H_2SO_4 + 2HCl$

    +4−2   0   +1−2   +1+6−2   +1−1   (酸化数)

    酸化数が増加→酸化   酸化数が減少→還元

(6) $2KMnO_4 + 10KI + 8H_2SO_4 \longrightarrow 2MnSO_4 + 5I_2 + 8H_2O + 6K_2SO_4$

    +1+7−2   +1−1 +1+6−2   +2+6−2 0   +1−2 +1+6−2 (酸化数)

    酸化数が減少→還元   酸化数が増加→酸化

---

21 酸化剤・還元剤 〈p.78〉

ポイントチェック

(1) 酸化剤　(2) 還元剤　(3) ⑦ 還元　④ 酸化

(4) ⑦ 受け取る　④ 与える

(5) ⑦ 赤紫　④ 無(淡桃)　⑦ ＋7　① ＋2　⑦ 減少

(6) ⑦ 3　④ 1　⑦ 5　① 2　⑦ 2　⑰ 4

(7) ⑦ 2　④ 2　⑦ 1　① 1　⑦ 2　⑰ 2

E X E R C I S E

102 ⑦ 酸素　④ 還元　⑦ 酸化　① 水素　⑦ 酸化
⑰ 還元　④ ＋4　⑦ 0　⑦ −2　□ 0

▶解説◀ 酸化とは，「酸素を受け取る・水素を失う・電子を失う・酸化数が増加する」反応である。

還元とは，「酸素を失う・水素を受け取る・電子を受け取る・酸化数が減少する」反応である。

酸化剤…相手を酸化し，自分は還元される物質

還元剤…相手を還元し，自分は酸化される物質

103 (1) B　(2) A　(3) B　(4) A　(5) C

▶解説◀ 反応物と生成物それぞれの原子の酸化数を計算し，反応物の中で酸化数が増加している原子を含む物質が酸化され，減少している原子を含む物質が還元されている。自身が酸化されていれば還元剤，自身が還元されていれば酸化剤とし，酸化数の増減がなければどちらでもない。

(1) $2\underline{KI} + Br_2 \longrightarrow 2KBr + I_2$

    $+1\ -1$ 0 $+1\ -1$ 0 (酸化数)

                    還元される

酸化数が増加→酸化される→還元剤

(2) $Mg + 2\underline{HCl} \longrightarrow MgCl_2 + H_2$

   0 $+1\ -1$ $+2\ -1$ 0 (酸化数)

酸化数が減少→還元される→酸化剤

(3) $\underline{SnCl_2} + 2HgCl_2 \longrightarrow Hg_2Cl_2 + SnCl_4$

  $+2\ -1$ $+2\ -1$ $+1\ -1$ $+4\ -1$ (酸化数)

                    還元される

酸化数が増加→酸化される→還元剤

(4) $\underline{MnO_2} + 4HCl \longrightarrow MnCl_2 + 2H_2O + Cl_2$

  $+4\ -2$ $+1\ -1$ $+2\ -1$ $+1\ -2$ 0 (酸化数)

酸化数が減少→還元される→酸化剤

(5) $\underline{HCl} + NaOH \longrightarrow NaCl + H_2O$

  $+1\ -1$ $+1\ -2+1$ $+1\ -1$ $+1\ -2$ (酸化数)

酸化数の増減がない→どちらでもない

104 (1) ① $+5$, $+4$　② $+5$, $+2$　③ 0, $+2$

   (2) 濃硝酸と銅：$Cu + 4HNO_3 \longrightarrow Cu(NO_3)_2 + 2NO_2 + 2H_2O$

     希硝酸と銅：$3Cu + 8HNO_3$

                       $\longrightarrow 3Cu(NO_3)_2 + 2NO + 4H_2O$

▶解説◀ 　はたらき方を示す式（半反応式）から，電子の数をあわせ，H^+を硝酸HNO_3であわせる。

(2) 濃硝酸と銅：酸化剤（濃硝酸）の受け取る電子の数と，還元剤（銅）の失う電子をあわせる。①式×2＋③式より，

    $2HNO_3 + 2H^+ + 2e^- \longrightarrow 2NO_2 + 2H_2O$

$+)$　　　　　　　　　　$Cu \longrightarrow$　　　　　　　$Cu^{2+} + 2e^-$

――――――――――――――――――――――――――――――

    $2HNO_3 + 2H^+ \!+\! 2e^- + Cu \longrightarrow 2NO_2 + 2H_2O + Cu^{2+} \!+\! 2e^-$

      $2HNO_3 + 2H^+ + Cu \longrightarrow 2NO_2 + 2H_2O + Cu^{2+}$

                                 （イオン反応式）

H^+をHNO_3とするために，両辺にNO_3^-を加え，化学反応式にする。

      $2HNO_3 + 2H^+ + Cu \longrightarrow 2NO_2 + 2H_2O + Cu^{2+}$

$+)$　　　　　　$+2NO_3^-$　　　　　　　　　　　$+2NO_3^-$

――――――――――――――――――――――――――――――

    $2HNO_3 + 2HNO_3 + Cu \longrightarrow 2NO_2 + 2H_2O + Cu(NO_3)_2$

        $Cu + 4HNO_3 \longrightarrow Cu(NO_3)_2 + 2NO_2 + 2H_2O$

                                   （化学反応式）

   希硝酸と銅：酸化剤（希硝酸）の受け取る電子の数と，還元剤（銅）の失う電子をあわせる。②式×2＋③式×3より，

    $2HNO_3 + 6H^+ + 6e^- \longrightarrow 2NO + 4H_2O$

$+)$　　　　　　　　　　$3Cu \longrightarrow 3Cu^{2+} + 6e^-$

――――――――――――――――――――――――――――――

    $2HNO_3 + 6H^+ \!+\! 6e^- + 3Cu \longrightarrow 2NO + 4H_2O + 3Cu^{2+} \!+\! 6e^-$

      $2HNO_3 + 6H^+ + 3Cu \longrightarrow 2NO + 4H_2O + 3Cu^{2+}$

                                   （イオン反応式）

硝酸は酸化剤としてはたらき，濃度によって発生する気体が異なる。濃硝酸の場合NO_2が，希硝酸の場合NOが発生する。酸性条件にする場合，通常は硫酸H_2SO_4を使用するが，酸化剤として硝酸HNO_3を使用する場合は，硝酸が酸としてもはたらくので，硝酸を用いて化学反応式にする。

H^+ を HNO_3 とするために，両辺に NO_3^- を加え，化学反応式にする。

$$2HNO_3+6H^++3Cu \longrightarrow 2NO+4H_2O+3Cu^{2+}$$
$$+) \qquad\qquad +6NO_3^- \qquad\qquad\qquad +6NO_3^-$$
$$\overline{2HNO_3+6HNO_3+3Cu \longrightarrow 2NO+4H_2O+3Cu(NO_3)_2}$$
$$3Cu+8HNO_3 \longrightarrow 3Cu(NO_3)_2+2NO+4H_2O$$
（化学反応式）

105 (ア) 還元 (イ) 2 (ウ) 酸化 (エ) 4 (オ) 2

化学反応式：$SO_2+2H_2S \longrightarrow 3S+2H_2O$

▶**解説**◀ 酸化剤と還元剤のはたらき方を示す式（半反応式）で酸化数が増加する原子があるとき，その物質は酸化されており還元剤である。酸化数が減少する原子があるとき，その物質は還元されており酸化剤である。また，半反応式の電子の数は，酸化数の変化量にあたる数と同じである。

二酸化硫黄 SO_2 のはたらき方を示す式（半反応式）は，

$$\underline{S}O_2+2H_2O \longrightarrow \underline{S}O_4^{2-}+4H^++\boxed{2}e^- \quad 酸化数の変化分$$
$\ +4 \qquad\qquad\qquad +6$ （酸化数）…酸化数が2増加→酸化→還元剤
$$\underline{S}O_2+4H^++\boxed{4}e^- \longrightarrow \underline{S}+2H_2O \quad …①$$
$\ +4 \qquad\qquad\qquad\quad 0$ （酸化数）…酸化数が4減少→還元→酸化剤

硫化水素 H_2S のはたらき方を示す式（半反応式）は，

$$H_2\underline{S} \longrightarrow \underline{S}+2H^++\boxed{2}e^- \quad …②$$
$\ -2 \qquad\quad 0$ （酸化数）

二酸化硫黄 SO_2 と硫化水素 H_2S の化学反応式は，電子の数をあわせるために，①式＋②式×2 より，

$$SO_2+4H^++4e^- \longrightarrow S+2H_2O$$
$$+) \qquad\qquad\qquad 2H_2S \longrightarrow 2S \qquad +4H^++4e^-$$
$$\overline{SO_2\cancel{+4H^+}\cancel{+4e^-}+2H_2S \longrightarrow 3S+2H_2O\cancel{+4H^+}\cancel{+4e^-}}$$
よって，　　$SO_2+2H_2S \longrightarrow 3S+2H_2O$

106 (1) 過マンガン酸カリウム

(2) イオン反応式　$2MnO_4^-+16H^++10I^- \longrightarrow 2Mn^{2+}+8H_2O+5I_2$

化学反応式　$2KMnO_4+8H_2SO_4+10KI$
$$\longrightarrow 2MnSO_4+8H_2O+5I_2+6K_2SO_4$$

(3) 2.0 (mol)

▶**解説**◀ (1) 過マンガン酸イオンが電子を奪って，自らはマンガン（Ⅱ）イオンに還元されているので，過マンガン酸カリウムが酸化剤である。

(2) 過マンガン酸カリウムとヨウ化カリウムのはたらき方を示す式（半反応式）から電子の数を合わせる。そして，H^+ を硫酸 H_2SO_4 で，I^- を KI で合わせる。

(3) 過不足なく反応するとき，酸化剤が受け取る電子の物質量と還元剤が失う電子の物質量が等しくなる。KI の物質量を x〔mol〕とすると，

$KMnO_4$ が受け取る電子の物質量：$0.40\,mol \times 5$

KI が失う電子の物質量：x〔mol〕$\times 1$

$0.40\,mol \times 5=x$〔mol〕$\times 1$　　$x=2.0$（mol）　となる。

SO_2 は，酸化剤としても，還元剤としてもはたらく。

酸化剤
$$SO_2+4H^++4e^-$$
$$\longrightarrow S+2H_2O$$

還元剤
$$SO_2+2H_2O$$
$$\longrightarrow SO_4^{2-}+4H^++2e^-$$

ほかに酸化剤としても，還元剤としてもはたらく物質として，H_2O_2 がある。

酸化剤
$$H_2O_2+2H^++2e^-$$
$$\longrightarrow 2H_2O$$

還元剤
$$H_2O_2$$
$$\longrightarrow O_2+2H^++2e^-$$

107 $0.50(\text{mol})$

▶**解説**◀ 過不足なく反応するとき，還元剤が失う電子の物質量と，酸化剤が受け取る電子の物質量は等しくなるので，半反応式から物質量を計算することができる。①式より，MnO_4^- 1 mol が受け取る電子は 5 mol，②式より，H_2O_2 1 mol が失う電子は 2 mol なので，過酸化水素 H_2O_2 の物質量を x〔mol〕として，

● $KMnO_4$ が受け取る電子の物質量：$0.20\,\text{mol} \times 5$

● H_2O_2 が失う電子の物質量：x〔mol〕$\times 2$

過不足なく反応するとき，受け渡す電子の物質量は等しいので，

$$0.20\,\text{mol} \times 5 = x\text{〔mol〕} \times 2 \qquad x = 0.50(\text{mol})$$

【別解】　酸化剤と還元剤のはたらき方を示す式（半反応式）から，化学反応式をつくり，化学反応式の量的関係から過酸化水素 H_2O_2 の物質量を求める。半反応式から，電子の数をあわせるために，

①式 $\times 2 +$ ⑤式 $\times 5$ より，

$$2MnO_4^- + 16H^+ + 10e^- \longrightarrow 2Mn^{2+} + 8H_2O$$
$$\underline{+)\qquad\qquad\qquad 5H_2O_2 \longrightarrow \qquad\qquad 5O_2 + 10H^+ + 10e^-}$$
$$2MnO_4^- \overset{+6H^+}{\cancel{+16H^+}} \cancel{+10e^-} + 5H_2O_2 \longrightarrow 2Mn^{2+} + 8H_2O + 5O_2 \cancel{+10H^+} \cancel{+10e^-}$$
$$2MnO_4^- + 6H^+ + 5H_2O_2 \longrightarrow 2Mn^{2+} + 8H_2O + 5O_2$$

過不足なく反応するとき，$KMnO_4$ と H_2O_2 の物質量の比は，イオン反応式の係数より，

$$KMnO_4 : H_2O_2 = MnO_4^- : H_2O_2 = 2 : 5$$

よって，過酸化水素 H_2O_2 の物質量を x〔mol〕として，

$$KMnO_4 : H_2O_2 = 2 : 5 = 0.20 : x \qquad x = 0.50(\text{mol})$$

108 (1) $2MnO_4^- + 6H^+ + 5(COOH)_2 \longrightarrow 2Mn^{2+} + 8H_2O + 10CO_2$

$2KMnO_4 + 3H_2SO_4 + 5(COOH)_2$
$$\longrightarrow 2MnSO_4 + 8H_2O + 10CO_2 + K_2SO_4$$

(2) $0.025(\text{mol/L})$

◀(2)　2.5×10^{-2} でも可。

▶**解説**◀ (1) 過マンガン酸カリウムのはたらき方を示す式（半反応式）は次のとおりである。

$$MnO_4^- + 8H^+ + 5e^- \longrightarrow Mn^{2+} + 4H_2O$$

この式と，シュウ酸のはたらき方を示す式との間で，電子の数を合わせる。そして H^+ を硫酸 H_2SO_4 で合わせる。

(2) 過不足なく反応するとき，酸化剤が受け取る電子の物質量と還元剤が失う電子の物質量が等しくなる。過マンガン酸カリウム水溶液のモル濃度を x〔mol〕/L とすると，

$KMnO_4$ が受け取る電子の物質量：x〔mol/L〕$\times \dfrac{16}{1000}\,\text{L} \times 5$

$(COOH)_2$ が失う電子の物質量：$0.050\,\text{mol/L} \times \dfrac{20}{1000}\,\text{L} \times 2$

$$x\text{〔mol/L〕} \times \dfrac{16}{1000}\,\text{L} \times 5 = 0.050\,\text{mol/L} \times \dfrac{20}{1000}\,\text{L} \times 2$$

$$x = 0.025(\text{mol/L})$$

109 (1) ホールピペット (2) ② (3) 0.50(mol/L) (4) 1.7(%)

▶解説◀ (2) 過マンガン酸イオンは赤紫色であり，過酸化水素が存在するうちは反応してほぼ無色のマンガン(Ⅱ)イオンになる。過酸化水素がすべてなくなると，過マンガン酸イオンの赤紫色が消えなくなる。そこが反応の終了点である。

(3) 過マンガン酸カリウム(酸化剤)と過酸化水素(還元剤)のはたらき方を示す式(半反応式)は次のとおりである。

$$MnO_4^- + 8H^+ + 5e^- \longrightarrow Mn^{2+} + 4H_2O$$
$$H_2O_2 \longrightarrow O_2 + 2H^+ + 2e^-$$

過不足なく反応するとき，酸化剤が受け取る電子の物質量と還元剤が失う電子の物質量が等しくなる。過酸化水素水のモル濃度を x 〔mol/L〕とすると，

$KMnO_4$ が受け取る電子の物質量：$0.10\,\text{mol/L} \times \dfrac{20.0}{1000}\text{L} \times 5$

H_2O_2 が失う電子の物質量：$x\,\text{〔mol/L〕} \times \dfrac{10.0}{1000}\text{L} \times 2$

$0.10\,\text{mol/L} \times \dfrac{20.0}{1000}\text{L} \times 5 = x\,\text{〔mol/L〕} \times \dfrac{10.0}{1000}\text{L} \times 2$

$x = 0.50\,(\text{mol/L})$

(4) この過酸化水素水を1L(1000mL)用意したと考えると，質量は密度1.01g/mLより，

$1000\,\text{mL} \times 1.01\,\text{g/mL} = 1010\,\text{g}$ である。

この中に過酸化水素は，$0.50\,\text{mol} \times 34\,\text{g/mol} = 17\,\text{g}$ 入っている。

質量パーセント濃度は，$\dfrac{17}{1010} \times 100 = 1.68\cdots \fallingdotseq 1.7\,(\%)$

22 金属の酸化還元　〈p.82〉

ポイントチェック

(1) (ア) 少な (イ) 陽 (ウ) イオン化傾向　(2) イオン化列

(3) 酸化　(4) (ア) Li (イ) Au　(5) 得て

(6) 銅が析出する　(7) 何も起こらない　(8) 亜鉛

(9) $Cu^{2+} + Zn \longrightarrow Zn^{2+} + Cu$　(10) (ア) 大きい (イ) 水素

(11) $2Na + 2H_2O \longrightarrow 2NaOH + H_2$　(12) 熱水

(13) 高温水蒸気　(14) (ア) 大きい (イ) 水素

(15) $Zn + 2HCl \longrightarrow ZnCl_2 + H_2$　(16) (ア) 小さい (イ) しない

(17) (ア) 二酸化硫黄 (イ) 二酸化窒素 (ウ) 一酸化窒素

E X E R C I S E

110 (ウ)

▶解説◀ 水溶液中の金属は，金属イオンとして存在している。金属A(水素 H_2 を含めて)，Bにおいて，A^{n+} の水溶液中にBの単体を入れたとき，イオン化傾向が，

A＜Bの場合，Bが溶け，Bの表面にAが析出(H_2 が発生)する。

金属のイオン化傾向
金属が水溶液中で陽イオンになる傾向

金属のイオン化列
イオン化傾向の大きい順に金属を並べたもの

A＞Bの場合，変化はない。

問題文中に書かれている金属（H_2を含む）のイオン化列は，次のようになる。

（イオン化傾向大）$Zn > Fe > (H_2) > Cu > Ag$（イオン化傾向小）

(ア) イオン化傾向が$Ag < Cu$より，Cuが溶け，Cuの表面にAgが析出する。

$$2Ag^+ + Cu \longrightarrow Cu^{2+} + 2Ag$$

(イ) イオン化傾向が$Cu < Fe$より，Feが溶け，Feの表面にCuが析出する。

$$Cu^{2+} + Fe \longrightarrow Fe^{2+} + Cu$$

(ウ) イオン化傾向が$Ag < Cu$より，Cu^{2+}の溶液にAg板を加えても，変化はない。

(エ) イオン化傾向が$H_2 < Zn$より，Znが溶け，Znの表面にH_2が発生する。

$$2H^+ + Zn \longrightarrow Zn^{2+} + H_2$$

111 (ア)，$2Ag^+ + Cu \longrightarrow Cu^{2+} + 2Ag$

  (エ)，$Cu^{2+} + Zn \longrightarrow Zn^{2+} + Cu$

▶**解説**◀ 金属イオンA^{n+}の水溶液にほかの金属を入れるとき，

金属Aよりイオン化傾向の大きな金属単体を入れると，金属単体がイオンとなり金属Aが析出する。

金属イオンよりイオン化傾向の小さな金属単体を入れても，変化はない。

(ア) イオン化傾向が$Ag < Cu$より，Cuが溶けてCu^{2+}となり，Ag^+が還元されAgとなり，Cuの表面にAgが析出する。

(イ) イオン化傾向が$Cu < (H_2)$より，Cuは溶けてイオンにならないので，変化はない。

(ウ) イオン化傾向が$Ag < Zn$より，Agは溶けてイオンにならないので，変化はない。

(エ) イオン化傾向が$Cu < Zn$より，Znが溶けてZn^{2+}となり，Cu^{2+}が還元されCuとなり，Znの表面にCuが析出する。

112 (1) Na，K (2) Mg (3) Mg，Na，K，Fe

  (4) Ag，Cu (5) Au (6) Na，K

▶**解説**◀ イオン化傾向の大きい金属ほど，水・空気などと容易に（激しく）反応する。問題文中に書かれている金属のイオン化列は，次のようになる。

（イオン化傾向大）$K > Na > Mg > Fe > Cu > Ag > Au$（イオン化傾向小）

(1) 常温の水と反応する金属：Li，<u>K</u>，Ca，<u>Na</u>

(2) 常温の水とは反応しないが，沸騰水と反応する金属：<u>Mg</u>

 （常温の水とは反応しないが，高温の水蒸気と反応する金属：Al，Zn，Fe）

(3) 塩酸や希硫酸と反応する金属は，水素よりイオン化傾向の大きい金属：

    Li，<u>K</u>，Ca，<u>Na</u>，<u>Mg</u>，Al，Zn，<u>Fe</u>，Ni，Sn，(Pb)

(4) 酸化作用の強い酸のみに反応して溶ける金属：<u>Cu</u>，Hg，<u>Ag</u>

(5) 王水のみに反応して溶ける金属：Pt，<u>Au</u>

(3) Pbは塩酸や硫酸と反応しにくい。

王水
濃硝酸：濃塩酸＝1：3
（体積比）の水溶液

(6) 石油の中に保存しなければならない金属は，空気中に含まれる酸素や
水蒸気と反応する金属，つまり常温で水と激しく反応する金属なので，
(1)の金属で，とくにLi, <u>K</u>, <u>Na</u>である。

113 B＞C＞E＞D＞A
▶解説◀　イオン化傾向の大きい金属ほど，水・空気などと容易に（激し
く）反応するので，反応の結果から，イオン化傾向の大きい順を決定する。
(1)　「Bのみ常温の水と反応し，Cは高温の水蒸気と反応する」ので，
$$B＞C＞(A, D, E)$$
(2)　「A，Dは希塩酸とは反応しない」ので，(B, C, E)＞(A, D)
　「Dは熱濃硫酸に溶ける」，「Aは王水にのみ溶ける」ので，
$$(B, C, E)＞D＞A$$
(3)　「Eのイオンを含む溶液に，Cを入れるとEが析出する」ので，C＞E
(1)～(3)を総合すると，「B＞C＞E＞D＞A」となる。

114 A：Zn　B：Ca　C：Fe　D：Au　E：Ag
▶解説◀　イオン化傾向の大きい金属ほど，水・空気などと容易に反応す
る。反応性の高い順に並べ，イオン化列からあてはめればよい。
(1)　「水と反応する」ので，(B)＞(A, C, D, E)
(2)　「希塩酸と反応する」ので，(A, B, C)＞(D, E)
(3)　「希硝酸と反応する」ので，(A, B, C, E)＞(D)
(4)　「CのイオンにAの金属を入れると，Cが析出する」ので，A＞C
(1)～(4)を総合すると，イオン化列は，B＞A＞C＞E＞Dとなる。
また，Ag, Zn, Ca, Au, Feのイオン化列は，
$$Ca＞Zn＞Fe＞Ag＞Au$$
これを組み合わせると，A：Zn　B：Ca　C：Fe　D：Au　E：Ag
【別解】　実験結果から元素を特定する。
(1)　「Bは水と反応する」ので，BはCa。
$$Ca＋2H_2O \longrightarrow Ca(OH)_2＋H_2　（Caと水の反応）$$
(2)　「D，Eは希塩酸と反応しない」ので，DとEはAgかAu。
$$Fe＋2HCl \longrightarrow FeCl_2＋H_2　（Feと希塩酸の反応）$$
(3)　「Dは希硝酸と反応しない」ので，DはAu，(2)より，EはAg。
$$3Ag＋4HNO_3 \longrightarrow 3AgNO_3＋2H_2O＋NO（Agと希硝酸の反応）$$
(4)　「CのイオンにAの金属を入れると，Cが析出する」ので，A＞C
　残りのAとCはZnかFeであり，AはZn，CはFe。
$$Fe^{2+}＋Zn \longrightarrow Zn^{2+}＋Fe　（鉄（Ⅱ）イオンと亜鉛の反応）$$

23　電池　〈p.84〉

ポイントチェック
(1)　㋐　酸化　㋑　還元　(2)　負極→正極　(3)　正極→負極
(4)　大きい　(5)　小さい　(6)　起電力　(7)　㋐　Zn　㋑　Cu

(8) $Zn \longrightarrow Zn^{2+} + 2e^-$　　(9) $2H^+ + 2e^- \longrightarrow H_2$

(10) (ア) Zn　(イ) Cu　　(11) $Zn \longrightarrow Zn^{2+} + 2e^-$

(12) $Cu^{2+} + 2e^- \longrightarrow Cu$　　(13) (ア) 大きく　(イ) 濃く

(14) (ア) 二次　(イ) 蓄　　(15) うすくなる

(16) (ア) Pb　(イ) PbO_2　(ウ) 増加

(17) $Pb + PbO_2 + 2H_2SO_4 \longrightarrow 2PbSO_4 + 2H_2O$

(18) 水素　(19) 水　(20) $2H_2 + O_2 \longrightarrow 2H_2O$

(21) (ア) 二次電池　(イ) 高く

E X E R C I S E

120 (1) (イ)　(2) (エ)　(3) (イ)

▶解説◀　電解液に2種類の異なる金属板を浸し導線でつなぐと，イオン化傾向の大きい金属がイオンになるときに発生した電子が，導線を通ってイオン化傾向の小さい金属へ移動する。このとき，起電力は，2つの金属のイオン化列が離れているほど大きくなり，逆に近いものほど小さくなる。この原理を利用して，化学エネルギーを電気エネルギーとして取り出す装置が電池である。

(1)(2)　金属のイオン化列は $Al > Zn > Fe > Cu > Ag$ であり，片方は必ず Ag なので，起電力が最も大きいものは，イオン化列の最も離れている Al との組み合わせ(イ)，起電力が最も小さいものはイオン化列の最も近い Cu との組み合わせ(エ)である。

(3)　使われている金属の中で，最もイオン化傾向が小さいのは Ag である。電子は，イオン化傾向の大きな金属から小さな金属に向かって導線を移動し，電流はその逆向きに流れるので，電流がAの方向に流れるのは(イ)である。

121 (ア) Zn^{2+}　　(イ) $2H^+$　　(ウ) H_2　　(エ) Y　　(オ) Cu

　　　(カ) Zn　　(キ) ダニエル　　(ク) Cu^{2+}　　(ケ) Cu　　(コ) Zn

　　　(サ) Zn^{2+}　　(シ) SO_4^{2-}

▶解説◀　ボルタ電池とは，正極に銅，負極に亜鉛，電解質水溶液に希硫酸を用いた電池である。導線でつなぐと，亜鉛板上で Zn が Zn^{2+} となって溶け出し，生じた電子が導線を通って銅板へ移動し，銅板の表面で水溶液中の H^+ が電子を受け取り，水素 H_2 が発生する。したがって，亜鉛板は負極となり，電子を放出する酸化反応が起こる。銅板は正極となり，電子を受け取る還元反応が起こる。

　ダニエル電池とは，正極に銅，負極に亜鉛，電解質水溶液に硫酸亜鉛と硫酸銅(II)の水溶液を用い，溶液の間を素焼き板などで仕切った電池である。ボルタ電池と同じ電極を用いているが，正極の反応が異なり，銅が析出する。2種類の電解質水溶液の間に素焼き板やセロハンを用いて仕切ることで，正極と負極の水溶液が混じるのを防いでいる。ただし，電流が流れると正極では SO_4^{2-} が，負極では Zn^{2+} が過剰になり，SO_4^{2-} は負極の電解質水溶液へ，Zn^{2+} は正極の電解質水溶液へ移動する。

（右段）

ボルタ電池
$(-)Zn \mid H_2SO_4aq \mid Cu(+)$
…正極に銅，負極に亜鉛，電解質水溶液に希硫酸を用いた電池

起電力…2つの異なる金属を電解液に浸したときに生じる電位差（電圧）

金属のイオン化列

Li	K	Ca	Na

利(り) 貸(そう) か　な

Mg	Al	Zn	Fe	Ni

ま　あ　あ　て　に

Sn	Pb	(H₂)	Cu	Hg

す(る) な　ひ　ど　す

Ag	Pt	Au

ぎ(る) 借　金

ダニエル電池
$(-)Zn \mid ZnSO_4aq \mid$
$CuSO_4aq \mid Cu(+)$
…正極に銅，負極に亜鉛，電解質水溶液に硫酸亜鉛と硫酸銅(II)の水溶液を用い，溶液の間を素焼き板などで仕切った電池

亜鉛板(負極)：
$Zn \longrightarrow Zn^{2+} + 2e^-$
銅板(正極)：
$Cu^{2+} + 2e^- \longrightarrow Cu$
全体：
$Zn + Cu^{2+}$
　　　$\longrightarrow Zn^{2+} + Cu$

122 (1) 亜鉛板：$Zn \longrightarrow Zn^{2+} + 2e^-$

銅板：$Cu^{2+} + 2e^- \longrightarrow Cu$

(2) $Zn + CuSO_4 \longrightarrow ZnSO_4 + Cu$

(3) ① ✕　② ◯　③ ◯　④ ✕

▶解説◀ (3) ①　✕　亜鉛が溶け出して亜鉛イオンが増加するので濃度は濃くなっていく。

④　✕　銅板上では銅が析出するので，質量は増加する。

123 (1) 二次電池(蓄電池)　(2) Y

(3) 負極　$Pb + SO_4^{2-} \longrightarrow PbSO_4 + 2e^-$

正極　$PbO_2 + 4H^+ + SO_4^{2-} + 2e^- \longrightarrow PbSO_4 + 2H_2O$

(4) $Pb + PbO_2 + 2H_2SO_4 \longrightarrow 2PbSO_4 + 2H_2O$

(5) 24g 増加する

▶解説◀ (2) 電流は電子の流れと逆方向に流れる。

(4) 負極と正極で起こる反応の電子の数を合わせる(この場合はそのままで可)。

(5) 負極での反応式より，2molの電子が流れると1molのPbが1molのPbSO$_4$に変化する。これはSO$_4$分(96g)の質量が増加することになる。よって，0.50molの電子が流れると，$96g/mol × 0.50mol × \frac{1}{2} = 24g$ 増加する。

124 (1) (ア), (ウ)　(2) (イ), (ウ)　(3) (イ)　(4) (ア)　(5) (ウ)

(6) (イ)

▶解説◀ 出題されている電池の電池式は，それぞれ次のようになる。

(ア)　ダニエル電池…$(-)Zn | ZnSO_4aq | CuSO_4aq | Cu(+)$

(イ)　鉛蓄電池…$(-)Pb | H_2SO_4aq | PbO_2(+)$

(ウ)　ボルタ電池…$(-)Zn | H_2SO_4aq | Cu(+)$

(3)　負極では酸化反応が起こり，金属単体がイオンとなって電解質水溶液に溶けるため，一般的には軽くなる。しかし，鉛蓄電池の負極で発生したPb^{2+}は，SO$_4^{2-}$と結合しPbSO$_4$を生じ，極板に付着するため，極板が重くなる。正極でもPbO$_2$がPbSO$_4$となるため，極板が重くなる。

(4)　正極では還元反応が起こるが，還元された物質が極板に付着すると，極板は重くなる。よって，ダニエル電池の正極では，Cuが析出するので重くなる。

(5)　ボルタ電池は，正極の銅板に発生した水素H$_2$により，起電力(電圧)がすぐに下がる。この現象を分極という。

125 (ア) 水素イオン　(イ) 酸素　(ウ) 水

(1) 負極　$H_2 \longrightarrow 2H^+ + 2e^-$

正極　$O_2 + 4H^+ + 4e^- \longrightarrow 2H_2O$

(2) $2H_2 + O_2 \longrightarrow 2H_2O$

(3) 1.0(mol)

---

(2) $Zn + Cu^{2+}$

$\longrightarrow Zn^{2+} + Cu$

でも可

鉛蓄電池

$(-)Pb | H_2SO_4aq | PbO_2(+)$

…正極に酸化鉛(Ⅳ)，負極に鉛，電解質水溶液に希硫酸を用いた電池

鉛板(負極)：

$Pb + SO_4^{2-}$

$\longrightarrow PbSO_4 + 2e^-$

酸化鉛(Ⅳ)板(正極)：

$PbO_2 + 4H^+ + SO_4^{2-} + 2e^-$

$\longrightarrow PbSO_4 + 2H_2O$

全体：

$Pb + PbO_2 + 2H_2SO_4$

$\longrightarrow 2PbSO_4 + 2H_2O$

(4) 18(g)

▶解説◀ (1) 負極では水素が酸化される反応が起こる。正極では酸素が
還元される反応が起こる。

(2) 負極と正極で起こる反応の電子の数を合わせて,

$$H_2 \longrightarrow 2H^+ + 2e^- \quad 全体を\times 2$$

$$O_2 + 4H^+ + 4e^- \longrightarrow 2H_2O$$

$$2H_2 + O_2 \longrightarrow 2H_2O$$

(3) 水素11.2Lは物質量にすると0.50molである。負極での反応式より,
水素が1mol使われると2molの電子が流れる。

よって,0.50mol×2＝1.0(mol)

(4) 全体の反応式を見ると,4molの電子が流れると水が2mol生成する。

電子が2.0mol流れると,$2.0 \times \dfrac{2}{4} = 1.0$mol の水が生成する。

よって,18g/mol×1.0mol＝18(g)

126 (1) C (2) A (3) E (4) B (5) D

24 電気分解 〈p.88〉

ポイントチェック

(1) 酸化還元 (2) ㋐ 電解質 ㋑ 直流 (3) ㋐ 陽 ㋑ 陰

(4) ㋐ 失う ㋑ 酸化 (5) ㋐ 受け取る ㋑ 還元

(6) ㋐ やすく ㋑ にくい (7) ㋐ 小さい ㋑ やすい

(8) 酸素 (9) ㋐ 4 ㋑ 4 (10) OH⁻(水酸化物イオン)

(11) 水素 (12) ㋐ 2 ㋑ 2 (13) H⁺(水素イオン)

(14) 2e⁻ (15) ㋐ 電流 ㋑ 時間 (順不同) (16) 9.65×10^4

(17) ファラデー (18) ㋐ 0.50 ㋑ 0.25

陽極…電池の**正極**とつな
いだ極
酸化反応が起こる。

陰極…電池の**負極**とつな
いだ極
還元反応が起こる。

E X E R C I S E

127 ㋐ 電気分解 ㋑ 陽 ㋒ 酸化 ㋓ 陰 ㋔ 還元

▶解説◀ 電気分解とは,電解質水溶液や融解した塩に電気エネルギーを
与えて強制的に酸化還元反応を起こすことをいう。電解質水溶液や融解
した塩に2本の電極を入れ,外部から直流電圧をかけると電流が流れ,
酸化還元反応が電極で起こる。電池などの直流電源の正極とつないだ電
極を陽極といい,陽極では電子が失われる酸化反応が起こる。負極とつ
ないだ電極を陰極といい,陰極では電子を受け取る還元反応が起こる。

128 (1) 陽極：Cl_2　陰極：Cu　(2) 陽極：O_2　陰極：Ag

　　　(3) 陽極：I_2　　陰極：H_2　(4) 陽極：O_2　陰極：H_2

▶解説◀　電気分解によって陽極，陰極に単体が析出する。陽極では陰イオンまたは水の酸化反応が起こり，陰極では陽イオンまたは水の還元反応が起こる。

　電極に白金や炭素を使うと，陽極の反応は，ハロゲン化物イオン（Cl^-，Br^-，I^-）があれば，ハロゲン単体が析出するが，ハロゲン化物イオンを含まない場合は，水（またはOH^-）が酸化され酸素O_2が発生する。

　陰極の反応は，イオン化傾向がH_2より小さい金属イオン（Cu^{2+}，Ag^+）があれば，金属単体が析出し，H_2より大きい金属イオンであれば，水（またはH^+）が還元され水素H_2が発生する。

(1) $CuCl_2 \longrightarrow Cu^{2+} + 2Cl^-$と電離する。陽極では，$Cl^-$が酸化されて$Cl_2$が発生する。陰極は，$Cu^{2+}$が還元され，$Cu$が析出する。

　　　陽極：$2Cl^- \longrightarrow Cl_2 + 2e^-$　　陰極：$Cu^{2+} + 2e^- \longrightarrow Cu$

(2) $AgNO_3 \longrightarrow Ag^+ + NO_3^-$と電離する。陽極は，ハロゲン化物イオンが存在しないので，水が酸化されてO_2が発生する。陰極は，Ag^+が還元され，Agが析出する。

　　　陽極：$2H_2O \longrightarrow 4H^+ + O_2 + 4e^-$　　陰極：$Ag^+ + e^- \longrightarrow Ag$

(3) $KI \longrightarrow K^+ + I^-$と電離する。陽極は，$I^-$が酸化されて$I_2$が発生する。陰極は，イオン化傾向の大きさが$H_2 < K$なので，水が還元されて$H_2$が発生する。

　　　陽極：$2I^- \longrightarrow I_2 + 2e^-$

　　　陰極：$2H_2O + 2e^- \longrightarrow 2OH^- + H_2$

(4) $NaOH \longrightarrow Na^+ + OH^-$と電離する。陽極は，$OH^-$が酸化されて$O_2$が発生する。陰極は，イオン化傾向の大きさが$H_2 < Na$なので，水が還元されて$H_2$が発生する。

　　　陽極：$4OH^- \longrightarrow 2H_2O + O_2 + 4e^-$

　　　陰極：$2H_2O + 2e^- \longrightarrow 2OH^- + H_2$

129 (1) 陽極：$2H_2O \longrightarrow 4H^+ + O_2 + 4e^-$

　　　　陰極：$2H_2O + 2e^- \longrightarrow 2OH^- + H_2$

　　　(2) 陽極：$2H_2O \longrightarrow 4H^+ + O_2 + 4e^-$

　　　　陰極：$2H^+ + 2e^- \longrightarrow H_2$

　　　(3) 陽極：$4OH^- \longrightarrow 2H_2O + O_2 + 4e^-$

　　　　陰極：$2H_2O + 2e^- \longrightarrow 2OH^- + H_2$

▶解説◀　硫酸ナトリウム，硫酸，水酸化ナトリウムのいずれの水溶液を電気分解しても，陽極からは酸素O_2が，陰極からは水素H_2が発生する。しかしながら，陽極では，酸性および中性の場合は水H_2Oが酸化され，塩基性の場合は水酸化物イオンOH^-が酸化され，酸素が発生する。陰極では，酸性の場合は水素イオンH^+が還元され，中性および塩基性の場合は水H_2Oが還元され，水素が発生する。

陽極の反応（酸化反応）

● ハロゲン化物イオン
（Cl^-，Br^-，I^-）を含む
→ハロゲン単体が析出
$2Cl^- \longrightarrow Cl_2 + 2e^-$
など

● ハロゲン化物イオンを含まない
→酸素O_2が発生
（陰イオンは酸化されない）
$2H_2O$
$\longrightarrow 4H^+ + O_2 + 4e^-$
（酸性・中性）
$4OH^-$
$\longrightarrow 2H_2O + O_2 + 4e^-$
（塩基性）

陰極の反応（還元反応）

● イオン化傾向がH_2より小さい金属イオン
（Cu^{2+}，Ag^+など）
→金属単体が析出
$Ag^+ + e^- \longrightarrow Ag$
など

● イオン化傾向がH_2より大きい金属イオン
（Na^+，Al^{3+}など）
→水素H_2が発生
（金属は析出しない）
$2H^+ + 2e^-$
$\longrightarrow H_2$（酸性）
$2H_2O + 2e^-$
$\longrightarrow 2OH^- + H_2$
（中性・塩基性）

水は電気を通さないので，水の電気分解には電解質を加えるが，加える物質によって電極における反応が異なる。

130 (1) (エ), (カ)　(2) (ウ), (エ), (カ), (キ)　(3) (ア), (イ)

(4) 陽極：$2H_2O \longrightarrow 4H^+ + O_2 + 4e^-$

陰極：$Cu^{2+} + 2e^- \longrightarrow Cu$

(5) 陽極：$Cu \longrightarrow Cu^{2+} + 2e^-$

陰極：$Cu^{2+} + 2e^- \longrightarrow Cu$

(6) (ウ)

▶解説◀　電気分解では，電極で酸化還元反応が起こっている。このため，電極に使われている物質によって，電極自体が反応することがある。したがって，水溶液自身を電気分解するときは，白金や炭素を電極として使う。銅や銀を陽極の電極として使うと，電極が酸化され溶解し，イオンとなる。

(ア)〜(キ)の電気分解の各電極で起こる反応は，次のとおりである。

(ア) 陽極：$4OH^- \longrightarrow 2H_2O + O_2 + 4e^-$

陰極：$2H_2O + 2e^- \longrightarrow 2OH^- + H_2$

(イ) 陽極：$2H_2O \longrightarrow 4H^+ + O_2 + 4e^-$　　陰極：$2H^+ + 2e^- \longrightarrow H_2$

(ウ) 陽極：$2H_2O \longrightarrow 4H^+ + O_2 + 4e^-$

陰極：$Cu^{2+} + 2e^- \longrightarrow Cu$

(エ) 陽極：$Cu \longrightarrow Cu^{2+} + 2e^-$

陰極：$Cu^{2+} + 2e^- \longrightarrow Cu$

(オ) 陽極：$2Cl^- \longrightarrow Cl_2 + 2e^-$

陰極：$2H_2O + 2e^- \longrightarrow 2OH^- + H_2$

(カ) 陽極：$Ag \longrightarrow Ag^+ + e^-$　　　陰極：$Ag^+ + e^- \longrightarrow Ag$

(キ) 陽極：$O^{2-} + C \longrightarrow CO + 2e^- (2O^{2-} + C \longrightarrow CO_2 + 4e^-)$

陰極：$Al^{3+} + 3e^- \longrightarrow Al$

(オ)の電極板としてPtは使えない。発生するCl_2と反応してしまうためである。

(6) 酸性になるものは，O_2が生成して，H^+が発生しているものである。ただし，(イ)は，陰極で同じ物質量のH^+が消費されているので，酸性は強くならない。

陽極に銅や銀の電極を使うと，電極が酸化されて溶解する。

131 (1) 965(C)　(2) 0.0100(mol)

▶解説◀　(1) 電気量(C)＝電流(A)×時間(s)なので，

$0.500A \times (32 \times 60 + 10)s = 965(C)$

(2) 電子1molの電気量は9.65×10^4C/molなので，

$$\frac{965C}{9.65 \times 10^4 C/mol} = 0.0100(mol)$$

(1) 9.65×10^2(C)でも可。
(2) 1.00×10^{-2}(mol)でも可。

132 (1) 陽極：$2H_2O \longrightarrow 4H^+ + O_2 + 4e^-$

陰極：$Cu^{2+} + 2e^- \longrightarrow Cu$

(2) 1.9×10^3(C)　　(3) 0.020(mol)

(4) 5.0×10^{-3}(mol)　　(5) 0.64(g)

▶解説◀　(1) 陽極では酸化反応が起こり，陰極では還元反応が起こる。

(2) 流れた電気量は$1.0A \times (32 \times 60 + 10)s = 1930(C)$

(3) 2.0×10^{-2}(mol)でも可。

(3) 電子 1 mol の電気量は 9.65×10^4 C/mol なので，

$$\frac{1930\,\text{C}}{9.65 \times 10^4\,\text{C/mol}} = 0.020\,(\text{mol})$$

(4) 陽極の反応式から，電子 4 mol 流れると酸素 1 (mol) が発生するので，

$$0.020\,\text{mol} \times \frac{1}{4} = 5.0 \times 10^{-3}\,(\text{mol})$$

(5) 陰極の反応式から，電子 2 mol 流れると銅 1 mol (64 g) が析出するので，

$$0.020\,\text{mol} \times \frac{1}{2} \times 64\,\text{g/mol} = 0.64\,(\text{g})$$

133 (1) 0.0200 (mol)　(2) 1930 (C)　(3) 16分5秒

　　(4) 224 (mL)

▶解説◀　この電気分解では，次の反応が起こっている。

陽極　$4OH^- \longrightarrow 2H_2O + O_2 + 4e^-$

陰極　$2H_2O + 2e^- \longrightarrow 2OH^- + H_2$

全体　$2H_2O \longrightarrow O_2 + 2H_2$

(1) 陽極では O_2 が発生する。

1 mol の O_2 が発生すると 4 mol の電子が流れている。

$$112\,\text{mL} = 0.112\,\text{L}$$

$$\frac{0.112\,\text{L}}{22.4\,\text{L/mol}} \times 4 = 0.0200\,(\text{mol})$$

(2) 電子 1 mol の電気量は 9.65×10^4 C/mol なので，

$$0.0200\,\text{mol} \times 9.65 \times 10^4\,\text{C/mol} = 1930\,(\text{C})$$

(3) 電流 × 時間 = 電気量なので，流した時間を $t\,(\text{s})$ とすると，

$$2.00\,\text{A} \times t\,(\text{s}) = 1930\,\text{C}$$

$t = 965\,\text{s}$ なので，16分5秒

(4) 陰極では水素が発生する。また，電子 2 mol が流れると水素が 1 mol 発生する。

$$0.0200\,\text{mol} \times \frac{1}{2} \times 22.4\,\text{L/mol} = 0.224\,\text{L} = 224\,(\text{mL})$$

【別解】　化学反応式より，水素は酸素の 2 倍量発生するので，

$$112\,\text{mL} \times 2 = 224\,(\text{mL})$$

134 (1) 電極 A：$Pb + SO_4^{2-} \longrightarrow PbSO_4 + 2e^-$

　　　　電極 B：$PbO_2 + 4H^+ + SO_4^{2-} + 2e^- \longrightarrow PbSO_4 + 2H_2O$

　　(2) 電極 D：$Cu^{2+} + 2e^- \longrightarrow Cu$

　　(3) 0.32 g 増加する　(4) 1.1×10^2 mL

▶解説◀　(1) 電極 D で銅が析出するので電極 D は陰極である。よって，電極 A は負極となる。電極 A，B では次の反応が起こっている。

電極 A (負極)：$Pb + SO_4^{2-} \longrightarrow PbSO_4 + 2e^-$

電極 B (正極)：$PbO_2 + 4H^+ + SO_4^{2-} + 2e^- \longrightarrow PbSO_4 + 2H_2O$

(2) 電極 D は陰極，電極 C は陽極なので，

電極 C (陽極)：$2Cl^- \longrightarrow Cl_2 + 2e^-$

電極 D (陰極)：$Cu^{2+} + 2e^- \longrightarrow Cu$

(3) 電極 D での反応より，流れた電子の物質量は，

(1) 2.00×10^{-2} (mol)

(2) 1.93×10^3 (C)

(4) 2.24×10^2 (mL)

でも可。

$$\frac{0.32\,\mathrm{g}}{64\,\mathrm{g/mol}} \times 2 = 0.010\,\mathrm{mol} \quad \text{である。}$$

電極Bでは，電子2mol流れると，1molのPbO_2が1molの$PbSO_4$に変化する。これはSO_2分(64g)質量が増加することになる。よって，

$$0.010\,\mathrm{mol} \times \frac{1}{2} \times 64 = 0.32\,\mathrm{g}\,\text{増加}$$

(4) 電極Cで電子2mol流れると塩素1molが発生する。よって，

$$0.010\,\mathrm{mol} \times \frac{1}{2} \times 22.4\,\mathrm{L/mol} = 0.112\,\mathrm{L} \fallingdotseq 1.1 \times 10^2\,(\mathrm{mL})$$

25 金属の製錬 〈p.92〉

ポイントチェック

(1) 製錬　(2) 還元　(3) ⑦ 鉄鉱石　① コークス

(4) ⑦ 石灰石　① スラグ　(5) 銑鉄　(6) 鋼

(7) 酸素　(8) 黄銅鉱　(9) 電解精錬

(10) ⑦ 陽　① 陰　(11) 硫酸銅(Ⅱ)

(12) ⑦ 大きい　① 小さい　(13) 陽極泥　(14) ボーキサイト

(15) アルミナ　(16) ⑦ 氷晶石　① 溶融塩電解(融解塩電解)

(17) アルミニウム

E X E R C I S E

135 (1) ⑦ 鉄鉱石　① コークス　⑨ 石灰石

⊥ 銑鉄　⑦ 酸素　⑦ 鋼

(2) ⑦ Fe_3O_4　① FeO　(3) ⊥

(4) $Fe_2O_3 + 3CO \longrightarrow 2Fe + 3CO_2$　(5) 14(kg)

▶解説◀　鉄鉱石に含まれる赤鉄鉱(主成分Fe_2O_3)などの酸化物をコークスCとコークスから生じる一酸化炭素COによって還元することで得られる。溶鉱炉で得られる鉄を銑鉄というが，炭素を4％程度含んでいるためかたくてもろい。この銑鉄を転炉に移し，酸素を吹き込み，銑鉄中の炭素を取り除くと，強くしなやかな鋼となる。

(2) 赤鉄鉱Fe_2O_3が還元されると，徐々に酸素の割合が低くなる。たとえば，Fe_3O_4の酸素の質量の割合とFeOの酸素の質量の割合は次のように計算できる。

● Fe_3O_4の酸素の割合：$\dfrac{O \times 4}{Fe_3O_4} = \dfrac{16 \times 4}{56 \times 3 + 16 \times 4} \fallingdotseq 0.28$

● FeOの酸素の割合：$\dfrac{O}{FeO} = \dfrac{16}{56 + 16} \fallingdotseq 0.22$

したがって，酸素の割合は，$Fe_2O_3 > Fe_3O_4 > FeO > Fe$となる。

(5) (4)の化学反応式の量的関係より，Fe_2O_3 1molからFeが2mol得られるので，

$$\frac{25 \times 10^3}{56 \times 2 + 16 \times 3} \times \frac{80}{100} \times \frac{2}{1} \times 56 = 1.4 \times 10^4\,\mathrm{g} = 14\,(\mathrm{kg})$$

⬆赤鉄鉱中のFe_2O_3の物質量　量的関係⬆　⬆Feの原子量

(5) 別解

$25\,\mathrm{kg} \times \dfrac{80}{100} \times \dfrac{2Fe}{Fe_2O_3}$

$= 14$

136 (1) 陽極：$Cu \longrightarrow Cu^{2+}+2e^-$　陰極：$Cu^{2+}+2e^- \longrightarrow Cu$

　　(2) Zn^{2+}, Fe^{2+}　(3) Ag, Au　(4) 陰極で析出したCu

▶解説◀　黄銅鉱から，溶鉱炉，転炉を経て純度約99％の粗銅をつくる。粗銅から純度の高い銅を得るためには，粗銅を陽極，純銅を陰極として，硫酸銅（Ⅱ）$CuSO_4$水溶液を電気分解する。陽極の粗銅からCu^{2+}が溶け出し，陰極の表面に純度99.99％以上の純銅が析出する。このような電気分解による金属の製錬を，電解精錬という。この過程で粗銅中に含まれるAgやAuは，銅よりイオン化傾向が小さいため，陽極の下に陽極泥としてたまり，ZnやFeは，銅よりイオン化傾向が大きいため，水溶液中にイオンとして存在する。

(2) 粗銅中に含まれる銅よりイオン化傾向の大きい金属が，水溶液中に溶けるため，水溶液中に増加する。

(3) 粗銅中に含まれる銅よりイオン化傾向の小さい金属が，陽極泥となる。

(4) 陽極ではCu，Zn，Feがイオンとなり，陰極ではCuのみが析出する。陰極で物質（イオン）が受け取る電子の数と陽極で物質（イオン）が失う電子の数は同じなので，陰極で析出するCuが多くなる。

137 (1) ボーキサイト　(2) 溶融塩電解（融解塩電解）　(3) 氷晶石

　　(4) $Al^{3+}+3e^- \longrightarrow Al$

▶解説◀　アルミニウムは，鉱石のボーキサイトから酸化アルミニウム（アルミナ）Al_2O_3を生成し，融解した氷晶石にそれを溶解させ，炭素電極で電気分解を行って得ている。氷晶石は，融点が高い酸化アルミニウムを溶解させるために加える。

　陰極でAl^{3+}は還元されて，融解アルミニウムとなる。このような融解物の電気分解を，溶融塩電解（融解塩電解）という。

$$陰極：Al^{3+}+3e^- \longrightarrow Al$$
$$陽極：O^{2-}+C（陽極） \longrightarrow CO+2e^-$$
$$あるいは，陽極：2O^{2-}+C（陽極） \longrightarrow CO_2+4e^-$$

　ボーキサイトからアルミニウムを製造するには，多量の電気エネルギーが必要であるため，アルミニウムはリサイクルされている。

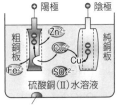

電解精錬…粗銅を**陽極**，純銅を**陰極**として硫酸銅（Ⅱ）水溶液を電気分解して純銅を得る方法

陽極泥（Au, Agなど）

溶融塩電解（融解塩電解）

Alは天然には存在しないので，融解したAl_2O_3の電気分解により単体のAlを取り出す方法。Al_2O_3は融点が高いので，融解した氷晶石に溶解させ，電気分解する。

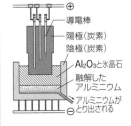

―――――

❶ ②，④

▶解説◀　下線を付した原子の酸化数を$H=+1$，$O=-2$を基準にして，各原子の酸化数の和が0（化合物の場合），イオンの電荷（イオンの場合）として計算する。

① Cの酸化数をaとすると，$CaCO_3 \longrightarrow Ca^{2+}+CO_3{}^{2-}$より，
$$a+(-2)\times3=-2 \quad a=+4$$

② Nの酸化数をbとすると，$NaNO_3 \longrightarrow Na^++NO_3{}^-$より，
$$b+(-2)\times3=-1 \quad b=+5$$

③ Crの酸化数をcとすると，$K_2Cr_2O_7 \longrightarrow 2K^++Cr_2O_7{}^{2-}$より，

$$c \times 2 + (-2) \times 7 = -2 \quad c = +6$$

④ Pの酸化数をdとすると,

$$(+1) \times 3 + d + (-2) \times 4 = 0 \quad d = +5$$

❷ ①

▶解説◀ 下線を付した原子の酸化数は, 次のように変化する。

① $\underline{HNO_3}_{+5} \longrightarrow \underline{NO}_{+2}$　　酸化数が3減少した

② $H_2\underline{O_2}_{-1} \longrightarrow \underline{O_2}_{0}$　　酸化数が1増加した

③ $\underline{H}NO_3_{+1} \longrightarrow \underline{H_2}_{0}$　　酸化数が1減少した

④ $Ca\underline{C}O_3_{+4} \longrightarrow \underline{C}O_2_{+4}$　　酸化数が変化していない

よって, ①が正解となる。

❸ ①

▶解説◀　① 誤り。臭素と水素の反応は, $Br_2 + H_2 \longrightarrow 2HBr$ であり, このときの臭素の酸化数の変化は, $0 \rightarrow -1$ である。よって, 酸化数は減少している。

❹ ②

▶解説◀　それぞれの物質と塩酸, 発生する気体の原子の酸化数を計算し, 酸化数の変化があれば酸化還元反応である。

塩酸の酸化数：$\underline{HCl}_{+1-1}$

① 亜硫酸水素ナトリウム$\underline{NaHSO_3}_{+1+1+4-2}$, 二酸化硫黄$\underline{SO_2}_{+4-2}$

② さらし粉$\underline{CaCl(ClO)}_{+2-1+1-2+1-2} \cdot H_2O$, 塩素$\underline{Cl_2}_{0}$

③ 炭酸カルシウム$\underline{CaCO_3}_{+2+4-2}$, 二酸化炭素$\underline{CO_2}_{+4-2}$

④ 炭酸水素ナトリウム$\underline{NaHCO_3}_{+1+1+4-2}$, 二酸化炭素$\underline{CO_2}_{+4-2}$

⑤ 硫化鉄(Ⅱ)$\underline{FeS}_{+2-2}$, 硫化水素$\underline{H_2S}_{+1-2}$

①～⑤の中で, 塩素の酸化数が変化している②が正解となる。

【参考】それぞれの化学反応式は, 次のようになる。

① $NaHSO_3 + HCl \longrightarrow NaCl + SO_2 + H_2O$

② $CaCl(ClO) \cdot H_2O + 2HCl \longrightarrow CaCl_2 + Cl_2 + 2H_2O$

③ $CaCO_3 + 2HCl \longrightarrow CaCl_2 + CO_2 + H_2O$

④ $NaHCO_3 + HCl \longrightarrow NaCl + CO_2 + H_2O$

⑤ $FeS + 2HCl \longrightarrow FeCl_2 + H_2S$

②の反応で, 酸化剤はさらし粉が電離してできる次亜塩素酸イオンClO^-であり, 還元剤は塩酸HClである。

❺ ③

▶解説◀　酸化剤と還元剤のはたらきを表す反応式(半反応式)から, イオ

←さらし粉$CaCl(ClO) \cdot H_2O$は, 湿った消石灰$Ca(OH)_2$に塩素を十分に吸収させると生成する。

ン反応式を作成し，反応式の量的関係から必要な体積を計算する。

Sn^{2+}が酸化されてSn^{4+}になる反応は，次のように表される。

$$Sn^{2+} \longrightarrow Sn^{4+} + 2e^- \qquad \cdots ①$$

このとき，Sn^{2+}は還元剤としてはたらいている。

過マンガン酸イオンMnO_4^-，ニクロム酸イオン$Cr_2O_7^{2-}$が酸化剤としてはたらくときの反応式は，問題文より，次のようになる。

$$MnO_4^- + 8H^+ + 5e^- \longrightarrow Mn^{2+} + 4H_2O \qquad \cdots ②$$

$$Cr_2O_7^{2-} + 14H^+ + 6e^- \longrightarrow 2Cr^{3+} + 7H_2O \qquad \cdots ③$$

Sn^{2+}と過マンガン酸イオンMnO_4^-の反応は，①式×5＋②式×2より，

$$5Sn^{2+} + 2MnO_4^- + 16H^+ \longrightarrow 5Sn^{4+} + 2Mn^{2+} + 8H_2O \qquad \cdots ④$$

Sn^{2+}とニクロム酸イオン$Cr_2O_7^{2-}$の反応は，①式×3＋③式×1より，

$$3Sn^{2+} + Cr_2O_7^{2-} + 14H^+ \longrightarrow 3Sn^{4+} + 2Cr^{3+} + 7H_2O \qquad \cdots ⑤$$

$SnCl_2$水溶液の濃度をc〔mol/L〕とすると，それぞれの水溶液の体積は100 mLなので，$SnCl_2$の物質量は，

$$c \times \frac{100}{1000} 〔mol〕$$

物質量〔mol〕
＝モル濃度×体積
〔mol/L〕〔L〕

この$SnCl_2$水溶液を酸化するのに，0.10 mol/Lの$KMnO_4$水溶液が30 mL必要なので，$KMnO_4$の物質量は，

$$0.10\,mol/L \times \frac{30}{1000}\,L = 0.0030\,mol$$

④式の化学反応式の量的関係から，

$$c〔mol/L〕\times \frac{100}{1000}\,L : 0.0030\,mol = 5:2 \qquad c = 0.075(mol/L)$$

求める$K_2Cr_2O_7$水溶液の体積をV〔mL〕とすると，

$$0.10 \times \frac{V}{1000} 〔mol〕$$

⑤式の化学反応式の量的関係から，

$$0.075\,mol/L \times \frac{100}{1000}\,L : 0.10\,mol/L \times \frac{V}{1000}〔L〕= 3:1$$

$$V = 25(mL)$$

【別解】 $SnCl_2$水溶液を半分ずつにするので，2つの溶液に含まれる$SnCl_2$の物質量は変わらない。したがって，$KMnO_4$水溶液（酸化剤）が受け取る電子の物質量と，$K_2Cr_2O_7$水溶液（酸化剤）の受け取る電子の物質量は等しい。求める$K_2Cr_2O_7$水溶液の体積をV〔mL〕とすると，

酸化還元反応が過不足なく起こるとき，
　（酸化剤が受け取る
　　　電子の物質量）
＝（還元剤が放出する
　　　電子の物質量）

$$0.10\,mol/L \times \frac{30}{1000}\,L \times 5 = 0.10\,mol/L \times \frac{V}{1000}〔L〕\times 6$$

$$V = 25(mL)$$

❻ 金属b　⑤　　金属d　②

▶解説◀　5種の金属について，イオン化傾向の大きい順に並べると，次のようになる。

$$Li > Mg > Fe > Cu > Au$$

金属の反応性に関する4つの判定基準から，次のことがわかる。

・冷水と反応するのは，Li である。 →金属 a：Li

・冷水と反応せず，沸騰水と反応するのは，Mg である。 →金属 b：Mg

・冷水，沸騰水と反応せず，塩酸に溶けるのは，Fe である。

　　　　　　　　　　　　　　　　　　　　　　　　→金属 c：Fe

・冷水，沸騰水，塩酸と反応せず，希硝酸に溶けるのは，Cu である。

　　　　　　　　　　　　　　　　　　　　　　　　→金属 d：Cu

・いずれも反応しないのは，Au である。 →金属 e：Au

よって，金属 b は⑤ Mg，金属 d は② Cu が正解となる。

❼　⑤

▶解説◀　それぞれの電子 e^- を含むイオン反応式と酸化・還元作用のはたらきについてまとめると，次表のようになる。

◀酸化作用・還元作用とは，反応する相手を酸化・還元することであり，自身は還元・酸化される。

	電子 e^- を含むイオン反応式	はたらき	正誤
①	$O_3 + 2H^+ + 2e^- \longrightarrow O_2 + 2H_2O$	酸化作用	正
②	$SO_2 + 2H_2O \longrightarrow SO_4^{2-} + 4H^+ + 2e^-$	還元作用	正
③	$ClO^- + 2H^+ + 2e^- \longrightarrow Cl^- + H_2O$	酸化作用	正
④	$O_2 + 4H^+ + 4e^- \longrightarrow 2H_2O$	酸化作用	正
⑤	$Fe \longrightarrow Fe^{3+} + 3e^-$ ($4Fe + 3O_2 \longrightarrow 2Fe_2O_3$)	還元作用	誤

よって，⑤が正解となる。

❽　⑥

▶解説◀　H_2 よりもイオン化傾向の大きい金属は，希酸と反応し，Cu や Ag などのイオン化傾向の小さい金属は，酸化力のある酸と反応する。

①　正しい。Al は H_2 よりもイオン化傾向が大きいので，希硝酸に溶ける。ただし，濃硝酸とは表面にち密な酸化被膜をつくるので溶けない(不動態)。

②　正しい。Fe は H_2 よりもイオン化傾向が大きいので，希硝酸に溶ける。ただし，濃硝酸とは表面にち密な酸化被膜をつくるので溶けない(不動態)。

③　正しい。Cu は H_2 よりもイオン化傾向が小さいので，希塩酸や希硫酸とは反応しない。ただし，希硝酸や濃硝酸などの酸化力のある酸には溶ける。

　　$3Cu + 8HNO_3(希硝酸) \longrightarrow 3Cu(NO_3)_2 + 2NO + 4H_2O$

　　$Cu + 4HNO_3(濃硝酸) \longrightarrow Cu(NO_3)_2 + 2NO_2 + 2H_2O$

④　正しい。Zn は H_2 よりもイオン化傾向が大きいので，希塩酸(希酸)に溶けて水素を発生する。

　　$Zn + 2HCl \longrightarrow ZnCl_2 + H_2$

⑤　正しい。Ag は H_2 よりもイオン化傾向が小さいので，希塩酸や希硫酸とは反応しない。ただし，熱濃硫酸などの酸化力のある酸には溶ける。

　　$2Ag + 2H_2SO_4 \longrightarrow Ag_2SO_4 + 2H_2O + SO_2$

⑥ 誤り。Au は H_2 よりもイオン化傾向が小さく，酸化力のある酸とも反応しない。ただし，王水(濃硝酸：濃塩酸＝1：3(体積比))にのみ溶ける。

❾ ①，④

▶解説◀ ① NaOH の電気分解

陽極：$4OH^- \longrightarrow O_2 + 2H_2O + 4e^-$

陰極：$2H_2O + 2e^- \longrightarrow 2OH^- + H_2$

電子が 0.4 mol 流れると，陽極から酸素が 0.1 mol，陰極から水素が 0.2 mol の合計 0.3 mol の気体が発生する。

② $AgNO_3$ の電気分解

陽極：$2H_2O \longrightarrow 4H^+ + O_2 + 4e^-$

陰極：$Ag^+ + e^- \longrightarrow Ag$

電子が 0.4 mol 流れると，陽極から酸素が 0.1 mol 発生する。

③ $CuSO_4$ の電気分解

陽極：$2H_2O \longrightarrow 4H^+ + O_2 + 4e^-$

陰極：$Cu^{2+} + 2e^- \longrightarrow Cu$

電子が 0.4 mol 流れると，陽極から酸素が 0.1 mol 発生する。

④ H_2SO_4 の電気分解

陽極：$2H_2O \longrightarrow 4H^+ + O_2 + 4e^-$

陰極：$2H^+ + 2e^- \longrightarrow H_2$

電子が 0.4 mol 流れると，陽極から酸素が 0.1 mol，陰極から水素が 0.2 mol の合計 0.3 mol の気体が発生する。

⑤ KI の電気分解

陽極：$2I^- \longrightarrow I_2 + 2e^-$

陰極：$2H_2O + 2e^- \longrightarrow 2OH^- + H_2$

電子が 0.4 mol 流れると，陰極から水素が 0.2 mol 発生する。

実 験 問 題　　　　　　　　　　　　　　　　　　　　　⟨p.96⟩

❶ a ①　b ③　c ②

▶解説◀ a 沸騰石には多数の穴が開いており，そこに含まれる空気が細かい気泡となり液体中に出ていく。この気泡が核となり，突沸することなく液体が沸騰する。

b 温度計の球部をフラスコの枝の高さにあわせ，蒸気の温度をはかり，蒸留されて出てくる成分の沸点を確認する。

c 冷却水は冷却器の下の口から上の口に流すことで，冷却器内を水で満たし，効率的に冷却する。

蒸留…2種類以上の物質からなる液体を加熱し，発生する蒸気を冷却して，蒸発しやすい成分を取り出す操作

❷ ⑦

▶解説◀ 炭酸カルシウムのような固体試薬と希塩酸のような液体試薬から少量の気体を発生させるときは，ふたまた試験管を用いると便利である。

くびれがあるほうに固体試薬を入れ，反対側に液体試薬を入れる。

この反応によって発生する気体は二酸化炭素なので，空気より重い。したがって，下方置換で捕集する。また，二酸化炭素には，石灰水を白濁させる性質がある。

以上のことから，最も適当なものの組合せは⑦となる。

❸ a ① b ③ c ⑥

▶解説◀ 元素は特有の性質をもち，その性質を利用して試料に含まれる成分元素を実験によって検出する。

a 炎の中に物質を入れると，元素特有の色を示す炎色反応が見られる。赤色の炎色反応を示す元素は，リチウムLiである。

b 溶媒に溶けない固体ができる化学反応を，沈殿反応という。硝酸銀AgNO₃水溶液で沈殿が生じる元素は，塩素Clである。

c 石灰水が白く濁ったことから，発生した気体は二酸化炭素CO_2である。酸化銅（Ⅱ）CuOと反応して二酸化炭素CO_2が発生したことから，炭素Cが含まれている。

❹ ⑥

▶解説◀ 塩化カルシウムは，陽イオンのカルシウムイオンと陰イオンの塩化物イオンでできているイオン結晶であり，水に溶け，水溶液は電気伝導性がある。グルコース（ブドウ糖）は，グルコース分子でできている分子結晶であり，水に溶け，水溶液は電気伝導性がない。二酸化ケイ素は共有結合の結晶で，水に溶けない。

実験の結果より，それぞれの物質は次の特徴があることがわかる。

物質A：水に溶けない。

物質B：水に溶ける。水溶液には電気伝導性がない。

物質C：水に溶ける。水溶液には電気伝導性がある。

以上より，物質Aは二酸化ケイ素，物質Bはグルコース（ブドウ糖），物質Cは塩化カルシウムである。

❺ ⑤

▶解説◀ ① 誤り。てんびんを使って粉末状の薬品をはかりとるときは，まずてんびんの皿の上に薬包紙をのせ，その上に薬品をのせる。てんびん皿に直接薬品をのせると，皿が汚れている場合に薬品が使えなくなったり，薬品によって皿が腐食されたりすることもあるので，必ず薬包紙を使わなければならない。

② 誤り。ビーカー内で起こっている反応は真横から確認する。真上からのぞき込むと，発生した気体や，突沸などによって飛び出した溶液により，思わぬ事故をまねくことがある。

③ 誤り。加熱している液体の温度を均一にするためにかき混ぜるときも，ガラス棒を使わなければならない。温度計でかき混ぜると，温度計が割れ，中の液体が出て実験をやり直さなければならなくなることがある。

炎色反応
Li：赤, Na：黄,
K：赤紫, Ca：橙赤,
Sr：深赤, Ba：黄緑,
Cu：青緑

④ 誤り。ガスバーナーに点火するときは，先にガス調節ねじを開いて点火し，炎の大きさを調節して，空気調節ねじで炎の色を青くする。

⑤ 正しい。ホールピペットの操作で誤って溶液を飲んでしまうと，成分が毒であった場合，死に至ることもある。

❻ a ③　b ④

▶解説◀　問題の図は，実験室でのアンモニアの発生方法を示している。

a ① 正しい。アンモニアは水によく溶け，水溶液（アンモニア水）は塩基性を示すので，湿らせた赤色リトマス紙は青色になる。

② 正しい。アンモニアの気体に，濃塩酸から発生する塩化水素を接触させると，中和反応が起こり，塩化アンモニウムの白煙を生じる。

$$NH_3 + HCl \longrightarrow NH_4Cl$$

③ 誤り。アンモニアの発生は，強酸(HCl)と弱塩基(NH_3)の塩である塩化アンモニウム NH_4Cl に，強塩基である水酸化カルシウム $Ca(OH)_2$ を加えると，弱塩基であるアンモニアが遊離する反応である。硫酸カルシウム $CaSO_4$ は，強酸(H_2SO_4)と強塩基($Ca(OH)_2$)の塩であり，強塩基ではない。よって，アンモニアは発生しない。

④ 正しい。反応が起こると，アンモニアとともに水が発生する（ b の化学反応式参照）。発生した水を取り除くために，ソーダ石灰を用いる。

⑤ 正しい。反応によって，塩化カルシウムの白色固体ができる（ b の化学反応式参照）。

b 塩化アンモニウムと水酸化カルシウムの反応は，次のように表される。

$$2NH_4Cl + Ca(OH)_2 \longrightarrow CaCl_2 + 2NH_3 + 2H_2O$$

化学反応式の量的関係から，水酸化カルシウム $Ca(OH)_2$ 0.010 mol がすべて反応するのに必要な塩化アンモニウム NH_4Cl は，0.020 mol であり，このとき発生するアンモニア NH_3 は，0.020 mol である。したがって，水酸化カルシウム $Ca(OH)_2$ が 0.010 mol に塩化アンモニウム NH_4Cl を 0.020 mol より少ない量を加えた場合，量的関係から，加えた NH_4Cl と同じ物質量のアンモニアが発生する。

乾燥剤には，次のようなものがあり，気体によって使い分ける。
・塩化カルシウム
・濃硫酸
・十酸化四リン
・ソーダ石灰

❼ a ①　b ②

▶解説◀　炭酸水素ナトリウム $NaHCO_3$ に塩酸を加えて二酸化炭素 CO_2 が発生する反応は，次のように表される。

$$NaHCO_3 + HCl \longrightarrow NaCl + H_2O + CO_2$$

a 直線Aでは，加えた $NaHCO_3$ の質量に比例して CO_2 が発生している。

① 正しい。化学反応式の量的関係から，$NaHCO_3$ の物質量と CO_2 の物質量は等しいので，$NaHCO_3$（式量84）84 g 加えると，CO_2（分子量44）が 44 g できる。よって，グラフの傾きは $\dfrac{44}{84} = \dfrac{11}{21}$ となり，直線Aの傾きと一致する。

② 誤り。傾きAでは，加えた $NaHCO_3$ はすべて反応して，未反応の $NaHCO_3$ は存在しない。よって，傾き0となるので，比例とはいえない。

③　誤り。ビーカー中の塩酸の体積を2倍にすると，含まれるHClの物質量が2倍になるが，加えるNaHCO₃の量は変わらない。よって，発生するCO₂の量はNaHCO₃によるので，Aの傾きは変わらない。ただし，反応して発生するCO₂の最大量は2倍(2.2g)となる。

④　誤り。塩酸の濃度を2倍にすると含まれるHClの物質量が2倍になるが，③同様に，Aの傾きは変わらない。

b　NaHCO₃を2.5g以上加えても，発生するCO₂の質量は1.1gと一定になる。これはビーカー中の塩酸がすべて反応してしまったためである。塩酸の濃度をc〔mol/L〕とすると，NaHCO₃が2.5g以上では，HClの物質量と発生するCO₂の物質量が等しいので，

$$c\text{〔mol/L〕} \times \frac{50}{1000}\text{L} = \frac{1.1\,\text{g}}{44\,\text{g/mol}} \qquad c = 0.50\,\text{mol/L}$$

物質量〔mol〕
＝モル濃度×体積
　〔mol/L〕　〔L〕

❽　③

▶解説◀　グラフの中央に注目すると，反応するMの質量2gに対し，発生する水素の物質量が0.05molとなっている。化学反応式の量的関係より，MとH₂は1:1で反応する。したがって，Mの原子量x，すなわちMのモル質量をx〔g/mol〕とすると，次のような関係がなりたつ。

$$\frac{2\,\text{g}}{x\,\text{〔g/mol〕}} = 0.05\,\text{mol} \qquad \text{よって，}\ x = 40\,\text{g/mol}$$

したがって，③40が正解となる。

❾　①

▶解説◀　メスフラスコの内部を試料水溶液で洗ってしまうと，試料水溶液がガラス壁面に残ってしまう。ホールピペットを用いて正確に10mLをはかりとっても，メスフラスコに残っている試料が加わる分，濃度が大きくなってしまい，正確に10倍希釈することができない。滴定の場となるコニカルビーカーも同様である。最終的に純水でうすめるので，内部が水でぬれていてもよい。

　一方，ホールピペット内部を純水で洗い，そのまま使用すると，純水がガラス壁面に残ってしまう。試料水溶液を正確に10mLはかりとっても，ホールピペットに残っている純水が加わる分，濃度が小さくなってしまう。ビュレットも同様である。

　よって，①が誤りとなる。

❿　a　④　　b　②

▶解説◀　a　水酸化バリウムと希硫酸の反応では，水に溶けにくい硫酸バリウムが生じる。

$$\text{Ba(OH)}_2 + \text{H}_2\text{SO}_4 \longrightarrow \text{BaSO}_4\!\downarrow + 2\text{H}_2\text{O}$$

　よって，水酸化バリウムがなくなるまでは，沈殿が生じてイオンが減少するので，電気伝導度は減少する。水酸化バリウムがなくなると，硫酸を滴下した分だけイオンが増加するので電気伝導度は増加する。

中和滴定の器具

・ビュレット

・ホールピペット

・メスフラスコ

100mL

・コニカルビーカー

100mL

共洗いをしてから用いる器具

・ビュレット
・ホールピペット

b　酸の水素イオンと塩基の水酸化物イオンの物質量が等しい関係を利用する。

　　水酸化バリウム水溶液の濃度をx〔mol/L〕とすると，硫酸は2価の酸，水酸化バリウムは2価の塩基なので，

$$2 \times 0.10 \, \text{mol/L} \times \frac{25}{1000} \text{L} = 2 \times x \, \text{〔mol/L〕} \times \frac{50}{1000} \text{L} \quad \text{より，}$$

$$x = 0.050 \, \text{mol/L}$$

⓫　②

▶**解説**◀　$KMnO_4$が酸化剤，過酸化水素H_2O_2が還元剤としてはたらいている。$KMnO_4$(赤紫色)が酸化剤としてはたらき，還元されるとMn^{2+}(無色(淡桃色))になる。赤紫色が消えなくなったということは，酸化されるH_2O_2がなくなり，反応が過不足なく起こったことを示している。
よって，化学反応式の量的関係から，$KMnO_4 : H_2O_2 = 2 : 5$である。
H_2O_2の濃度をc〔mol/L〕とすると，

●$KMnO_4$の物質量：$0.100 \, \text{mol/L} \times \dfrac{20.0}{1000} \text{L} = 2.00 \times 10^{-3} \, \text{mol}$

●H_2O_2の物質量　：$c \, \text{〔mol/L〕} \times \dfrac{10.0}{1000} \text{L} = c \times 10^{-2} \, \text{〔mol〕}$

よって，$KMnO_4 : H_2O_2 = (2.0 \times 10^{-3}) \, \text{mol} : (c \times 10^{-2}) \, \text{〔mol〕} = 2 : 5$

　$c = 0.50 \, \text{mol/L}$

⓬　④

▶**解説**◀　ビタミンCと酸素のはたらきを示す式から，電子の数をあわせると，ビタミンC 2molに対して酸素1molが反応することがわかる。よって，グラフのビタミンCの値が0.4molのとき，酸素が0.2molを通っている直線を選べばよい。

年　　　組　　　番　名前